JN295611

シリーズ都市再生 3

定常型都市への模索

地方都市の苦闘

矢作　弘
小泉秀樹
［編］

日本経済評論社

目次

I

地方都市の再生を考える視座——「定常型都市」への模索

矢作　弘

1　苦悩する地方都市

(1)　地方都市の顔色――中心市街地が冴えない

中心市街地は地方都市の顔である。その顔色が悪い。地方都市の苦境は可視的にも、物理的にも中心市街地の荒廃ぶりに象徴されている。顔色が悪くげっそりしているのに体は元気です、というようなことはめったにおきない。

たとえば運河の保存活用で有名な北海道小樽市は、ツアー客の呼び込みでは一定の成果をあげている。観光ロードは賑やかである。しかし、中心市街地は脆弱化している。郊外の国鉄築港駅貨物ヤードを再開発し、大規模複合商業施設にマイカルを中心にホテルや外食産業を誘致した。小樽ベイシティプロジェクトである。年間千万人の集客と五百億円の売り上げを見込んでいたが、実際はマイカルが倒産するなど目算は大きく狂い、中心市街地に大打撃を与えて現在に到っている。

誘致の理由は、税収の増加期待と雇用の創出であった。当時、雇用効果は三千人と喧伝されていた。しかし現実は、開発と誘致で小樽市の財政は急激に悪化した(1)。二〇〇四年度は財源不足でまともな当初予算を編成できず、雑収入に歳入の当てのない「空財源《から》」を計上して辻褄を合わせた(2)。税収が伸び悩み、大規模公共事業による公債償還額がピークに達したところを、政府の三位一体改革の直撃を受けた。市の貯金に当たる財政調整基金はすでに使い果たし、金庫は空っぽうである(3)。

「東南アジアからも集客する」と鳴り物入りではじまった小樽ベイシティプロジェクトであった。しかし、一五年目の決算は、複合総合施設の小樽ビブレの閉店、ヒルトンホテルの民事再生法申請、吉本興業のお笑い劇場「小樽よしもと」の撤収、そして中心市街地への打撃と市財政の悪化。地域経済にとっては、大赤字の損益計算書となった。
地域商業調整のための大規模小売店舗法（大店法）が廃止され、代わってまちづくりを目標に掲げた大規模小売店舗立地法（大店立地法）、中心市街地活性化法、都市計画法の一部改正が「まちづくりの三点セット」として施行された。施行から五〜七年経過したが、実態は「まちづくり」より「まち壊し」の進展であった(4)。郊外に立地した大規模ショッピングセンターが地域商業市場を席巻し、地元商業者衰退に歯止めが掛からない。その状況に反転の気配なし、である。経済産業省の調べによると、大店立地法による大型店舗の新規出店届け出件数（第五条第一項）は、二〇〇三年度七八二件であった。これは前年度に比べておよそ一五〇件の増加である。二〇〇二年度に比べると、二三一・六%も増えている。

新聞報道でも、大手流通資本の新規出店意欲は確実に回復し、出店ペースが速くなっていることがわかる。「大手スーパー五社の二〇〇四年度の新店投資額は前年度に比べて七六%増と大幅な伸び」「前年度より二一店舗多い五四店舗(5)」、「イオングループは二〇〇七年二月までの三年間で過去最大規模の二〇〇〇億円強を投じ、大型SC（ショッピングセンター）を二〇店舗以上建設する(6)」などと報じられている。その過半は工場跡地や農地をつぶしての郊外立地型である。地方都市中心市街地がこれらの郊外型大型店舗に活力を吸い取られるのは必至である。

(2)　三位一体改革が苦しい懐事情に追い討ち

「日経グローカル」の調べによると、全国六三六市の二〇〇四年度当初予算（一般会計）は、地方都市政府の窮状を浮き彫りにするものとなった(7)。

①六三六市の実質（満期償還を迎える減税補塡債の借換額を除く、以下同）当初予算額は、前年度比〇・九%減。三年連続してマイナスの当初予算編成となった。

②歳入では市税が前年度比〇・四％減、実質の起債額も一一・二％減。
③歳出面では実質の義務的経費（人件費、扶養費、公債費）が〇・三％の伸びに抑えられた一方、投資的経費は七・二％のマイナスとなった。特に単独事業については、七〇％弱の都市政府が二〇〇三年度に比べて減額の予算を計上した。
④財源不足を補うために、財政調整基金の取り崩しが進む。二〇〇四年度末の残高は、前年度比三四・三％の水準まで減少する。

景気回復につながる話題が増えてきたが、逆に雇用、地価などあらゆる局面で地域間格差は広がる一方である。地方税収の本格的な回復にはつながっていない。地方都市政府は歳出を切り詰め緊縮財政に懸命である。それでも当座の収支バランスを保てずに、過去に積み立ててきた貯金を取り崩してやり繰りしている。固定資産税を中心に税収の戻りが遅い。加えて政府が推進する三位一体改革が地方都市政府の懐を締め付けている。財政調整基金の取り崩し総額は、三位一体改革による地方交付税の削減額の八五％に達している。

開発と誘致の歯車が狂って墓穴を掘った小樽のように、ほかの自治体にとって他山の石となる話題は多い。それでも地方都市政府が中心市街地の衰退を返りみず、大型店の誘致に奔走するなど、企業を誘致して固定資産税などの増収をねらう動きに転換の兆しなし。むしろ加速する傾向すら窺える。三位一体改革の締め付けが厳しくなっており、自主財源がほしいための足掻きである。半面、税収不足で単独事業を切り詰めなければならない状況は、内発型の地域産業の育成など、固有の地域振興策の取り組みを難しくしている。

2　「大きくなること」より「連携」を――「平成の大合併」に対する疑問

財政危機対策として市町村合併の大合唱である。政府・自民党がアメとムチで強制合併政策を展開している。

「それに従わないと大変なことになる」という危機感が自治体の間にあった。合併によって自治体規模が大きくなれば財政の効率化が進展して構造的な赤字が解消し、行政の広域化で行政改革も促進する、という「大きいことはいいことだ」の行財政改革論が「平成の大合併」の音頭とりになってきた。

二〇〇五年三月三一日現在、市町村数は一八二二まで減った。一年前に比べて五七三、七年前に比べて、八三七の減少である。(8) しかしはたして本当に、大きくなることに理はあるのだろうか。合併は地方都市政府を苦境から救済する処方箋となるのだろうか。

(1) アメとムチ

「怒涛のごとき勢いで」という表現がぴったりの自治体合併をめぐる動きであった。合併論議を勢いづけているのは、というよりは自治体をそこに追い込んできたのは、合併に積極的な自治体は「良い子」、消極的、否定的な自治体は「悪い子」と決め付ける国の政策である。「良い子」にはアメを、「悪い子」にはムチを——という一連の政策である。

アメの最たるものは合併特例債である。ふつうの地方債は事業年度に七五%を借り入れ、返済にあたっては全額を自治体の財源で返す。ところが合併特例債は、まちづくり建設事業を対象に事業費の九五%まで借りられるうえに、元利償還の七〇%を普通地方交付税で返済できるという制度である。地方が五%の頭金を準備すれば、あとは国の面倒で事業をできる。借金をしやすくなっただけではない。借金の返済も国が肩代わりしてくれる。財政運営が厳しい折、地方にとってはまたとないありがたい話であった。

しかし手をあげればどの自治体も利用できるという政策ではない。二〇〇五年三月末までに合併する「良い子」だけに、今後一〇年間に限って配られる特別なアメであった。その結果、なにがはじまっているのか。ビッグな新庁舎を建てる、オペラハウスを造る、バーチャル水族館を建設する、巡礼街道を整備する、温泉を掘る。

「合併バブルではないのか」と耳を疑いたくなるような現象がおきている。

同じく二〇〇五年三月末までに合併すれば、合併後一〇年間は、それまでに受け取っていた地方交付税をそのまま交付される。一一年目からも、バサッと削減されるのではなく五年間かけてゆっくり縮減される緩和措置を享受できる。

逆に、合併を嫌がると、イジメが待っていた。実際の地方交付税交付額は、「段階補正係数」と呼ばれる数字で補正してから決定される。小さな自治体に対しては、標準的な行政を行えるように一定比率で交付額の割り増しをする制度である。ところが一九九八年以降、人口四〇〇〇人以下の小規模市町村に対して補正係数の修正が行われ、二〇〇二年からは三年計画で人口一〇万人の地方都市政府までその対象を引き上げることになっている。その結果、地方交付税の交付額がバサッと削られる。これが「悪い子」に対するムチ打ちの刑のひとつである。

とかくうまい話には落とし穴がある。自治体が借金をしても国が地方交付税で後始末してくれる、いまも受け取っている地方交付税を一〇年間は減らされる心配がない。合併を目指す地方都市政府にはありがたい誘いである。だが、それに疑いを挟む余地はないのだろうか。歴史が教えるところによると、話はそう甘くはない。

「昭和の大合併」といわれた町村合併特別法（一九五三年）にも、「国が合併を財政面から支援します」策が盛り込まれていた。[9] 地方財政平衡交付金の算定にあたって特例期間を設定したことや、起債に優遇措置を講じる――などの合併促進のための財政支援策が用意された。しかし、まもなく地方交付制度の改革があり、約束の過半は反故にされたのである。政府を信じて合併を決断した多くの自治体は、たちまち財政危機に見舞われる事態となった。

歴史が繰り返されないという保障はどこにもない。実際、その兆しはすでにある。政府の地方分権改革推進会議は二〇〇三年六月三日、補助金の削減と地方交付税の見直し、地方への税財源移譲を並行して行う「三位一体改革」に背を向ける意見書をまとめた（一部委員の反対を付記）。国の財政赤字対策に悩む財務省が既定の地方分権改革路線をへし曲げようとしたのである。それだけにとどまらない。財政制度審議会は「三位一体改革」を逆手にとり、国が抱えるおよそ五〇〇兆円の長期債務の一部を地方に肩代わりさせる意見書案をまとめた。[10] こうした永田町と霞ヶ関の動きを勘案したときに、「合併後一〇年間の約束事です」という政府の言葉をどこまで信じることができるだろうか。空手形にはならないと、だれが確言できるだろうか。

(2) 「大きくなること」は望ましいか

合併して大きくなることが行財政改革につながる、という議論もにわかには信じがたい。住民一人当たりの行政経費は人口一〇万人から三〇万人規模の都市政府でもっとも効率的になる、という試算がある。[11] 前述したように政府の「段階的補正係数」の見直しも、合併で人口一〇万人以上の自治体をつくり出すことをねらっている。都市の最適規模論である。

しかし、合併人口が最適規模の範囲に収まったとしても、合併によって新しく生まれる自治体の面積は、狭いところ広いところとバラバラである。それぞれに地理的条件や歴史的背景も違っている。それらの条件を無視して行政の効率性を一様に議論することは無意味である。人口一〇万人から三〇万人規模の都市政府が行財政運営でもっとも効率的になる、というのはあくまでも机上の抽象論に過ぎない。市町村合併で自治体規模を無理やり大きくしようというのは、現実を無視した強引な施策である。

和歌山県はホームページで「県が提案する合併パターン」を掲示している。が、田辺市を中心とした一〇市町村をひと括りとする合併パターンは、実現すると合併後の面積が一三七六平方キロメートルに達する。全国一広い自治体となる。[12] 確かに合併人口は最適規模の一四万六〇〇〇人に達するが、それではたして合併前に比べて実際に行財政効率がアップするかははなはだ疑問である。市域の北のはずれから南の市境まで紀勢本線特急で一時間一五分もかかる。紀伊半島の先端に位置し、太平洋を望む串本と、紀伊山系の奥深い龍神地区との間では、これまで経済的にも文化的にも交流らしきものはなかった。もし合併しても、ひとつの自治体としてまとまりが生まれるとは想像しがたい。

生産や暮らしの単位としての「自然村」が必要に応じて合併する。[13] その結果として自治域が拡大することが大切である。歴史的、地理的条件を無視し、数の論理で合併を押し切るのは暴挙である。

「平成の大合併」の推進論理に、行政の広域化に対応するために合併が必要になっている、という主張がある。佐々木は複数の自治体にまたがる広域行政サービスを「目標設定型」「需要対応型」「中間混合型」の三タイプに類型化している。[14]

①目標設定型広域行政――広域的な計画機能（計画の作成、目標の設定）の発揮が期待される土地利用とか、環境政策の分野で広域の自治体が共同して問題解決にあたる。

②需要対応型広域行政――ごみ処理、上下水道、消防などの行政需要に対し、広域の自治体が共同して処理したほうが効率的な仕事。

③中間混合型広域行政――住宅供給、道路整備、大型公共設備などの建設や、図書館、学校、集会施設、レンタル自転車の相互利用などで、広域の自治体間で連携が期待される分野。

②は「事業連携」であり、①と③は「政策連携」と呼ぶのがふさわしく、これからは「政策連携」がますます重要になるが、これについては従来の一部事務組合方式では対応できず、幾つかの事務組合を連携化する広域連合の活用でも限界がある、と述べている。　都市計画や環境政策、大型投資を伴う建設事業分野の広域行政は、広域連合の共同設置にはなじまない、「合併が望ましい」という考え方である。

その理由については直ちには解説されていない。一般的には、クルマ社会が進展し、ひとびとの買い物や生活行動圏が格段に広がったために従来の行政区域が意味を失ってきていることや、国も地方も財政事情が悪化している折、広域で効率的な行財政運営を努めることが必要となっていること——などが合併を正当化する理由としてあげられている。佐々木が①③の「政策連携」タイプは広域連合での対応には無理があり、合併がふさわしい、と考えているのも同じ理由からではないかと推測するのだが。

「政策連携」タイプの広域連携の場合に、広域圏の市町村が力をあわせて共存を目指す広域連合の存立する余地は乏しいと判断するのは、「都市間競争」の時代だからという理由だろうか。たびたび事例として持ち出される事柄に、大型店のことがある。

A町の郊外に大型店が開店する。A町には固定資産税などの税収増が期待される。したがってA町が積極的に大型店を誘致することがある。クルマで買い物行動する時代である。ショッピングのために三〇分のドライブはふつうである。隣のB町からも買い物客を引き付ける。場合によっては、そのさらに隣のC町もA町に進出した大型店の商圏に入る。B町の中心商店街がさびれることになる。いずれその影響はB町の税収減につながる。それを座して眺めているのでは敗北主義だと、今度はB町がA町の大型店をはるかに上回る規模の大型店を誘致する。そこでギブ・アップしたほうが「都市間競争」の負け組みである。「都市間競争」の考え方は、自治体間の相互不信を前提としている。

それにしても際限なき「都市間競争」に明け暮れていてもお互いに疲労困憊するばかりである。なにか調整が必要になる。しかし買い物客はクルマで行政区域を越えて移動する。自治体が個別に対応していたのでは限界がある。そこで思考が停止し、「やっぱり合併して広域調整だ」という合併推進論に飛びつく。すなわち、「うちも税収を増やしたので大型店を誘致する」というB町の主張に対し、仕掛け人のA町はもちろんだが、C町も異議申し立てをできない。最終的には懐をひとつにする以外には調整の途はない、と考える。「広域調整」、即「合併」と発想がひとっ飛びするのは、自治体間で懐具合を調整することはできない、という考え方に囚われているからである。

(3) 広域連携と税の再配分

「広域行政のための合併論」に囚われることなく、都市政府間の広域連携を有効に機能させる途はないのだろうか。そうとは言い切れない挑戦が米国の広域都市圏で行われている。その紹介を通じて「政策連携」タイプの広域連携のあり方をめぐる論争に一石を投じ、議論を深めるための材料としたい。「税の再配分（Tax Sharing）」という考え方である。税制を活用して開発投資を望ましい場所や規模に誘導する。

使われる税源は、地方税の不動産税か州税の売上税である。たとえば広域都市圏内の自治体を対象にある基準年度を設定する。それ以降、毎年度、それぞれの自治体の不動産税の増収分のうち一定割合を広域都市圏全体で一度プールする。それを一定の条件にしたがって各自治体に再配分する。再配分する際の条件は、人口比や、広域都市圏計画（都市的開発をする地区や環境を重視して緑地などを保全する地区の違いを考慮するなど）とのすり合わせである。

広域都市圏内の自治体が隣接自治体を「都市間競争」の敵だとは考えずに、連携の相手と見なし、できる限り自治体間の税財政格差を是正する。大型店問題の記述に即して述べれば、隣町同士で大型店の無駄な誘致合戦などはせずに、税の増収分を都市間で再配分することを通して広域都市圏全体の利益をできる限り大きくする、という相互信頼と相互扶助を前提とした広域自治システムである。そこには弱肉強食の論理を排除し、人間の叡智を信ずる理想主義が生きている。

ミネアポリス／セント・ポール広域都市圏が不動産税の再配分制度で長い歴史がある。[15] カリフォルニア州議会では、売上税をプールし、広域都市圏内の都市政府間で再配分する Tax Sharing が繰り返し議論されてきた。ウオールマートやホームデポ、ターゲットといった安売り大型チェーンが郊外に出店することによって隣接自治体の中心商店街（Main Street）が荒廃し、出店場所の広大な緑もつぶされるなど決してサステイナブル（持続可能な）開発ではない、という考えに基づいて議論がなされている。自治体が開発競争に走らずに、コンパクトな都市を目指すのためには税制面からなにができるか――Tax Sharing の試みはその問いに対するひとつの解答である。

広域都市圏における Tax Sharing の考え方は、欧米でホットな政策課題となっている Cities in Region の思想に通底している。都市問題は個別の都市政府対応では解決できないことが多々ある。広域都市圏レベルでの協働を必要とする。その際、けっして「じゃあ、合併だ」と短絡な結論には至らない。広域都市圏内でそれぞれの都市政府の役割を明確にし、連携の道を探る。箱モノ建設のための公共投資と企業誘致で都市間競争を勝ち抜くことを目指す――開発主義の「競争的分権」とは距離を置き、都市間の連携を通して公平と効率を追求し、望ましい公共空間を創造する――サステイナビリティ重視の「協調的分権」の取り組みである。

3 「定常型都市」への展望

(1) 「定常型都市」との距離を測る

地方都市の再生を考える際には、都市構造に関するマスタープランを描くことが重要である。都市構造マスタープランを作成するためには、高度成長時代の開発主義的な都市政策を反省し、時代の要請に適ったサステイナブルな地方都市を実現するための道筋を示さなければならない。

当然のことだが、これからの地方都市の都市構造マスタープランは、人口の減少と環境保全の二つの成長制約要因を踏まえて描くことが基本となる。この二条件を足枷と見做すか、豊かさの意味を考え直し、精神的にも、空間的にもゆとりに満ちた都市社会を目指すチャンスと考えるかにより描き出される都市構造に大きな違いが出る。すなわち、成長のための足枷と否定的に考えれば、そこから逃れるために限られた資源を先取りしなければならないという「都市間競争」の亡霊に苛まされることになる。逆に、都市構造を転換する好機と考えれば、別の地方都市の姿が見えてくる。

「定常型都市」について考えている。古典派経済学のジョン・スチュアート・ミルが『経済学原理』で展開した定常型社会では、暮らしが物質的、量的に満たされるよりは、精神的活動や、質的に豊かになることが重視されている。豊かになるために他人を踏みつけたり蹴落としたりすることもなく、非人間的な競争から解放された人間と自然の共生を第一に考えるようになる。資本や人口の拡大が止まる定常状態を進歩の停止とか、社会の活力が失われるとか、けっして悲観的には考えない。逆にそうした社会では、自立した人間同士が類を呼び協働の社会を構築するチャンスが広がる、とむしろ楽観的に考える。先を競って稼いだり、豪華なショッピングや旅行に出かけたりしなくても、生活の内実を豊かにすることによってひとびとは十分に活動的でいることができるのである。社会も然りである。

ミルの説くところを都市について意訳して考えると、商業販売額や工業出荷額を増やすことを競って自然を潰し、歴史や文化を破壊しては、「何のための成長か」ということになる。最近の「美しい都市」とか、「潤いのある都市」をめぐる都市論は、パイの拡大よりはその質を問うところに論点がある。ミルの定常型社会の議論に通底している。人口と環境の制約下にある地方都市が目指すべきひとつの理念的都市像として「定常型都市」を位置づけ、現実の都市と対比させ、「定常型都市」までの距離を測り、その距離を縮めるための都市政策を模索する時代を迎えた、と発想を切り替えることが大事である。(16)

スプロール（Sprawl）は「低密度な土地利用、土地浪費型、そして移動にクルマ依存」の開発を意味する。(17)ロバータ・グラッツはスプロール型開発について一般に流布している説明は「つくり話（myth）」であると言い切っている。「無計画で無秩序な開発がスプロールだと考えられているがそれは正しくない。地区計画、ゾーニング規制、デザイン誘導、建築基準、そして交通システムのあらゆるものがスプロールの要因となっている」(18)。すなわち、官民が政策的、計画的にスプロール型の開発を行っている、とグラッツは指摘しているのである。グラッツの主張に同感である。税収の増加を目的に郊外のゾーニングを変更し大型店誘致に走るのも（財政ゾーニング）、官民連携の計画的スプロールである。

拙著『都市はよみがえるか』では、一九九〇年代に商業集積法と地方拠点法の適用申請をした地方都市が国の政策と計画に従ってスプロール型都市開発に邁進し、結果として中心市街地の空洞化と地域商業の衰退を引き起こした事例を仔細に紹介した[19]。事例都市が商業集積法に群がったのは、隣接都市から消費市場を奪取し、隣の都市の中心市街地が荒廃しようがそれはお構いないし、ただひたすら「都市間競争」に勝利するためであったことを考えると、適用申請に奔走した地方都市政府の意識構造は、結局のところ高度成長期に新産業都市の指定競争を演じた開発至上主義の時代となにも変わっていないことになる。

果たしてミルは、他人を蹴落としてでも経済的に成功することを産業の進歩の一局面であり忌むべきものではない、と考えるひとに対して正直なところ魅力を感じないと述べているが、この「都市間競争」の勝者もまたミルにとっては忌避の対象となるに違いない。

(2)「定常型都市」と都市計画法

二〇〇〇年改正都市計画法は「「都市化社会」から「都市型社会」への転換」がテーマであった。都市計画中央審議会第二次答申「今後の都市政策はいかにあるべきか」（二〇〇〇年二月八日）は、都市計画法見直しの背景について「少子高齢化が急速に進行する中で都市への人口集中は沈静化している」という認識にたち、「新市街地の形成を中心とする都市づくりを目標としてきた「都市型社会」から、既成市街地の整備を中心に都市のあり方を変える「都市型社会」へ移行する時期である」と述べている。

線引き制度に象徴されたように、一九六八年都市計画法の改正には「都市の成長管理」の考え方があった。しかしこの三〇年間、一九六八年改正都市計画法がその計画目標を達成し得なかった事実は、都心の空洞化、郊外の混乱という最近の地方都市の悲惨な状況を見れば歴然としている。その意味では、一九六八年改正都市計画法は「敗北の都市計画」となった。

今度の都市計画法の改正は一九六八年改正都市計画法の反省、あるいはそれ以降の時代状況の変化を反映させるところにねらいがあった。たとえば、「交通・通信網の整備とモータリゼーションの進展などに伴い、都市計画区域外も含め、立地上の制約要因はなくなりつつある」(第二次答申)という理解を示し、基礎自治体が準都市計画区域を指定できるようになった(知事と協議し、同意を得る)。都市計画区域外にあって都市的開発がすでに起きているか近い将来はじまる可能性のある区域で、そのまま手をこまねいていると乱開発につながる恐れのあるところを都市計画区域に準じて規制できるようになった。

また、特別用途制限地域制度の導入があった。「用途地域が定められていない土地の区域(市街化調整区域を除く)内において、その良好な環境の形成又は保持のために当該地域の特性に応じて合理的な土地利用がおこなわれるよう、制限すべき特定の建築物などの用途の概要を定める地域」(都市計画法第九条第一四項)である。

いずれの地域も一九六八年改正都市計画法では抜け穴となっていた。「計画のない区域・地域」であった。計画がなければ当然、開発は自由である。したがってスプロール型開発の標的となってきた。そうしたスプロール型の都市化に対抗するために上記の制度が導入された。しかしそれでも今度の都市計画法の改正は、「都市の成長管理」——開発から守るべきところは制度的に守る、逆に開発の必要なところに開発ベクトルを向かわせる——を徹底するためには不十分な制度改革となった。

第一に、二〇〇〇年改正都市計画法には制度矛盾がある。準都市計画区域、および特別用途制限地域制度の導入は、少子高齢化社会の到来にもかかわらず依然として都市化/郊外化圧力が強いという認識を前提としている。しかし同時に二〇〇〇年改正都市計画法は、線引きを選択制に制度変更した。この選択制の導入は、郊外開発を促す都市化エネルギーはもはや大きくない、という時代認識を前提としている。市街化調整区域を設定し、開発を厳しく規制する時代状況にはない、という判断である。

景気対策に奔走した経済戦略会議の『日本経済再生への戦略[20]』が「線引き制度については廃止又は縮小を視野に入れて見直す」と明記したために、国土交通省は「線引き制度の原則選択制」に追い込まれたといわれている。しかし、二〇〇〇年改正都市計画法は制度改正の前提となる時代認識に、明らかに矛盾がある。

実際のところ、郊外開発に向かう都市化／郊外化圧力が相変わらず強いことはすでに記述した通りである。大型店の出店攻勢が強まっていることを知れば、郊外開発に向かう都市化／郊外化圧力の強さを理解するのに十分である。そのことについてはすでに述べた通りである。人口減少、環境制約型社会を迎えて二〇〇〇年改正都市計画法は拡大なき「都市社会」への移行を強調したが、望ましい「定常型都市」の姿を提示し、その実現手法を示すほどの発想の転換はなかったのである。

4　「定常型都市」を模索する

米国アルバカーキー市長を務めたデーヴィッド・ラスクは都市が郊外に拡散し過ぎていることに警鐘を鳴らしているが[21]、日本の地方都市の場合も、今後、拡張し過ぎたスプロール型の都市空間を縮小することが「定常型都市」に近づく途である。従来の都市政策から考えるとパラダイム転換型の——計画的に都市規模を縮小する——政策モデルを通じて環境負荷を軽減する方向に有限な都市資源を再編することが必要となる。

「地方都市の創造的縮小政策」である[22]。自然環境を保全し、歴史、文化の積層する都心の活力を持続しながら都市経済の生産・消費・再生産の循環構造を高度化する——そのために、既存の都市資源を「開発、保存、再利用、破棄する」プランニングを考える。

「地方都市の創造的縮小」を通して「定常型都市」に近づくために取り組むべき施策を例示的に箇条書きにする。それらの施策を複合的、重層的に展開することが望まれる。

①全体として人口減少、環境保全制約に見合った都市規模への縮小を達成するために都市計画を改め、社会資本を整備縮小し、循環型地域経済の構築を目指す。

②郊外の開発を抑止し、開発投資を都心の再生に誘導する理念を謳ったまちづくり条例を制定する（穂高、宮原町などのまちづくり条例は成長管理型である）。

③税財政制度の改革を通して「都市間競争」を緩和し、広域都市圏で公共施設の重複投資を回避しながら望ましい公共空間を協働して創造する広域連携制度を考える。

④大型店の総面積規制（CAP制）を導入し、郊外立地を阻止し、都心の大型空き店舗に出店を誘導する（米国の地方都市、日本では京都、金沢市などが試みている）。

⑤郊外の大型店の空き店舗・駐車場、工場跡地などを緑に戻し、自然の再生を目指す（米国の地方都市でも郊外の大型空き店舗対策がクローズアップされてきている）。

⑥クルマ交通を規制する一方、路面電車を新設、延伸し、クルマに依存しない都心交通を整備、強化する（米国でも最近は路面電車を新設する都市が確実に増えている）。

⑦郊外団地、特にその集合住宅を中心に整理統合（二戸を一戸に改造し居住条件を改善する）し、条件の悪化した住宅団地については思い切って改廃する（ドイツのライプチヒなどの都市の縮小政策がある）。

⑧税財政面から歴史的建造物の保存活用、とりわけB級の歴史的建造物の再生利用に努める（米国の街並み保存運動で顕著である）。

⑨学校給食などの公共施設と生産者との連携を通して地産品の品質の向上に努め、地産地消費型の地域循環型経済システムを構築する一方、品質の向上した地産品の域外輸出に役立てる（群馬県甘楽富岡農協の地産地

消費運動などが参考になる)。

⑩市場(いちば)文化を再生し都心に消費市場を取り戻して地産地消費を促す(欧州でも中国でもまちなかにある市場は活力があり都心の集客力となっている)。

5 結語

新自由主義に基づく経済学は「競争、競争」と連呼し、都市形成についても市場の力に任せてしまうことをよしとしてきた。「神の手」に託してしまえばなにもかもが上手に達成されると、すなわち都市が効率的に運営され成長できると主張してきたのである。しかしこの間の規制緩和によって地方都市は疲弊し、東京との格差が拡大している。よい結果を生みつつあるとはけっして言えない。

アルフィ・コーンが『競争社会をこえて』で経済活動から創造的仕事の分野まで多くの事例を紹介しながら懇切丁寧に論じているように、競争が助け合いよりも生産的で効率的であるということは、けっして論証されたことはないのである。コーンは、相談し知恵を絞りあい、助け合い協調しあったほうが、個人としても集団としてもはるかに生産的な結果を得ることができることを繰り返し例証している。物事をよりうまくこなすことと、他人を打ち負かすことは、別のことなのである。むしろ逆に、「協力しあうことによって可能になる資源のより効率的な利用を競争が排除してしまう」心配がある[23]。

市場メカニズムの有用性を否定はしない。しかし大切なことは、都市の将来を市場に委ねてしまうのではなく、環境に望ましい都市空間や循環型経済を生み出すために、市場メカニズムを人為的に活用することである。市場メカニズムを都市政策に生かす叡智が求められているのである。

競争より協調と連携、拡張よりは縮小と循環の途を探りながら環境負荷の低いサステイナブルな地方都市を構築しなければならない。現行の広域連合制度は半熟状態のときに湯沸しの火を止められ、総務省は市町村合併推進派に鞍替えしてしまった感がある。その可能性がしっかり試されたこともないし、深化した連携の形態が探求されたこともないままに、「広域連合制度は限界がある」と断じ、切り捨てられてきたのである。

少子化が急速に進展し労働人口が減少する経済社会を迎え、日本経済全体が減速からマイナス成長に転じることが避けられない以上、地方都市の縮小も不可避である。それでもなお、地方都市での暮らしが豊かであり続けられるかどうかは、新しい経済社会システムに切り替わることができるかどうかに懸かっている。地方都市にとって縮小は衰退とイコールではないし、必ずしも豊かさの喪失ではない(24)。むしろ、隣の存在を信頼し隣と協調しながら限られた資源の分配に知恵を絞ることを通して自然条件に恵まれた地方都市が甦るチャンスである。

注

(1) 『日経ビジネス』二〇〇四年五月三一日号。山田勝麿小樽市長は「敗軍の将、兵を語る」として登場し、一九億円の空財源の計上を「日本一の貧乏都市と世間に恥をさらしているようなもの」と語り、マイカル破綻にともなう税収未納額が「二年間で十億円になる」ことを明らかにした。
(2) 日本経済新聞、二〇〇四年五月二四日、『日経グローカル』二〇〇四年五月一七日号(四号)。
(3) 前掲(2)。
(4) 中小企業審議会商業部会、二〇〇四年七月二三日。
http://www.chusho.meti.go.jp/shingikai/040723syogyo.html
(5) 日本経済新聞、二〇〇四年五月五日朝刊。
(6) 日本経済新聞、二〇〇四年四月二〇日朝刊。
(7) 『日経グローカル』二〇〇四年五月一七日号(四号)。前年度と比較可能な市の比較。
(8) http://www.soumu.go.jp/gapei/
(9) 佐々木信夫『市町村合併』ちくま書房、二〇〇二年、一〇六ページ。

（10）日本経済新聞、二〇〇三年六月五日朝刊。
（11）前掲書（9）五二ページ、森田朗「市町村合併の課題と都道府県のあり方」『自治フォーラム』二〇〇一年一月号、四九六号。
（12）http://www.pref.wakayama.lg.jp/prefg/010600/gyousei/gappeitop.htm
（13）宮本憲一「地方自治制度改革の現在・過去・未来」『住民と自治』二〇〇三年一月。
（14）前掲（9）四五〜四九ページ。
（15）Myron Orfield, *Metro Politics, A Regional Agenda for Community and Stability*, The Brookings Institution, 1997. 中川万喜子・藤田泰男「米国の都市圏内における開発の広域調整システム」『地域開発』二〇〇五年四月号
（16）佐伯啓思『成長経済の終焉』ダイヤモンド社、二〇〇三年は、ミルの「定常状態」はフィクションだが無限に拡張する社会を逆に映し出す効用をもっており、われわれが経済成長や市場競争の意味を問い直す観点を提供し、幾分かは道徳的で自省的に行動する基準となる、という趣旨のことを書いている（七章）。
（17）Roberta B. Gratz with Norman Mintz, *Cities Back from The Edge*, Preservation Press, 1998, p. 139.
（18）*Ibid*, p. 146.
（19）矢作弘『都市はよみがえるか—地域商業とまちづくり—』岩波書店、一九九七年、四七〜九八ページ。大西隆『逆都市化時代—人口減少時代のまちづくり—』学芸出版社、二〇〇四年も「中心地の空洞化が、人為的、政策的というのは、郊外化が積極的、政策的に行われていたことを指している。たとえば、ニュータウン建設、区画整理による新市街地の整備、バイパスをはじめとする郊外の道路網や公共交通網の整備、公共施設の郊外立地などが、意図的に進められてきた」（五六〜五七ページ）と記述している。
（20）一九九九年二月二六日。
（21）David Rusk, *Cities without Suburbs*, Woodrow Wilson Center Press, 2003.
（22）坂本英之「シュリンク（縮小）する都市—ドイツ・ライプツィヒ市の事例を中心に—」『日経グローカル』二〇〇四年四月五日号（一号）は、旧東独都市が取り組む「シュリンキングポロシー」を、コンパクトシティの究極版ともいえる都市の「創造的縮小」という先駆的な表現を使って解説している。Popper/Deborah/Frank, *Small Can Be Beautiful*, Planning Jun 2002はSmart Declineを論じているが、この言葉の訳語も「創造的縮小」が適っているように思える。
（23）アルフィ・コーン（山本啓／真水康樹訳）『競争社会をこえて』法政大学出版局、一九九四年、一〇一ページ。

（24）　大西隆『逆都市化時代—人口減少期のまちづくり—』学芸出版社、二〇〇四年。松谷明彦／藤正巌『人口減少社会の設計—幸福な未来への経済学—』中公新書、二〇〇二年。

［付記］　本稿は『地域開発』（日本地域開発センター）に掲載の拙著「市町村合併に異説」（二〇〇三年七月号、四六六号）と「「都市の成長管理」と条例」（二〇〇四年六月号、四七七号）から一部加筆し、転載した。

II　日本型成長管理と分権

一　まちづくり条例と成長管理

野口和雄

わが国の近代都市計画は、海外の都市計画制度の影響を大きく受けながら発展してきた。その結果、世界の都市計画制度の「百貨店」とも言えるほど、海外の都市計画のツールがちりばめられたものになった。特に、近年は、国はもとより地方自治体と海外の地方政府、研究者間の交流が盛んになり、わが国や地方自治体の都市計画や制度づくりの参考となってもきていることにもよっているだろう。

わが国の都市は、一九八〇年代、国の政権の主導による都市規制の緩和と都市改造によって大きく揺れ動いた。それによってもたらされたバブル経済とその崩壊過程の中で、同じようにレーガン政権の主導により進められた米国の都市再開発政策に対して、地方政府が成長管理政策を掲げ様々な施策を展開しはじめていたことを知った私は、大きな衝撃を受けたことを記憶している。

それは地方政府が、後で紹介するように、ダウンゾーニング、リンケージ、キャップ等の施策を合法的に行っていること。都市計画や都市の環境問題がたびたび政治的なテーマとなり、条例や計画が市民による直接投票にかけられ、地方政府の都市政策が成長抑制や成長管理へ大きくシフトするということであった。また、地方政府による開発規制等が裁判となり、法廷では都市のあり方が争点となり、判決で都市論が記述されるなど、わが国の法廷との違いにショックを受けたこともあった。

さて、ここからわが国との比較となる。

規制緩和と都市再開発に沸いた一九八〇年代がバブルを生み、多くの地域で都市問題を発生させたことへの対抗策として、地方自治体はまちづくり条例等を制定し開発抑制策を取った。だが、この開発抑制策は、法的に極めて危ういものであった。

しかも、このような地域の状況に追い討ちをかけるように、国は、国土利用計画法、都市計画法、建築基準法、大店立地法（旧大店法）、行政手続法、行政事件訴訟法の改正等、規制緩和や新規立法を進めた。都市計画の体系に基づく個別的授権の法的枠組みを温存してしまった地方分権一括法と相次ぐ規制緩和の中、地方自治体は、相変わらず法的にギリギリの判断で条例を制定することによって無秩序な開発に対処する努力を傾けており、地方自治体による「条例ブーム」とも言うべき状況を迎えている。

一方、学界の期待を受けて二〇〇四年に景観法が制定され一二月に施行となったが、都市計画の体系には基本的に手をつけない「ささやかな法律」となってしまったことにより、既に景観条例により独自の取組みを展開してきた地方自治体にとっては「悩ましい」事態を迎えてしまっている。都市計画の制度が増えても地域で発生している問題に根本的に対処できず、新たな立法により地方自治体の条例と法律とダブルスタンダードをどのように調整するか、という新たな課題を抱えてしまったからだ。

さて、本論は、わが国の地方自治体で試みられているまちづくり条例と米国の制度を比較しながら、わが国の都市計画関連法のもとでは、米国で展開されている成長管理政策やスマートグロウス政策をとることができない、あるいは実行に移そうとすると、たちまち法律というハードルに突き当たることになることについて述べたいと思う。そして、都市農村法の制定、まちづくり基本法の制定等、様々な立法提案があるが、いくら法律を作ろうとも、地方自治体への包括的授権システムを法制化しない限り、問題は解決しないことを強調したい。

1　成長管理政策を支えた都市計画制度

米国における成長抑制政策、グロウスコントロール政策（成長抑制政策）、グロウスマネージメント政策（成長管理政策）、あるいは近年のスマートグロウス政策については一致した定義があるわけではない。しかし、これらの政策は、都市の開発を自由な市場に委ねることなく、都市づくりの理念のもと、計画に基づき抑制と促進を効果的かつ機敏に組み合わせ施策を発動する政策である、ということについては一致していると言えるだろう。都市の経済社会状況や市民の要請に対応しながら、ある地区の開発に一定の歯止めをかける、ある地区の開発圧力を他の地区に誘導する、あるいは、開発を許可するにあたっては一定の条件を課すことによって都市環境へのダメージを防止する等の方策を講じているのである。

住宅戸数や業務床のキャップと呼ばれている総量規制、業務ビルや商業ビルの開発と低所得者用の住宅供給をリンクさせるなどのリンケージ、開発利益の一部を地域に還元させる開発者負担制度、最近は、中心市街地の出店する店舗についてナショナルチェーン店を排除する方策、労働政策的観点から大型店の出店を抑制する方策等がある。このような制度を条例やプランとして制定できる、あるいは政策を実現できる背景には、どのような制度が用意されているのであろうか。このことが日米の都市計画制度比較の重要な論点である。

2　米国の地方自治

国と地方自治体の関係は、一九九九年に制定された地方分権一括法によって、これまで団体委任事務、機関委任事務と分類し定義されていたものが、法定受託事務と自治事務とに分類された。法定受託事務は法律で限定的に明記されており、まちづくりに関する事務等、法定受託事務以外の事務は自治事務となった。

これによって地方自治法に基づいて地方自治体に付与された自治立法権も大幅に拡大されたと理解することができる。

しかし、地方自治法で規定されている法令の範囲（「法令に違反しない限りにおいて」）という定義は厳密ではないにせよ残され、都市計画法等の個別法の条文で具体的に地方自治体の条例に委任するシステム（個別的委任）も残されたため、地方自治法に基づく包括的授権は相変わらず法的制約のあるものとなってしまった。

すなわち上乗せ条例には、都市計画法に基づく上乗せ規制（例えば、公園の割合等）という法律上の基準となるものと、地方自治法に基づく上乗せ規制（例えば、土地利用等）というお願いとしての自主基準が存在することになり、当然、法律上の基準は強制力を持つが、自主基準は行政指導にとどまったのである。さらに、行政指導も、行き過ぎた指導行政の是正通達、行政手続法、行政事件訴訟法、民間機関による建築確認制度等によって次第に弱体化している。

では、米国の地方自治制度はどうなっているのか。

米国では、合衆国憲法修正第一〇条（「留保権限」とよばれる）で、土地利用を規制する権限は州政府にあることが規定されている。その上で、多くの州政府は、市や郡などの地方政府が土地利用に関する規制を行う権限を認めている。カルフォルニア州では、地方政府（自治体）に、ゾーニング条例やプランニング条例等、土地利用規制に関する条例の制定（立法権）と、これを行使する権限を与えている。

しかし、これらの権限は無制限に与えられているわけではない。公共的価値との合理的関連性、適正な手続き（デュープロセス）を経ていること、公平の原則、補償なき財産の不当な収容の禁止という州法の原則と矛盾していないこと等が必要である。これも必ずしも厳密ではない。土地利用規制が不当な財産権の侵害に当たるかどうか、例えば住宅総戸数の制限など排他的ゾーニングが公平の原則に違反しないかどうか、これらは絶えず論争となり訴訟の対象となってきた。

また、米国においても、市への分権と州の権限については揺れ動いてきた経過もある。住宅や自然環境保全等について、市の権限を弱め、州の権限を強める法改正もカリフォルニア州等で行われてきた。その場合も基本は市へ包括的に授権していることがベースにあることを忘れてはならない。

市は、憲章（チャーター）を持つ。持たない市や郡もあり、その場合は基本的に州の憲章（チャーター）が適用される。憲章と訳すとわが国の地方自治体が制定しているスローガン的な憲章と誤解されるが、チャーターとは、市の憲法といっても良いだろう。分権を受けるためには、地方政府が基本的な自治のシステムを持っていなければならないからである。後で述べるが、イニシアティブとレファレンダムという直接投票のシステムが、重要なツールとして米国の地方政府の歴史に登場するが、それはチャーターに規定されているのである。

3　都市計画のツール

前述した地方自治のシステムのもと、成長抑制、成長管理政策やスマートグロウス政策を推進するツールの概要を整理し、わが国の地方自治体で試みられているまちづくり条例と比較してみよう。

(1)　マスタープラン

米国のマスタープラン（一般にジェネラルプランというが、ここではマスタープランということにする）は、一九二八年「標準年計画授権法」（連邦法）が制定されて以来本格化する。

カリフォルニア州では、その前年一九二七年に同様の法を制定していた。しかし、そのころのマスタープランは、単なる公共事業の参考となるガイドプランに過ぎなかった。この状況はわが国の現在の状況と似ている。

その後、環境問題等への市民の関心の高まりが一九七〇年のカリフォルニア州環境法を誕生させるが、マスタープランについても、一九七〇年代にマスタープランの性格を変える劇的な変化が生まれた。それは、「合致要件」と「内部的整合要件」の法制化である。

一九七一年に位置づけられた「合致要件（コンシステンシー規定）」とは、ゾーニング条例がマスタープランと一致しなければならないという規定である。この規定により、マスタープランが都市計画の基本的ツールであるゾーニング条例、サブディビジョンマップアクト、さらに公共事業を垂直的に制約することとなった。プランと手段が合致していなければならない、ということだ。

一九七五年に追加された「内部的整合要件」は、マスタープラン自身の内部規定に整合性を義務づける規定である。この規定に反する記述をしたマスタープランについて違法判決が下されるほど効果がある規定となった。

カリフォルニア州のマスタープランに関するガイドライン（一九九〇年版）は、次のように述べている。それまでのマスタープランは、「美しい曖昧な地図と印刷されたブックレット」からなる「開発の決定に実際的な役割を果たさない一群の方針」「意思決定の仕事に干渉しないように脇に積まれた」計画であったものであったが、これらの改正でマスタープランの重要性は「飛躍的に増大」し、「今や意思決定のための具体的な指示を提供するものでなければならない」ものとなったのである。

さらに、マスタープランの決定は、議会の議決を経て行われるものであり、「立法行為」であることに注意しなければならない。

後述するが、一九八〇年代、開発促進から開発抑制色が強い成長管理政策にシフトしたサンフランシスコでは、マスタープランの改定が市民のイニシアティブ（市民提案による市民の直接投票）の対象となったことには、このような制度的背景があることを念頭に置く必要がある。

一方、わが国では、一九九二年の都市計画法改正により市町村の都市計画マスタープラン制度が創設されるとともに、二〇〇〇年の都市計画法改正では、都道府県の都市計画区域マスタープランが都市計画決定の対象となった。

これによりマスタープランが具体的な都市計画の羅針盤として重要な地位を与えられた、といえるだろう。特に、市町村のマスタープランは、住民参加によって策定しなければならないとともに、策定されたマスタープランについて、具体的な都市計画は、「マスタープランに即したものでなければならない」という義務規定も加わった。

しかし、①市町村には具体的な都市計画のツールを決定する権限がないため、②都道府県が決定する都市計画区域マスタープランが法定計画となるとともに、③市町村のマスタープランは都市計画決定の対象ではないことや、④市町村のマスタープランも都道府県のマスタープランも議会の議決を必要としないこと、⑤市町村の都市計画は、マスタープランに即する、という規定も厳密には必ずしも「合致」という意味ではない精神的規定と理解されること等の理由から、住民にとって身近な市町村のマスタープランは、「美しい曖昧な地図と印刷されたブックレット」からなる「開発の決定に実際的な役割を果たさない一群の方針」「意思決定の仕事に干渉しないように脇に積まれた」計画となっている。あえて言えば、マスタープランを市民参加で策定する、という経験と確たる信念が地方自治体と市民に不足していたことから、ワークショップでお茶を濁す市民参加方式がかえって曖昧なマスタープランづくりにつながってしまった。

神奈川県真鶴町まちづくり条例においては、都市計画マスタープランを「まちづくり計画」と条例で読み替え、議会の議決を位置づけ名実ともにマスタープランの存在を格上げした。現在、真鶴町では、総合計画・基本計画に基づく実施計画と同時に「まちづくり計画」に基づく三カ年の実施計画を策定している。さらに、毎年、計画の実施状況についての点検書を作成、マスタープランの実施と見直し、実施プログラムの見直しを行政システムに組み込んでいる。また、マスタープランを開発にあたっての基準の一つに位置づけ、マスタープランに基づき開発指導を行っている。

このようにマスタープランを議会議決の対象とすることの重みは、マスタープランの案の策定過程だけでなく、マスタープランを実行するための行政の取り組みにも反映している、と言えるだろう。

長野県穂高町、熊本県宮原町等においては、土地利用の方針、ゾーニング図、ゾーン別の建築可能な用途等を記述した土地利用調整基本計画を、まちづくり条例でマスタープランとして位置づけ、開発に際しては、土地利用調整基本計画を遵守することを開発事業者に課している。マスタープランが、開発指導の基準となっているのである。

しかし、多くの地方自治体では、緑豊かな都市、コンパクトシティ等美辞麗句が並ぶマスタープランが多い。マスタープランが、「意思決定のための具体的な指示を提供するもの」とはなっていないのである。内部的整合義務、垂直的整合義務、決定プロセス等についてより具体的な規定を条例に位置づけることが重要となり、それがマスタープランの充実を促すきっかけとなると考えられる。

(2) ゾーニング

ゾーニングが都市計画の基本的なツールであることは日米ともにかわらない。しかし、決定的な違いがある。米国のゾーニングは、地方政府によって異なる。それは、連邦法（標準州ゾーニング授権法、標準都市計画授権法）によって、「コミュニティの健康、安全、モラルあるいは一般的福祉を目的として……、この法律によって、建物その他構造物の高さ・階数およびサイズ、それらが占める敷地のパーセンテージ、ヤード・コート、その他のオープンスペースのサイズ、人口密度、及び商業・工業・住居あるいはその他の建物・構造物及び土地の用途を規制する」権限を地方政府に授権しているからである。これを受けて、各州（すべての州ではない）もまた授権法を制定している。

カリフォルニア州の場合、州のゾーニング授権法は、憲章（チャーター）を持つ市以外に基本的に適用される。憲章市では、憲章でゾーニングに関する規定が定められているからである。さらに、州法は憲章市以外に対しても条例を制定する授権規定を設けている。このため、地方政府によってゾーンの名称や、規制項目は異なっている。そればかりでなく、様々な種類や規制を盛り込んだゾーニングの試みが行われているのである。一方、地方政府に自由裁量が認めているからこそ、地方政府が条例で定めるゾーニングがたびたび裁判の対象となる。

これに対してわが国の都市計画区域における区域区分、用途地域制度は、画一的に地方自治体を縛っている。それればかりでなく、用途地域についていえば大都市地域については都道府県が権限を有しているとともに、市町村に権限がある地域についても都道府県の同意付き協議を必要とするため実際には都道府県の権限が強い。実際に、用途地域の権限を持つある市町村の職員が、用途地域が町の権限になっても県との関係はあまりかわっていないと言っている。

この点について、都市計画法により用途地域のメニューの選択枝や組合わせの多様化、特別用途地区、特定用途制限地域等のやや自由度が高いスポットゾーニング制度の創設、地域地区について一部権限の委譲等を図ってはいるものの基本的な構造はかわらないため市町村の都市計画の自由度は極めて限定される。

このように法律に基づくゾーニングが地域性を考慮したものとなっていないことから、まちづくり条例で独自のゾーニングを行う自治体が生まれている。

真鶴町は、全域が都市計画区域で非線引き地域であるが、一部について用途地域が指定されている。このため用途地域が指定されていないいわゆる「白地地域」について建築が自由であった。また、用途地域が指定されているエリアも、海沿いの密集した漁村集落が市街地として形成されてきたことから、比較的緩やかな用途地域が指定されてきた。このような都市計画の下、マンション開発等の問題が発生したことから、町はまちづくり条例を制定した。

真鶴町まちづくり条例では、まちづくり条例に開発協議の基準としてまちづくり審議会の議を経て「土地利用規制規準」を定めることができるとしている。「土地利用規制規準」は、町の行政区域を地区ごとの特性に基づいて一一地区に区分し、区分ごとに土地利用の方針、建ぺい率と容積率、建築物の用途の制限、高さの最高限度、敷地面積の最小限度、壁面後退について定めている。白地地域については、それまで容積率四〇〇%、建ぺい率七〇%が指定されていたわけであり大幅なダウンゾーニングとなった。

長野県穂高町は、真鶴町と同様に都市計画区域内であるが非線引きの地域である。駅周辺の中心市街地のほかは水田と樹林地が多くを占めており、農振除外等による無秩序な農地転用により小規模な単位での宅地開発や幹線道路沿道の商業開発が続いていた。町は、このような宅地化を計画的に制御することを目的としてまちづくり条例を制定した。

まちづくり条例では、土地利用調整基本計画をマスタープランとして位置づけ、開発についてマスタープランに基づいて規制するというシステムとした。土地利用調整基本計画では、行政区域全域を九つの地区に区分し、区分ごとに建築可能な施設（○）、建築不可能な施設（×）、また、地区説明会を行い地区と町の同意を得た場合建築できる条件付きの施設（△）の三種類に分け表示している。

このシステムは、熊本県宮原町においても同じだ（宮原町は全域都市計画区域外）。土地利用調整基本計画で区分されたゾーンは一三区分となっており、穂高町と同様に建築可能な建築物等について、建築できる○、建築できない×、一定の条件を満たせば建築できる△のシステムを採用している。特徴は、△については、地区住民の同意を条例上の要件としていることである。伝統的コミュニティ（「区」という）の役員会の同意が必要で、場合によっては住民集会で同意するかどうかが決せられる。

この三つの町のゾーニングは、主に都市計画規制が極めて緩やかな地域について、地域性にあった規制を行っていることに特徴があるが、条例としての位置づけは、穂高町と宮原町では、土地利用計画をマスタープランとして位置づけ、開発の規準としていること、真鶴町は、マスタープランではなく、開発協議の規準として土地利用規制規準を位置づけていることにある。

しかし、問題は、このゾーニングは法律上の委任事項でないことから指導であり、強制力は持たないということである。

(3) モラトリアム

米国の成長管理政策の中で、モラトリアム条例というツールがある。これは、「中長期的な成長管理政策が検討される間、一時的に開発を停止、又は規制する」(大野輝之著『現代アメリカ都市計画』)というもの。ロサンゼルス市で、公共下水道のキャパシティが、活発化する開発に追いつかず発動された例がある。

わが国では、活発化するマンション開発等によって小学校施設が追いつかないことからマンション立地を規制している江東区、大規模開発により水道水の供給が間に合わないことから大規模開発を規制している真鶴町、志免町の事例がある。

江東区の用途地域は、行政区域の約五〇%が準工業地域、約八%が商業地域となっている。このため東京のマンション好況期に、江東区が交通上のアクセスが良いことからマンションの立地が相次いだ。昭和五三年、五五年には、それぞれ民間マンションが約四〇〇〇戸が建設された。また、平成九年以降も四〇〇〇戸台が続き、平成一三年には六〇〇〇戸を突破した。平成一四年三月の「マンション実態調査報告書」によると、建設されたマンションの約五八%が準工業地域であり、約三〇%が商業地域であった。

一部の地域にマンション立地が集中した結果、特定の地域で小学校のクラスの不足が生じるという危機的な状態に至った。そこで行政区域を小学校の校区ごとに、マンション受け入れ困難地区、準受け入れ困難地区、その他地区に分け、受け入れ困難地区については建設の中止または延期の要請をし、準受け入れ困難地区については庁内協議により受け入れる場合の協議を行うとともに、受け入れ困難な場合には建設の中止または要請を行うシステムを構築した。この要請にもかかわらず着工した場合は、勧告・公表の措置を講じる。

この手続きは、「マンション建設計画の調整に関する条例」に基づき行われる。

準受け入れ困難地区、その他の地区で、マンション開発を許容する場合には、その条件に協力金の納付を要請している。協力金は、小学校建設に当てられる。なお、この部分の手続きについては、「マンション等建設指導要綱」によっている。協力金の徴収について条例で規定することについては、法律上の違法性が指摘されることが予想されたため、見送ったということだろう。法律との整合性の観点から、条例で定める事項と、要綱で定める事項を分けたのである。

真鶴町と志免町は、水道水の供給が大規模開発に追いつかないことから、町民や観光客への給水がストップした経緯がある。そのため一定規模以上のマンション開発等について、行政の指導に従わず強行着工しようとする場合、水道法に基づく給水契約を拒否するという措置を講じている。

真鶴町は、はじめ「上水道事業給水規制条例」を制定した。しかし、その後、武蔵野市が指導要綱に基づき給水契約を拒否した事件で、最高裁は違法判決を下していることから、緊急避難的給水規制条例を廃止し、給水規制条例を「まちづくり条例」に基づく措置（「必要な協力をしないことができる」という規定）切り替えた。

一方、志免町では、水道法に基づき指導要綱で対応しているが、水道契約を拒否された開発事業者が町を相手取って行政の不作為を争った訴訟で、福岡高裁は、水道契約の拒否は適法という判決を下している。マンションの建設により水道の供給が滞ることに合理的理由があるからだ。

(4) キャップ

成長管理政策を実現するツールとしてキャップという手段がある。キャップとは、帽子のことで、総量規制を行うことからこのように呼ばれる。

サンフランシスコ市で採用されたキャップは、市のマスタープランでは、エレメントごとのプランとともに、エリアごとのプランがあるが、ダウンタウンエリアにおけるプランにおいて、オフィスの床面積の年間総量規制を行う改定を行うというものだ。

これは後で述べる市民のイニシアティブによって一九八六年に成立した。その前年には、市民提案が契機となってダウンゾーニングも行われている。都心部の開発が都市の市民生活環境を悪化させるとともに、サンフランシスコ市の特徴を失わせるものだ、という市民の運動が背景にあった。

このキャップが一つのツールとして確立したのは、ペタルマ市のおける取り組みが契機となった。ペタルマ市では、一九七一年に前年より一四〇〇%増の住宅開発があり、さらに翌年には一層増加する計画が民間デベロッパーから発表されたことから、住宅供給に追い付かない教育施設問題、負荷余力がない下水道システム問題が起きることが想定されたことから、市は、住宅開発限度を五〇〇戸とする条例を制定した。

この条例をめぐり開発業者は条例の違法性を争うため法廷に訴えたが、法廷は、市のキャップを支持する判決を下した。これは成長管理という概念より、成長抑制という定義の方が適切であるが、これがキャップというツールが活用される契機となったといっても過言ではないだろう。

ところで、わが国でも近年、このキャップを条例化する地方自治体が現れた。京都市、金沢市、そして尼崎市である。

京都市における中心市街地の魅力の一つに、伝統的街並みがあるが、それとともに、歩いて楽しい賑わいがある商店街が存在するということがあげられる。京都市は、郊外地における大規模商業施設の開発が、中心市街地の賑わいを形成している個店が建ち並ぶ街並みに個店の閉店というダメージを与えることから、京都市商業集積ガイドプランを策定し、このガイドプランに基づいて大型店の立地を規制誘導する方策をとっている。

このガイドプランは、京都市まちづくり条例（「京都市土地利用の調整に係るまちづくりに関する条例」）で規定する「まちづくりの方針」の一つであり、開発調整の際の基準となるものである。

ガイドプランは、京都市を一一のエリアに細区分し、ゾーンごとにまちづくりの方向、商業集積の方向、大型店の誘導規制の考え方を示している。この大型店の誘導規制の項目では、具体的に「望ましい店舗面積の上限の目安」を提示している。具体的には、ゾーンごとに、一〇〇〇平方メートル、三〇〇〇平方メートル、二万平方メートルという数値を掲げている（特に定めないゾーンもある）のだ。

商業施設開発にあたっては、ガイドプランに基づき指導することとなる。条例の手続きでは、指導に従わない場合には勧告を経て、公表という措置が講じられるが、郊外地に立地を予定していた大型店の床面積が大幅に削減される、という効果を生んでいる。

京都市でこのキャップ制度が制定された後、同じようなシステムが金沢市で制定された。「金沢市における良好な商業環境の形成によるまちづくりの推進に関する条例」である。また、尼崎市では、「住環境整備条例」を改正し、「尼崎市商業立地ガイドライン」を同条例で位置づけ、これに基づいて大型店の立地を規制誘導する措置を講じている。

これらの施策は、旧大店法が廃止され大店立地法に切れ変えられたことにより、従来の大型店に対する規制が緩和され、郊外地において大規模な量販店や専門大店の立地が相次いだ結果、中心市街地の衰退化が顕著になったことが背景にある。大店立地法が、地方自治体による地域の需給調整を目的とした上乗せを禁止していることから、大店立地法の上乗せ条例という性格ではなく、まちづくりの観点から規制誘導を行う、いわゆる横出し条例として制定したのである。

しかし、本来、用途地域によって規制すべき商業施設を、自主条例によって規制誘導するものであり、法的にはガイドライン等に基づいて民間事業者に強制することはできない。しかも、先に紹介した米国の総量規制とは異なり、開発案件ごとの規制であるため、異なる事業者が異なる敷地で開発する場合については、別の協議対象となることから、実際には総量規制とは言えないものである。ここにわが国の地方分権の制約を見て取ることができる。

(5) リンケージ、開発負担

米国の都市計画でリンケージという手法を良く耳にする。

サンフランシスコ市で、観光客用のホテルやオフィス建設の開発許可と引き換えに、低所得者用住宅の付置やその資金の拠出を課すという施策が行われた。

また、ニューヨーク市においても、ブロードウェイの劇場や文化を守るため、周辺の電気店（照明施設を供給する）や若い芸術家の住宅の設置を義務づけるという施策や、高級マンションや商業施設の建設にあたって、地域のコミュニティの基金に多額の資金を拠出させるという施策が行われた。

このような施策がリンケージと呼ばれるものである。

このリンケージは、わが国では、開発にあたって緑化基金に協力金を拠出させる施策や、教育施設整備負担金を拠出させる方法として一九六〇年代から宅地開発指導要綱に基づき行われてきている。近年では、まちづくり条例や緑化条例等に基づいて使途を特定して協力金を徴収する地方自治体もある。

わが国のリンケージで注目されたのが、二三区における住宅リンケージであることは記憶に新しい。

一九九〇年前後のバブル期に、東京都心や周辺において、地上げによるオフィス開発が相次ぎ、区の人口が激減するという事態が発生した。当時、一六万人程度の人口であった港区では毎年一万人が減少するという過疎地に匹敵する事態が発生していた。このような区部の定住人口の激減に対して、オフィス開発にあたっては、一定割合の住宅を付置させる、あるいは「飛ばし」といって開発地以外の場所に住宅供給を義務づける。さらに、住宅基金への資金の拠出を義務づけるという施策がとられた。これらは典型的なリンケージ政策であった。

東京二三区では、これらの施策は、法律上の根拠がない違法性の高いものであったことから、要綱による指導を住宅条例（定住まちづくり条例、住宅条例等）に切り替えることにより法的根拠を強める対策をとった。しかし、このようなリンケージ政策は、条例で定めたとしても違法性の高いものである。一九八〇年代の国により規制緩和政策の一環として地方自治体に通達された「宅地開発指導要綱の是正」により、「行き過ぎ」が指摘されたこともあり、実際上は建築や開発にあたっての「お願い」でしかすぎないことから地方自治体は「おそるおそる」実施していた。また、通達を契機に、要綱の緩和や廃止を行った地方自治体もあった。

現在では、国立市や狛江市のように開発協力金の負担を課す自治体も存在するが、まちづくり条例等で必ずしも開発協力金の拠出を明記しているわけではなく、開発協議にあたって規則や要綱に基づいて開発協力金を要請するという「奥ゆかしい措置」にとどまらざるを得ないこととなっている。

(6) 手続き

米国の地方政府の憲章（チャーター）や都市計画関連の条例の特徴の一つに、マスタープラン等の計画決定、ゾーニング等の決定や変更、開発許可等について、極めて詳細な手続きを定めていることがあげられる。これは、権利制限を伴う計画や条例の正当性を付与する条件に、公共の福祉があるとともに、デュープロセスがあるからだ。

わが国の都市計画決定の手続きで、都市計画案について説明会、公聴会、縦覧、意見書提出、都市計画審議会、都市計画の告示等の手続きが規定されるが、法定の手続きは一種のセレモニーであり、事実上は、決定前の段階でネゴシエーションにより決着がついているものとは異なる。

さらにカリフォルニア州では、環境法がこの手続きで絶大な役割を有している。開発だけでなくマスタープラン等の策定にあたって、環境法に基づく環境影響評価報告書の提出を義務づけられているのである。しかも、開発を認めるための事前手続きとしてのアセスメント（「アワスメント」との悪口も言われる）とは異なり、第三者による公平なレポート提出と審査が求められるものである。

決定プロセスは、地方政府によって異なるが、行政による決定、委員会等の第三者機関による決定、そして、最終的には議会による議決が準備されている。異なる機関による審査、否決された場合の開発者による訴え（アピール）の権利の保障、そして、最終的には議会の議決があり、それぞれの段階で、異なる機関が公聴会等の開催を行うというシステムとなっている。

マスタープランが、行政に策定権限が与えられた任意の計画で直接的に権利制限が働かないもの（「絵に描いた餅」）ではなく、開発の条件となり、権利制限を伴うため、議会の議決を要するいわば「立法行為」として位置づけられている。

米国におけるデュープロセスの重要性を示した事件があった。

リバーサイド市のマスタープラン策定にあたって、これに反対していた市民が最新のプランのコピーを行政に要請したが、行政がコピーがなかったことから市民が入手できなかったという事件があった。この市民は市を相手取って訴訟したが、裁判所の判決は、マスタープランを無効とするものだった。デュープロセスの重要性を認識させられる事件であった。

わが国のまちづくり条例の多くは、適正な手続きを重視する傾向にある。しかしその理由は、米国とは異なる。一つは、計画の素案段階から市民の参加を求めることや、開発にあたっては開発計画の構想段階から事業者と市民の協議を義務づけることを市民が要求していることから、その手続きを条例に位置づけているのである。

第二に、まちづくり条例では、法律に基づく開発基準の「上乗せ」を規定しており、この「上乗せ」は事業者に強制できないことから、事業者に対して市民や行政との「協議」により「協力を要請する」という手段をとらざるを得ない、という事情がある。強制できないため、「協議」というテーブルで折衝するということだ。したがって、条例では、詳細な「協議の手続き」が重要となる。

東京都国分寺市、狛江市、三鷹市、先に紹介した穂高町、宮原町においても、開発事業者との協議の手続きは詳細である。開発事業者による説明会の開催、周辺住民との協議、開発事業者と周辺住民との文書による意見交換（応答義務）、事業者等が協議に不服な場合の調整システム、そして、行政と開発事業者による協定の締結等による事実上の許可制度等の手続きが条例で規定されている。また、地方分権一括法制定以降は、開発事業者が手続き違反を行った場合には、罰則を課すことを規定する条例が増えてきている。

真鶴町のまちづくり条例における手続きは次のようなものだ。

マスタープラン（「まちづくり計画」）は、市民参加のプロセスを経て最終的に議会の議決により決定する。開発については、市民との協議、行政との協議が義務づけられるが、行政と事業者の協議に異議がある場合、市民も事業者も公聴会を請求することができ、さらに、公聴会を経て行う町長の判断にも異議がある場合、最終的には議会に判断を仰ぐことができる、という規定を設けている。

公聴会は、従来のわが国の「聞き置く場」としての公聴会とは異なり、まちづくり審議会委員から選ばれた議長が、公開の場で、事業者、住民、行政、さらに場合によっては参考人からそれぞれ意見を聞くとともに、相互に議論をする場となっている。「熱い議論が公開の場で戦わされる形式」が、規則で定められている。

マスタープランだけでなく開発についても最終的に議会の判断を仰ぐ、というシステムについて、「わが国の地方自治体の多くの地方議会は判断できる能力に欠ける」ことから、この方式を他の地方自治体で採用することについて市民や専門家からの異論が出されている。

しかし、選挙により選出された議員が構成する立法機関であり、市民の意見を反映した最高議決機関である議会の役割を否定する、あるいは限定するという意見は、地方自治という観点から見ると極めて危険ではないだろうか。

(7) 直接投票

米国の地方自治制度を支えるシステムとして重要なツールがある。それはイニシアティブとレファレンダムという制度だ。この制度は、米国において一九世紀末に制度化された州があるということだが、カリフォルニア州では一九一一年に州の憲章改正により制度化された。

イニシアティブは、市民の発議に基づき市民投票によって条例やマスタープランを決定するという制度だ。「市民による直接立法」といっても良い。イニシアティブを活用し成立した事例として有名なものに、「プロポジション13」がある。州内の地方政府による財産税の引き上げを厳しく制限するというものだ。

成長管理政策をとる地方政府の多くは、「スローグロウス」や「スマートグロウス」の市民運動が背景にある。サンフランシスコ市やロサンゼルス市の成長管理政策は、市民の度重なるイニシアティブによって提起され、市の政策に採用された。また、市の政策が開発促進派とのバランスによって緩やかな政策として「お茶を濁した」ことから、市民がより強固な成長管理政策をイニシアティブによって成立させた。このようにイニシアティブを活用することによってダウンゾーニングやオフィス床の総量規制等を行ってきたことから、イニシアティブによるゾーニングを都市計画の領域における「投票箱ゾーニング」とも呼ばれる。

レファレンダムは、議会が議決したプランや条例を市民投票によって再度、採否を決定するという制度である。

カリフォルニア州では、議会選挙時にハイウエーの沿道に提案された条例に対する「イエス」「ノー」の看板が林立する光景や、住宅の玄関に条例の内容や説明が記された分厚い印刷物が置かれている光景を目にする。都市計画が市民投票の対象になり、その可否をめぐってキャンペーンが行われ、賛成派、反対派が、様々な市民団体や労働組合への説得工作を行う、という生き生きとした「運動としての民主主義」が展開される。それを「制度としての民主主義」が支えているのである。

ところで、市民参加には、立案段階の参加と決定段階の参加がある。

わが国のまちづくり条例や都市計画法では、立案段階の参加や市民の提案権を位置づける制度は次第に充実してきていると言えよう。しかし、決定段階の参加は、原子力発電所、産業廃棄物処理場、市町村合併をめぐって、住民投票が行われる場合はあるが、都市計画道路や公共による大規模開発が住民投票にかけられる事例は極めてまれなケースである。また、わが国では、投票結果は首長の決定に政治的影響を与えるが、投票結果によって決定されるものではない。

都市計画道路の都市計画決定や大規模な臨海開発をめぐって住民投票を行うということを想像してみよう。無関心な多くの市民と、利害関係を持つ周辺住民あるいは都市計画区域内の地権者や住民が、直接投票によって、その採否を決定するということについて、リアリティを持つ専門家や市民は少ないのではないだろうか。都市計画における民主主義の歴史や重さ、信頼の違いなのであろうか。

多数の市民が居住する都市において、直接民主主義の手段としてのイニシアティブ、レファレンダムが多発することは、議会制民主主義や大統領制（わが国の地方自治体は大統領制度となっている）を弱めることになることから、避けなければならないことではあるが、しかし、この制度が存在することによって行政や議会と市民との間で緊張関係が生まれる。行政や議会が、多くの市民が要求する政策を執行することについてサボタージュしている場合、市民が直接、投票によって決定することができるからである。

4　個別的授権から包括的授権へ

平成一四年七月九日、最高裁第三小法廷において重要な判決が下された。

この判決の内容を紹介する前に、事件の概要を説明しておく必要があろう。宝塚市では、昭和五八年に「宝塚市パチンコ店等、ゲームセンター及びラブホテルの建築等の規制に関する条例」が制定された。同条例では、パチンコ店等を建設する場合に、市長の同意が必要であり、同意をしないで建築を進めようとする場合には市長は建築中止等の必要な措置を命じることができると規定されている。この条例に基づき、ある事業者が市長の同意を得られないままに建築工事を着工したところ市長は建築中止命令を発し、これに従わない事業者に対して市長は事業者を相手取って建築工事の続行禁止を求める民事訴訟を提起した。第一審、第二審はともに、市長の訴えを棄却し、最高裁で争われたところ、最高裁は、市長の訴えを却下する判決を下したのである。

同判決では、却下した理由として「国又は地方公共団体が専ら行政権の主体として国民に対し行政上の義務の履行を求める訴訟は、……法律上の争訟として当然に裁判所の審判の対象となるものではなく、法律に特別の規定がある場合に限り、提起することが許されるものと解される。」と、そもそも条例の目的を達成するため民事訴訟で争うことはできないと門戸を閉じてしまったのである。

わが国の現行の都市計画関連法の体系のもとで、地方自治法に基づきまちづくり条例を制定したところで、条例に違反して開発を強行する事業者に対して取りうる手段は公表、あるいは一〇〇万円以下の罰金だとすれば条例を制定する意義は薄れることになる。

市町村は、自主条例によってではなく、都道府県の同意を得るための努力を重ねた上で、都市計画法等の法律を有効に運用するか、法律で個別的に委任されている条例を法律の中で探し、可能な限り独自の拡大解釈をして委任条例を制定するしか、独自のまちづくりを展開する方法がないとすれば、市民の要請を受けて地域性にあったまちづくりを展開するにはあらかじめ限界があると諦めるほかはない、ことになる。米国の地方政府のように、法廷で違法とされる可能性はあってもチャレンジしようというモチベーションも湧かないことになってしまう。

ここに個別的授権をベースとするわが国の法体系と、包括的授権をベースとする米国の法体系の違いがある。

市民参加型システムを確立し、行政と市民の「協働」によりまちづくりを推進するためにまちづくり条例を制定することは重要な意味を持っているが、しかし、都市づくりをマネージメントするためには、自由な市場を前提として行われる民間の開発に対するコントロールは欠かせない施策である。計画を立案し、行政による事業を展開するためには現在の自治体財政下では長い時間を必要とし、それよりもずっと早いスピードで進む民間の開発を制御しなければならないからである。

研究者等によりまちづくりに関する立法提案も行われているが、地方自治体への包括的授権システムを法制化しない限り、問題は解決しない。

なお、米国の都市計画、特に成長管理政策については、概要を紹介した。筆者の紹介では、不正確な紹介もあるかもしれない。より正確で詳細な学習をされたい方は、筆者がわが国の都市計画について様々な課題に遭遇したときに、米国の都市計画事情も含めて多様な示唆を受けている大野氏、レイコ・ハベ・エバンス女士、福川氏の米国の都市計画に関する著作等を参考にしていただきたいので、以下紹介する。

『都市開発を考える』（岩波新書、大野輝之・レイコ・ハベ・エバンス共著）
『現代アメリカ都市計画』（学芸出版社、大野輝之著）
『ゾーニングとマスタープラン』（学芸出版社、福川裕一著）
『カリフォルニアのまちづくり』（技報堂出版、ウィリアム・フルトン著）
『アメリカの地方自治』（第一法規、小滝敏之著）

二　福岡県志摩町——田園居住のまちづくり

樋口明彦

1　大都市の隣にある日本の原風景

福岡県志摩町。人口約一万八千のこの町は、九州の中核都市福岡の西に隣接した田園地域である❶❷。総面積五五〇〇ヘクタールのほとんどは山林か田畑であり、その中に多数の農村集落、漁村集落が点在している。外周五二キロの七割が美しい玄界灘に面した海岸線であり、そのほとんどは、玄海国定公園に指定されている。

糸島半島と呼ばれるこの地域は、古来から大陸や朝鮮半島との交流の最前線であった。今日でも「どこでも掘れば何かでてくる」といわれるほど歴史遺構が多数存在しており、魏志倭人伝の中には伊都国として登場している。町内の山に登れば、天気のよい日には壱岐はもちろん対馬まで遠望することができ、また反対側に目を向けると日向峠の向こうに太宰府が見通せる。万葉の昔、朝鮮半島との間で島伝いの狼煙による通信が行われ、一朝事あれば直ちに大宰府に知らせが通じる仕組みができていたと言われている。

人口二万に満たない志摩町であるが、明治以来今日までに五村が合併して今の町のかたちができあがった。そのため今日でも地域ごとに異なる習慣や社会性が残されており、現在でも四二もの行政区が存在している。

❶美しい玄海の海を前に広がる志摩の田園風景

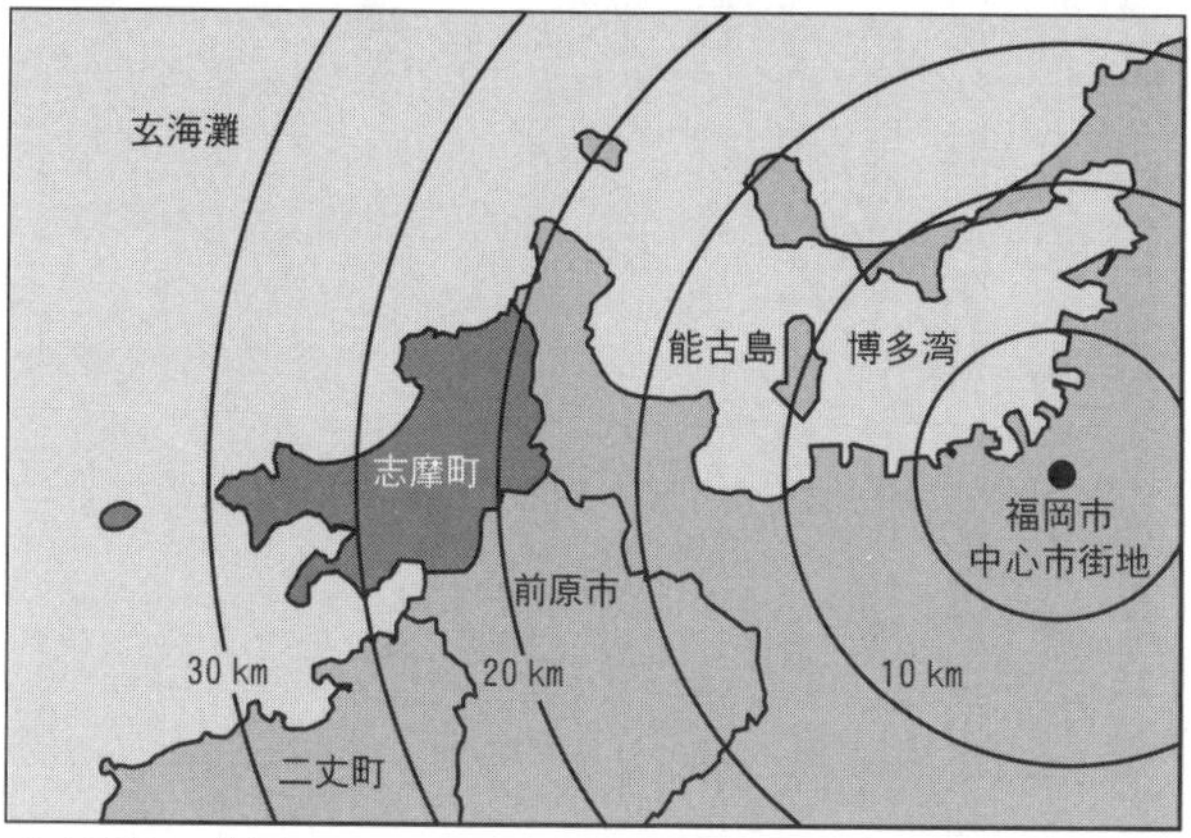

❷志摩町の位置

隣の前原市が福岡のベッドタウンとしてここ一〇年ほどの間に急速に都市化したのに対して、これまで志摩町は開発の波にあまり晒されることがなかった。これは、志摩町が地理的にJRの線路や主要国道等からはずれた半島にあるため、開発圧力がかかりにくかったことが幸いしている。その結果、大都市福岡の隣町であるにもかかわらず、志摩町には典型的な日本の農漁村の風景、日本人の心の原風景がしっかりと残されてきた。

近年はこうした都市近郊の豊かな環境を求めて福岡から訪れる人も多く、多数の農産物直売所や朝市が町内の各地に生まれている。また、陶芸など様々な創作活動をする人の移住先としても人気があり、アーティストコミュニティ的側面も持ち始めている。田舎暮らしの夢を抱いて土地探しに訪れる人も多い。

しかし一方で、少子・高齢化や農漁業就業人口の減少などの課題を抱えている。また、平成一七年から九州大学が志摩町の東端部付近に移転を開始することになっており、それにあわせて道路の建設や大型商業施設の進出などの動きが見られ、地価の上昇を狙った投機買いも進んでいる。

こうしたなか、志摩町では、「田園居住のまちづくり」と名づけられた環境共生のまちづくりが進められている。本稿ではこの取り組みについて紹介する。

2　市街化調整区域の導入

平成四年、紆余曲折を経て九州大学の糸島半島への移転が決定した。教職員と学生を合わせると二万近いこの巨大国立大学の移転は、住宅地開発や商業開発など大きなインパクトを志摩町に与えることが予想された。当時志摩町では役場周辺の限られた区域で用途地域の指定が実施されていたが、市街化調整区域は設定されておらず、田園地域における行き過ぎた開発を抑制する仕組みはほとんど持っていなかった。まちづくり課長時代に日本全国を吹き荒れたリゾート法（総合保養地域整備法）の嵐を経験していた志摩町の末﨑亨町長は、県都市計画部局からの強い助言もあって、九大の移転前に志摩町のほぼ全域に市街化調整区域を設定することを決断した。

しかしながら、理念としては正しいものの、地価の下落を嫌う住民や町外地権者等の強い反対があり、町民の合意を得るまでには長い時間が必要だった。町議会や区長会においても、賛否両論の激しい議論がなされた。町では、まちづくり課（平成一二年度から都市計画課に改称）の久保秀明課長等が中心となってほぼすべての行政区で何度も地域説明会を実施し、町民の理解を得るべくできるかぎりの努力をした。末﨑町長は、平成一〇年の都市計画法改正により市街化調整区域でも地区計画が適用できるようになったのを受けて、町のためによいことであればこの制度を用いて全町どこでも地区計画候補地にすることができるという説明をすることで、規制強化に反対する住民に理解を求めた。一〇年越しのこうした辛抱強い調整プロセスを経て、平成一四年の二月に市街化調整区域の決定、公示が行われ、全町の約九七％が市街化調整区域に指定されることになった。

3 田園居住のまちづくり条例

しかし、市街化調整区域施行に向けた合意形成にエネルギーのほとんどを使わねばならなかった町役場では、肝心の地区計画制度をどのように運用するかについての独自の枠組みを用意できていなかった。市街化調整区域の施行にあわせて、すぐにも地区計画の申し出が住民から出されることが予測され、適用の基準や許可プロセスなど地区計画の運用のあり方をきちんと定めることが町の急務となった。

志摩町は、市街化調整区域の施行に向けた取り組みと並行して、平成一〇年に都市計画マスタープラン（市町村の都市計画に関する基本的な方針）を策定した。「田園風景につつまれた環境共生と快適居住のまち」という副題がつけられた同マスタープランは、豊かな環境を大切にしたまちづくりの方向が示されたよくできたものであったが、その実現に向けた具体的なシナリオは、都市マスの常として明確には描き出されていなかった。そのため、地区計画制度運用のより所としては不十分であった。

当時九大に赴任したばかりであった筆者は、こうした志摩町の取り組みを知ると、末﨑町長に連絡を取らせていただき、大学の研究室としてお手伝いしたい旨をお伝えした。

まず取り組んだのは志摩町の風景の現状把握である。ほぼ一週間をかけて毎日学生たちと志摩の隅々を歩き回り、志摩の風景の特性や分布状況等を記録していった。さらに、土地利用の状況や幹線道路周辺の風景の質についても調査を行った。その結果、町北部には美しい田園風景や海辺の風景が保全されているものの、南部ではすでにかなりの市街化や開発が進行しており、早急に対応が必要であることが明らかになった。

次に、志摩町が負担しうる開発の限界がどの程度であるかを推算してみた。平成一〇年のマスタープランで示されている二〇二〇年までの人口増加予測は約七〇〇〇人であったが、この数字をもとに新たに必要となる宅地

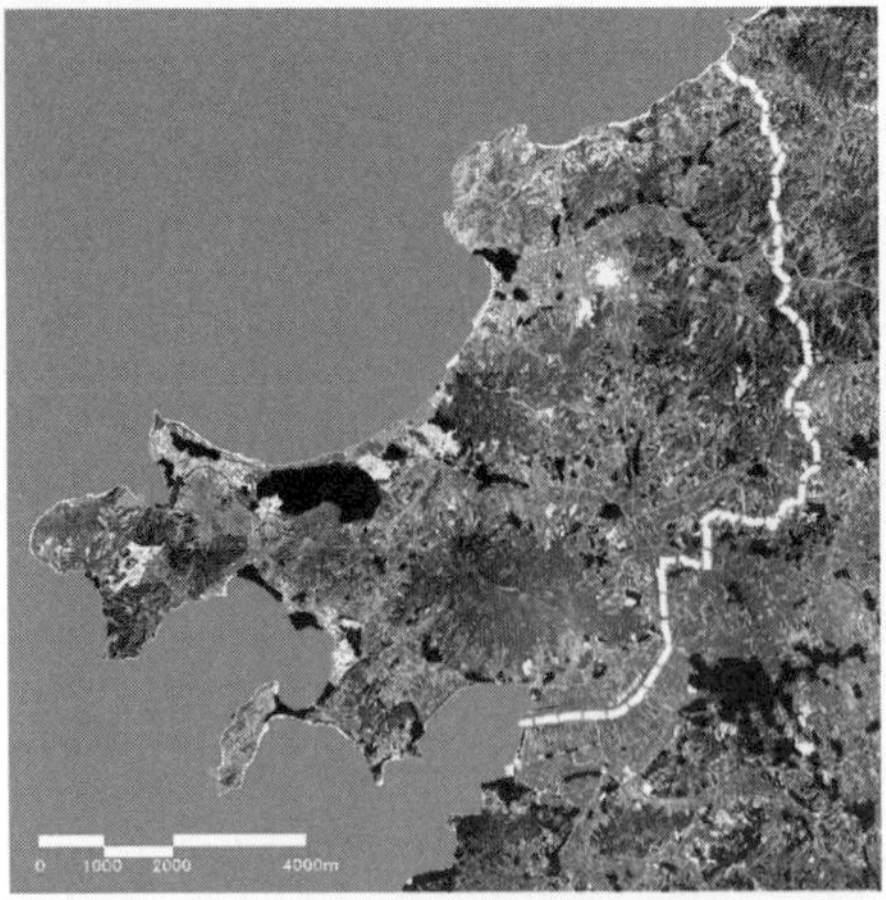

1969

1988

1998

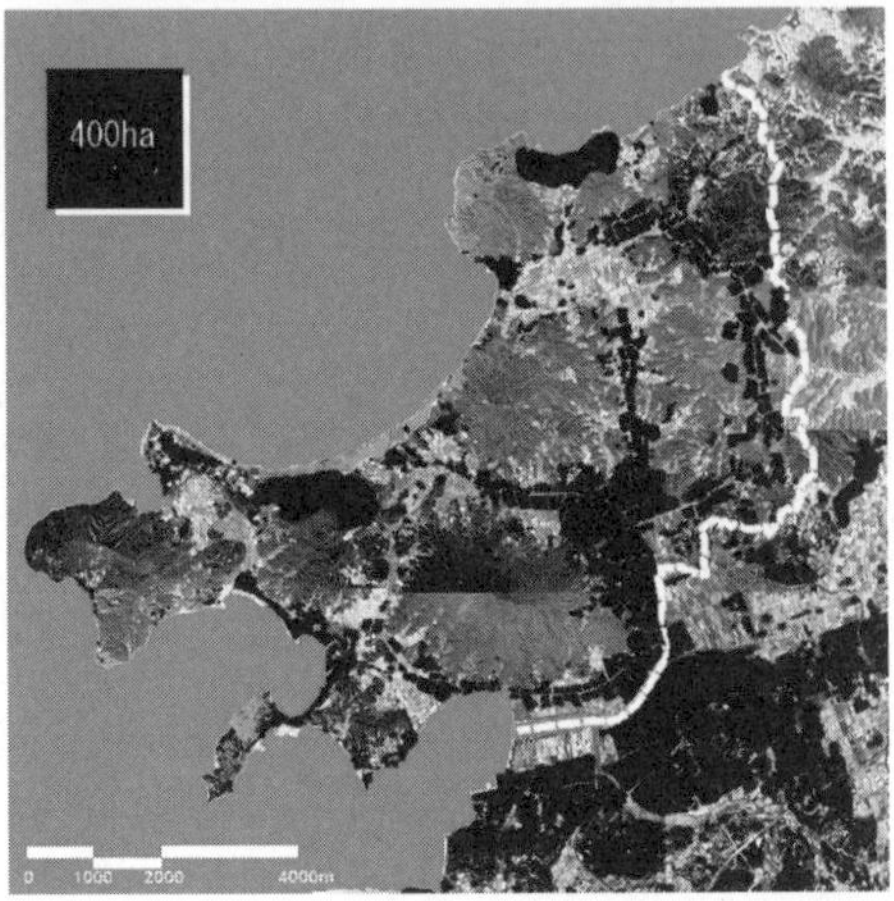

2020（無秩序な開発が続いた場合）

❸志摩町とその周辺における 1969 年以降の開発の進行と将来予測．何らかの開発が行われた部分を黒で示している．

の面積を試算してみたところ、既存農地の多くが宅地化されてしまうことがわかった❸。

また、総世帯数の過半が地下水に依存している志摩町では、人口の増加を受け入れるには地下水だけでは大きく水が不足することも予測され、無秩序に市街化調整区域で地区計画による住宅開発が進めば、志摩町の田園環境は大きなダメージを受けることが予測された。

平成一二年一月、研究室で作成したこれらのデータを取りまとめ、町の課長級以上の幹部の皆さんにプレゼンテーションをさせていただき、マスタープランに示された環境共生のまちづくりという方向性を基本とした上で、計画的な土地利用と精緻な開発規制、実効性の高い環境保全の仕組みの導入が必要であることを説明した。

当時、国土交通省と農林水産省の共同で、市街化調整区域型地区計画を利用した田園整備計画に対する補助金制度「田園居住区整備事業」が立ち上げられており、志摩町の都市計画課ではこの制度に付設された計画補助金制度を活用して二年計画で田園環境を生かしたまちづくりの計画を作成することを検討していたが、筆者等の研究室もその流れに加わらせてもらうことになった。

われわれは、この作業プロセスをできるだけ住民に開かれたものにすることを提案し、まず地域住民の皆さんに関心をもっていただくこと、住民の皆さんが町の将来についてどのような思いを持っているかをくみ上げることを目的に、平成一二年の八月に「まちづくりシンポジウム」と「まちづくりワークショップ」を開催することにした。

町ではそれまでこうした取り組みをしたことがなかったため、筆者等の研究室が実質的な事務局機能を引き受けることにした。ワークショップでは、少人数で中身のある議論をしてもらうために、一〇人ほどのファシリテーターが必要であった。九州にきてから一年足らずで知り合いも少なかったが、都市計画、地域づくり、建築など様々な分野の専門家にお願いして、なんとか必要な人数に集まっていただくことができ、「志摩町まちづくり応援団」とネーミングした。何度か打ち合わせをし、配布資料やワークショップの材料などの準備をおこなった。

❹まちづくりワークショップ

一方、町では、都市計画課が中心となって、PTA、商工会、区長会、老人会等、町内の各方面に参加の呼びかけをおこなった。準備期間は短かったが、町職員の方々が日常的に住民の皆さんと良好な関係を構築していたため、こうした参加呼びかけの活動はスムーズに進められた。

また、田園環境保全の先進地である米国の東海岸地域から二人の専門家（筆者の留学時代の恩師）をお招きし、海外での取り組み事例を紹介していただくとともに志摩町にエールを送ってもらうことにした。

シンポの当日は、天気に恵まれたこともあり、会場となった総合保健福祉センターの定員二〇〇人を大きく上回る約三〇〇人の来場があった。主催側としてうれしかったのは、呼びかけを行った団体ばかりでなく、一般市民の方も多数参加してくださったことで、まちづくりへの関心の強さを感じることができた。また、翌日開催したワークショップにも一〇〇名を超える参加があり、半日にわたり熱心な議論が九つのグループで行われた❹。

どのグループでも大激論が行われ、新旧住民の間の対立や誰が環境維持の担い手になるかなど、様々な話題が持ち出された。筆者が担当したグループでは、ある女性の「やっと思っていることが言えた」という発言が印象に残った。

これで弾みがついたのを受けて、翌月には「田園居住のまちづくり構想策定委員会」が立ち上げられた。約二〇名の委員の半分は住民の中で様々なまちづくり活動をされている方達にお願いし、残りは「応援団」のメンバーと町の職員から選出した。

この委員会では、当初地区計画にからんだ土地利用のありかたについてのみ議論すると考えている町職員が多かったが、私の方から強くお願いして、田園環境を生かした暮らしのかたちや産業、まちづくりのあり方など、ソフトについての議論もやれる集まりにしていただいた。幕の内弁当のおかずのように、わけもなく「ここは住宅、この辺は田んぼを残して」と絵を描くわけにはいかない。志摩町が将来どのような暮らしの場になるのか。その場所を担うのはどのような人たちでどのような産業なのか。農業なのか、観光なのか。そうした議論が最初にあるべきで、土地利用のあり方はそこから見えてくる志摩の将来の望ましいかたちを支えるためのあくまで手段として位置づけるべきだと考えたからである。ワークショップで出てきた住民の様々なまちづくりのアイデアをきちんと形にしたいとの思いもあった。

❺町の面積の1/4が町外地権者の所有（黒の部分）となっている.

途中で、住民の意見を汲み上げるために「みんなで志摩町の未来を語る会」と題して公開委員会も開催した。その際に、資料として、全町約五五〇〇ヘクタールのうち四分の一が町外者の所有となっていることを示した巨大な地図を提示した❺。これは、委員会の裏方を引き受けていただいた都市コンサルタントの橋本さんと筆者等の研究室とで志摩町の土地台帳を一筆ずつ調べて作成したものであり、膨大な作業量であったが、住民の皆さんには大きな衝撃を与え、田園居住のまちづくりにむけて真剣に考えていただくよいきっかけになった。

全部で六回の議論を経て「田園居住のまちづくり構想提案書『こんな志摩町に住みたいナ：豊かな自然と共に暮らすまちづ

くりへの四つのビジョン』」がまとめられた。当初は都市計画課の名前で報告書とすることになっていたが、住民から町への提言として位置づけるべきだとの考えで、「提案書」にしてもらった。柱となったのは、環境共生をキーワードにしたまちづくりの取り組みの青写真と、環境保全に必要な土地利用のあり方であった。

四つのビジョンとは「海、山の自然や田園風景など志摩町の豊かな環境を守り育てていく」、「志摩町の豊かな自然と共生する田園居住地を形成する」、「誇りと生きがいを持って農業や漁業が営まれるようにする」、「新旧住民が融和する地域コミュニティを育み、町外とのネットワークを広げる」というものである。

さらにこれらビジョンの実現のための具体策として、昔から続けてきた自然との共生の暮らしの復興、環境アセスメントの確立、近年の農村回帰志向に対応した田園居住地の形成、町の住民と都市住民との間でネットワークを構築し連携して地域づくりを進めていく仕組みの構築などの施策も提案され、その推進母体としての若手役場職員による「まちづくり事務局」の立ち上げや、町内外の専門家や様々な萌芽的な取り組みを実践している方たちに参加していただいて「志摩町まちづくり戦略会議」をスタートさせることなども盛り込まれた。

一方、土地利用については、市民参加による全町レベルと地域（行政区）レベルの二段階の包括的な保全型土地利用計画の作成を提案した。

さらに、これをうけて翌年には、「田園居住のまちづくり基本計画策定委員会」を立ち上げることになった。はじめは、地区計画関係の話だけでなく、一年目の取り組みで提案された様々なまちづくりの取り組みについても、さらに踏み込んだ議論をしたかった。しかし、九大移転への対応や隣の前原市・二丈町との合併問題その他で忙しい町にはそうした余力がなかった。そこで、やむを得ずまちづくりの話は棚上げにして、とりあえず土地利用のあり方をルールにまとめ上げるための実務的な委員会を専門家を中心に作ることにした。委員には、環境デザイナーで早稲田大学講師の鈴木俊治氏、都市計画制度が専門の東大の小泉秀樹先生、構想策定委員会の委員で再開発プランナーの糸乗貞喜さんの参加をお願いした。また、県からも都市計画に詳しい吉田須美生さんに参加していただいた。

この委員会では、市街化調整区域における地区計画の適正な活用方法や、地域住民主導の土地利用計画策定のプロセス、そして基盤となる全町的な土地利用の枠組みなどについて集中した議論が行われた。

また、事務局になってもらったコンサルタントの十時裕さん、吉田まりえさん等と相談のうえ、土地利用調整会議という組織を立ち上げた。これは、農政、土木、企画など、都市計画課以外で関係のある部局の幹部職員に集まっていただき、役場内での横の調整を図ることが当初の目的であったが、実際には専門的な内容の多い委員会の話がきちんと理解できるようにする勉強会としての役割をもつようになった。

この委員会では、当初から、「人と自然との共生ゾーンの指定等に関する条例」という田園地域でのボトムアップ型まちづくりの仕組みをすでに立ち上げていた神戸市を参考にすることにしていた。神戸市の仕組みは、やる気のある自治会は自分たちの地域の将来像を考えたうえで地域の土地利用の青写真としての「里づくり計画」を作成することができ、それを市が承認するというものであり、委員会発足後すぐに神戸市まで勉強に出かけた。

さらに、神戸のやり方を参考にしながら、志摩に適した仕組みを模索する目的で、委員会での議論と並行して町内に数カ所のモデル地区を選定し、その地域の住民の皆さんの協力を得ながら、試行的に青写真作成の作業を進めてみた。地域の機運が盛り上がらず動きの始まらないままで終わった地区もあったが、三カ所の行政区で住民による懇談会の形式で地域の将来のあり方について議論が進められ、特に稲留と呼ばれている行政区では積極的な吉村栄次区長の強いリーダーシップもあり、図のような青写真を作成することができた❻。このことは、いろいろとしがらみの多い農村社会で住民一人一人の声をきちんと反映した将来構想が本当に描けるのかという懸念をもっていた委員会に大きな自信を与えてくれた。

委員会では、対象地域の大きさも議論になった。当初、筆者は行政区では数が多すぎるので、より範囲の広い小学校の校区を単位としてとりくむべきではないかと考えていたが、志摩町生まれの久保課長は、行政区単位の

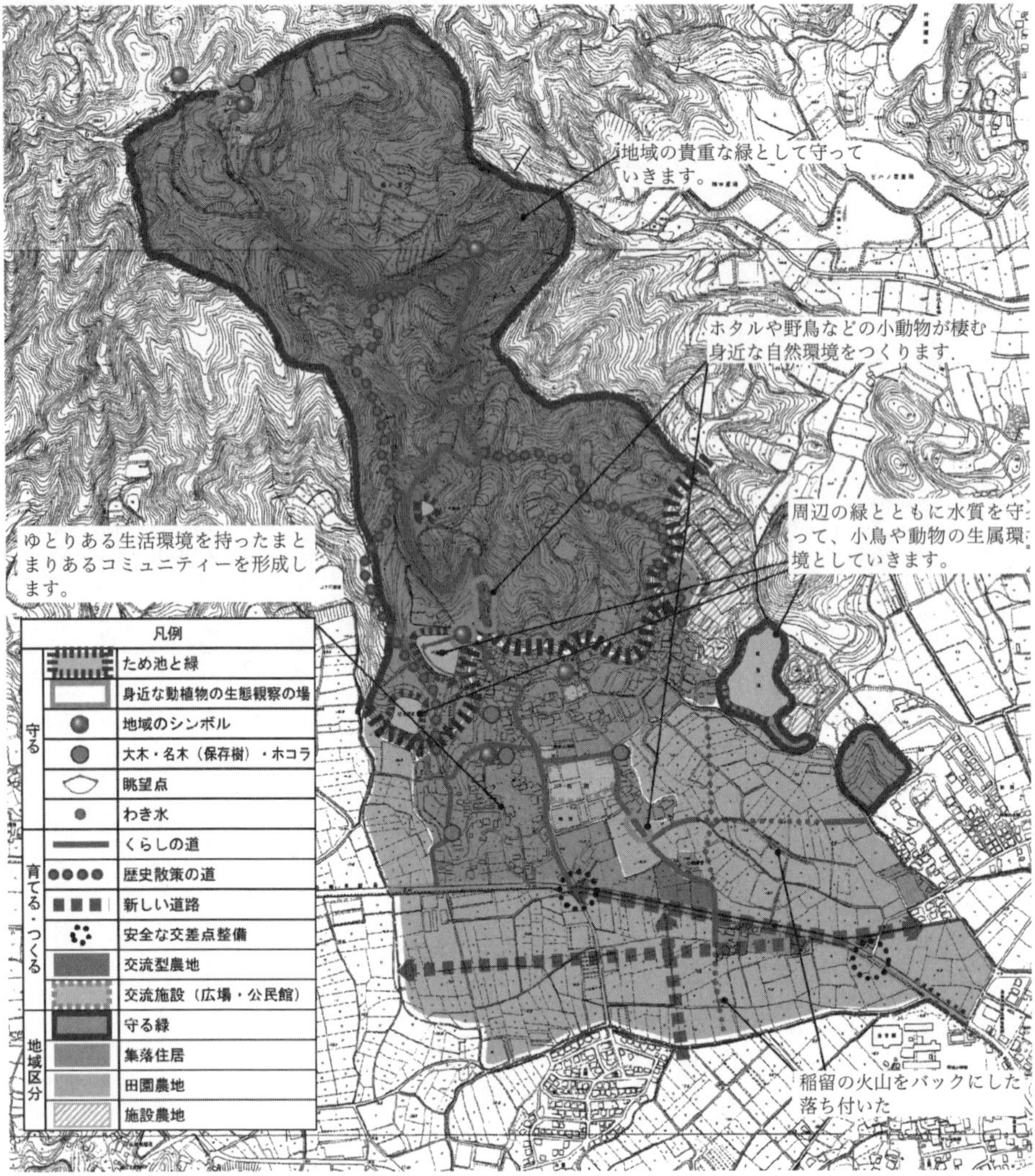

❻稲留の人々が作成したまちづくりの青写真

ほうがよい結果が出ると言ってゆずらなかった。稲留の成功で彼が正しいことが実証された。よくまちづくりはよそ者とばか者がいればできると言われるが、こうしたことはやはりその土地で生まれ育った人の感覚の方が頼りになる。

以上の経緯を経て、平成一四年三月には、「志摩町『田園居住のまちづくり』基本計画」ができあがり、そのアウトラインは翌年の三月にパンフレットのかたちで住民に開示された。

計画書の骨子は以下の二つである。

①「田園居住のまちづくり」土地利用計画

これは、現行の法規制（農業振興地域の整備に関する法律、自然公園法等）と現状の志摩町における土地利用状況をおさらいしたものであり、全町的な土地利用コントロールの大きな枠組みである。それぞれ三つの保全系ゾーンと形成系ゾーンからなり、今後のまちづくりの基盤となる土地利用の基本方針が示されている。保全系には海岸地域と農振農用地区域、地域のシンボルとなる一定の標高以上の里山が含まれ、形成系には主に小規模農地と既存集落が含まれる❼。

②「まちづくり協議会」

これは、神戸市の里づくり協議会を参考にして設けた住民主体のまちづくりを可能にする仕組みである。やる気のある行政区が手を挙げて「まちづくり協議会」を設立し、地域住民の手できちんとしたまちづくりの青写真としての「まちづくり計画」とそれを踏まえた土地利用計画を作成すれば、それを町がオーソライズし、①の全町を対象とした土地利用計画の中に、詳細計画として組み込まれる。また、その中に、地区計画の適用を必要とするもの（市街化調整区域では認められていない施設等）があれば、それも町の承認を得ることで可能となる。「まちづくり計画」の内容が適切なものであるかどうかについての審査は、都市計画等の専門家と住民代表によって構成される審査会（志摩町都市計画審議会に所属）によって行われることになっている❽。

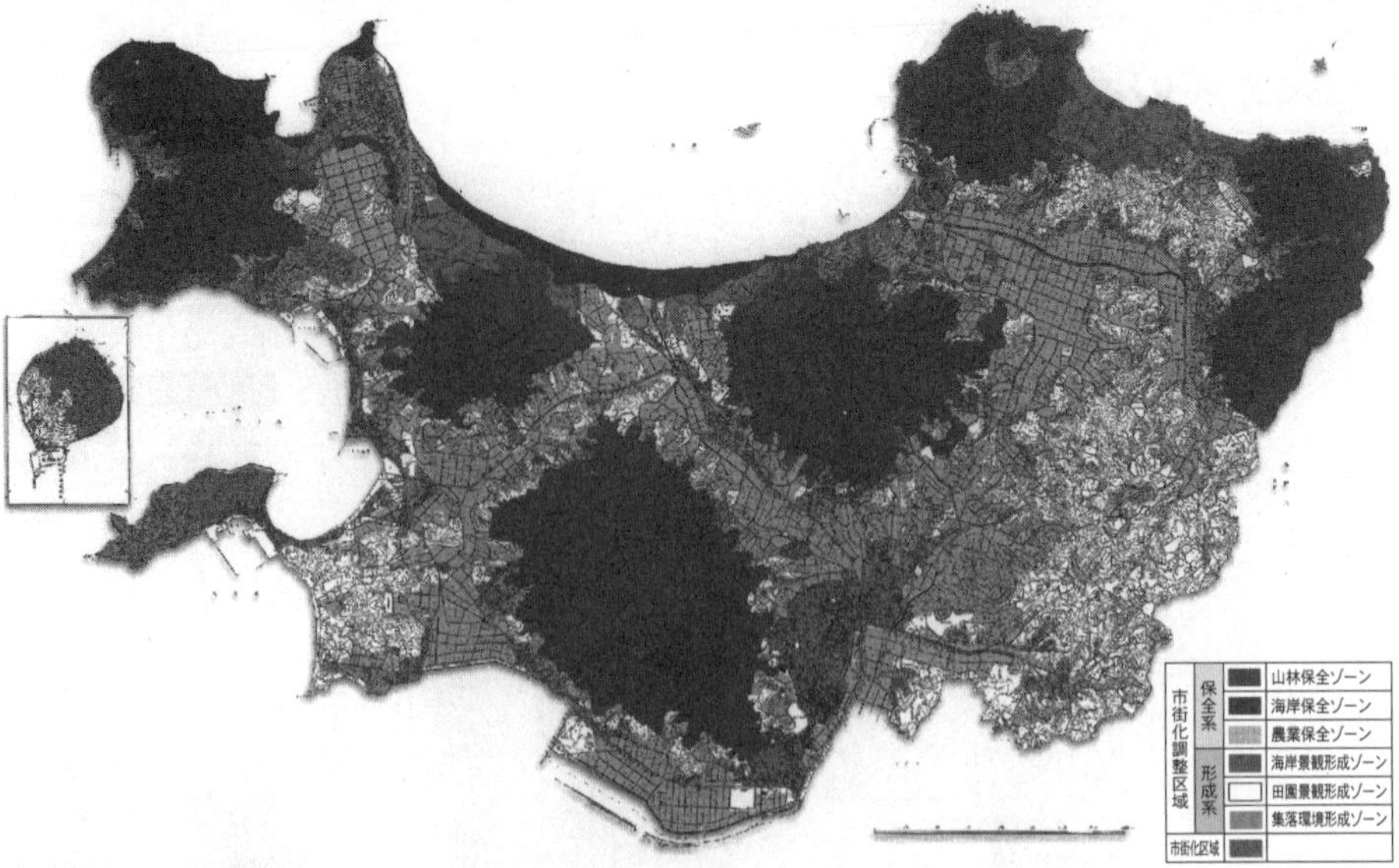

❼「田園居住のまちづくり」土地利用計画図

小さな町ではあるが、田園地域には多数の集落が点在しており、それらに一律に画一的な規制を適用するのは現実的でない。また、わずか数人の都市計画課職員ですべての集落をきめ細かくマネージするのも不可能である。大枠としての土地利用計画は町で定めたうえで、後は地域毎の特性に応じて地域の人々に自分たちの暮らす場所のマネージメントを委ねようという考え方がベースとなっている。

また、この仕組みを導入することで、地域の合意を得ていない一部の身勝手な住民の意向や開発業者の思惑による開発行為が規制され、地区計画の安易な運用にブレーキがかかることも期待できる。

末﨑町長は、「ここまできたら後の条例化は役場でしっかりやらなくてはいけない」と都市計画課に檄を飛ばしたが、小さな町なので経験のある人がいなかった。幸い、平成一五年に入ると、九大の移転を踏まえた道路の建設など様々な事業を進めるために県から都市計画に詳しい長谷川保宏さんが課長補佐として出向してこられ、条例化の作業を進めてもらえることになり、平成一六年三月、条例案は無事に議会を通過し成立した。その中身は、ほぼ「志摩町『田園居住のまちづくり』基本計画」で示されたもののとおりである。

平成一七年三月には、第一回の審査会が開催され、住民代表を中心とした委員による熱心な審議を経て、二つのモデル地区のまちづくり計画案が承認された。

4 今後の取り組み

(1) 住民主体に

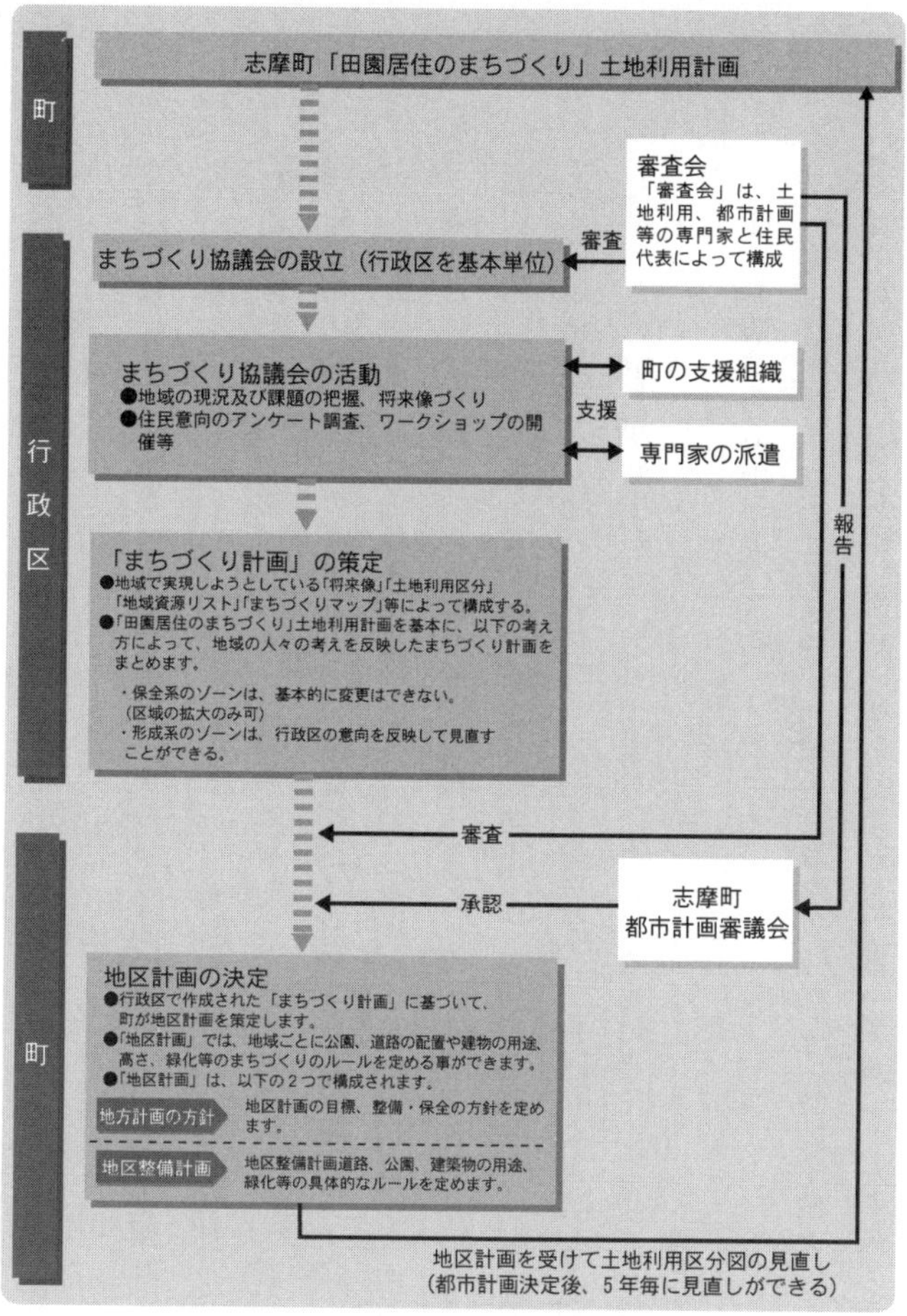

❽まちづくり計画策定と地区計画決定の流れ

条例を中心とした「田園居住のまちづくり」のフレームはなんとかできあがった。しかし、当初住民ワークショップの熱気から始まった志摩の取り組みは、「田園居住のまちづくり基本計画」の作成から条例の策定までの間、行政と専門家による駆け足の作業が中心となり、住民の参加は、モデル地区の数カ所以外はないままやってきてしまった。条例自体も、議会は通ったが今後、住民への周知を図っていく必要がある。

現在は、さらに数カ所の行政区で「まちづくり協議会」が立ち上がり、十時さんと吉田さんにもアドバイザーという形で加わっていただいて、「まちづくり計画」策定に向けた住民主体の取り組みが進行中である。それぞれの地域の土地柄や参加者の構成に合わせながら、まさに手探りの作業が続けられている。こうした実際の運用プロセスの中で住民の方々とともに議論を進め経験を積み上げることで、田園居住のまちづくりの仕組みをきちんと機能する生きた仕組みに成熟させていくのが、これからの仕事である。

理想は、今進みつつある幾つかの行政区での先進的な取り組みがきちんとしたまちづくり計画となり、それが周辺の行政区を刺激してやがて町全体にボトムアップ型の地域づくりの青写真が広がることであるが、なかなかそう簡単には普及しないだろうし、また、急ぎすぎて拙速になるのも避けなければならない。一つ一つゆっくりじっくりと取り組む中から、きちんとしたものを着実に増やしていく以外に道はないように思う。

(2) 景観法の活用

先般、景観緑三法が制定され、地域の良好な景観保全の目的で個人の土地利用に強い規制をかけることが可能となった。これまで日本の各地で作られてきた景観やまちづくり関係の条例の多くは、法的な規制力の裏づけがない「お願い条例」でしかなかったため、訴訟沙汰になれば自治体が負けることがほとんどだった。しかし、景観法の登場で、強制力のある地域のルールを策定することが可能になった。志摩町は近々県内初の景観行政団体になる予定であるが、この新しい法律を志摩町の取り組みの中にどう組み入れていくかは、今後の大きな課題である。例えば、現在の全町的土地利用計画の中では、標高三〇メートル以上の里山については保全していくことになっているが、強制力はない。オープンな議論を住民主体で進め、十分なコンセンサスを作った上で現実的な規制の枠組みを作っていく必要がある。

景観コントロールの視点からは、現在志摩町で検討を進めている景観条例に付設するかたちで、九大と町都市計画課、さらに前出の鈴木氏の協力を得て「志摩町風景のガイドライン」の作成を進めている。本ガイドラインでは、町内を農村集落、漁村集落、里山、農地、海岸地域等のエリアに分類し、各エリアごとに守っていくべき志摩らしい風景の姿を明示するとともに、その保全にむけて住民や行政がどのようなことに留意すべきかを具体的に望ましい例と望ましくない例を比較しながら説明する形態をとっている❾。個々の家屋の増改築はもちろん、まちづくり協議会がまちづくり計画を策定する際のより所としても活用していただくことを念頭においているが、ガイドラインが硬直化するのを避けるためあまり細かいことまで言及するのは避け、個別案件で協議が必要なときには前述の「審査会」で議論するようになることと思われる。

(3) 田園住宅のあり方についての模索

田園居住のまちづくりは、今志摩に暮らしている人々だけを対象としているのではない。どの集落も高齢化、少子化が進みつつあり、活力ある地域を維持していくには新しい力が外から加わることが不可欠である。まちづくり計画のなかでも新住民のための住宅建設は大きなウエートを持ってくることが予想される。では、それをどのような開発形態で行うのが望ましいか。いわゆる分譲住宅地の造成が志摩の風景にそぐわないのはこれまでに行われた数件の同種の開発を見れば明らかであり、既存集落の佇まいや周辺の風景と調和した新しい開発のあり方が求められる。現在志摩町では、そうした新集落づくりのパイロット事業として事業コンペの実施を行うべく準備を進めており、平成一六年には「優良田園住宅の建設の促進に関する基本方針」(県内初)が策定された。

一方で「田園楽住の会」という草の根の動きも進みつつある。志摩町にお住まいの糸乗さん(前出)らが呼びかけ人となって田園居住をしてみたい人をこの指とまれで集め、その人たちと地元の土地を提供してもいいという人が集まって議論をし、コーポラティブ方式のような形態で新集落を作ってみようという試みである❿。

1 心に残る奥行きのある田園風景

志摩町の基盤となっている風景は、変化に富んだ田園です。

のびやかに広がる田畑、それを包み込む緑濃い里山、そしてその麓に形成された集落が一体となって、志摩らしい奥行きのある風景を構成しています。

これらはすべて、私たちの先人達が幾世代にも渡って営々と流してきた汗の賜物であり、私たちの心の拠り所、私たちの「原風景」と呼ぶべき環境です。

専業農家の減少、農家の担い手不足などの課題はありますが、私たちのためばかりでなく、次の世代、これから生まれてくる志摩の子供たちのために、きちんと守っていかなければならない風景です。

近景（農地）・中景（集落）・遠景（里山）からなるシンボリックな風景を保つことが、個性ある豊かなまちづくりにとって、とても大切です。

2 美しい海

美しい玄海の海は、志摩町の宝であり、毎年多数の観光客が訪ねてきます。また、この海は、志摩町の基幹産業のひとつである漁業活動の場でもあります。

多くの漂着物や観光客の残したゴミで汚れてしまっている最近の状況はとても悲しいことです。

一人の「これくらいならいいだろう」という心無い行為が積み重なって浜は傷ついてしまいます。

幸い近年は、地元の有志だけでなく志摩の海を愛してくれる町外の人達が浜の清掃活動に参加してくれています。

今後も私たち皆の力できれいな砂浜や磯の風景を大切に守っていかなければなりません。

美しい志摩の海岸は志摩の顔です。特に夕日の素晴らしさは国内でも有数のものがあります。また、たくさんの漁船がつながれた漁港の風景も、磯の香りとともに志摩を代表する風景のひとつです。

❾風景のガイドラインの一部

(4) 棚上げになっていたまちづくり戦略会議等の始動

土地利用の絵を描いただけでは、まちづくりはできない。構想策定委員会で提案されたまま棚上げになっているまちづくりのソフトについての議論を再開し、町内各地の様々なまちづくりの動きと連動した町ぐるみの取り組みのかたちを構築する必要がある。はじめのうちは日本各地の先進事例を勉強する勉強会のようなものから始め、少しずつ輪を広げていくことを考えている。

5　おわりに

以上、駆け足で志摩町のこれまでの取り組みを紹介したが、紙幅の都合で説明しきれなかった部分も多い。ご容赦願いたい。

平成一六年九月三〇日、志摩町と隣接する前原市、さらに二丈町を加え一市二町による合併協議会で合併の是非についての採決が行われ、反対多数で否決された。平成一四年一一月に設置されて以来進められてきた合併協議はこれで破綻した。隣り合っているというだけで異質なまちを一緒にするという大雑把な発想に無理があった。国主導のなんでもかんでも合併という強権的な姿勢、これからの時代にそぐわない都市化の推進を是とする前原市の合併ありきの強引な姿勢に疑問を感じ、この合併には反対の立場をとってきた者の一人として、協議会メンバーの良識に賛辞を送りたい。

これで志摩町は今のままの小さな町で頑張っていくのだということが再確認されたわけだが、環境共生というキーワードのもとでどのようなリアリティのあるまちづくりが展開できるか。これからが「田園居住のまちづくり」の正念場である。

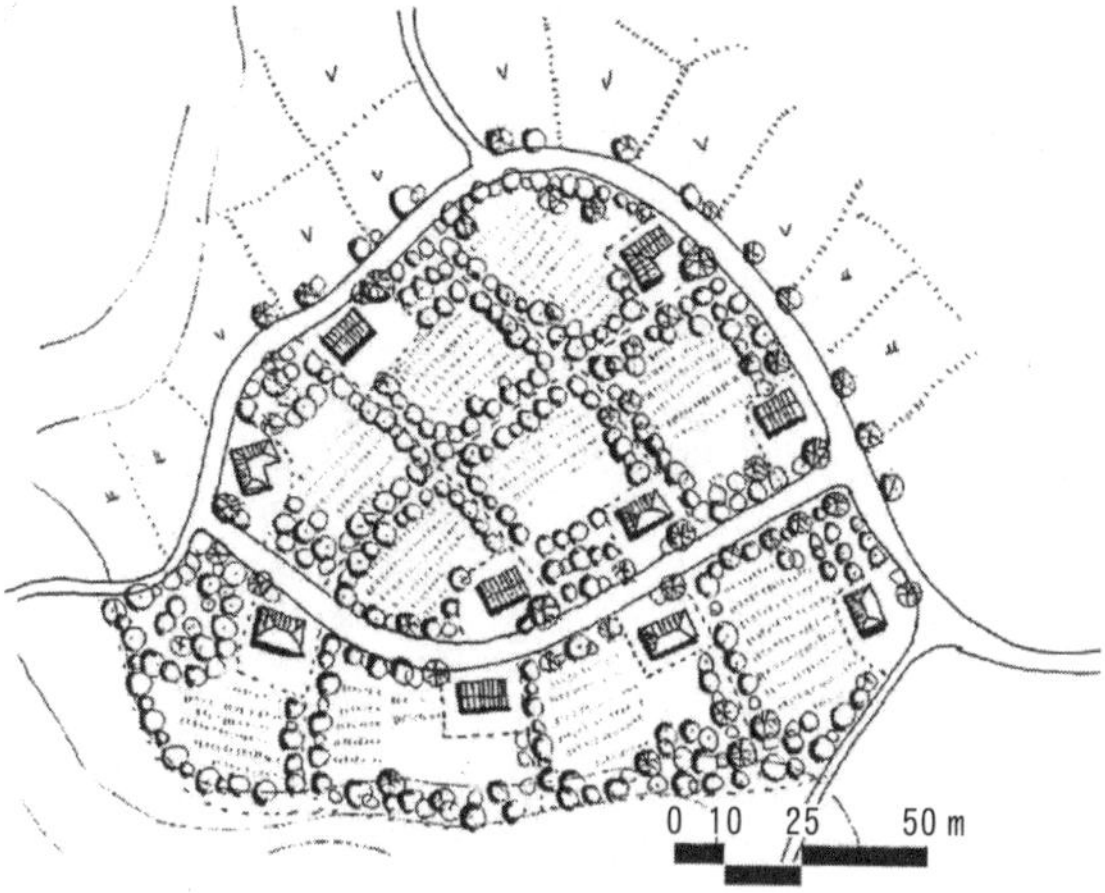

⑩田園楽住の会が作成した新田園集落のイメージ

私事で恐縮だが、四年前から私たち夫婦は志摩町に住んでいる。玄界灘を見下ろす高台だ。買い物などは少々不自由だが、毎日海を眺めて暮らせる今の生活にとても満足している。これまで、海外も含めたくさんのまちで暮らしてきたが、こんなに美しいまちはそうはない。ふもとの集落には友人もできた。草刈や畑仕事などこの地で暮らすうえで必要な様々なことを教えてもらっている。晴れた休日には、季節の野菜や果物を下げて我が家のデッキにコーヒーを飲みに寄ってくれる。そうした人たちとの触れ合いは何物にも代えがたい楽しみである。

参考文献

「志摩町田園居住のまちづくり構想提案書『こんな志摩町に住みたいナ：豊かな自然と共に暮らすまちづくりへの四つのビジョン』」志摩町、平成一三年三月。

「志摩町『田園居住のまちづくり』基本計画」志摩町、平成一四年三月。

岡本良平「福岡県志摩町『田園居住のまちづくり条例』による住民主体の地域づくりに関する研究」九州大学工学部地球環境工学科建設都市工学コース卒業論文、平成一六年三月。

斎木崇人「神戸市の『人と自然との共生ゾーン条例』による里づくり：田園聚景への挑戦」『造景』No.29、建築資料研究社、平成一二年一〇月。

三　一六本の景観関連条例と金沢市——都市再生型まちづくり

坂本英之

1　内発・重層・持続性のまちづくり

全国の都市再生には様々な取り組みがある中で、金沢は景観に関わる試みが特徴的であるといえる。本稿では金沢の都市再生について主に景観施策に関わるまちづくりを軸に展開することを試みる。まず、都市再生を考えるにあたり、金沢の特長を「内発性」「重層性」「持続性」のキーワードでまとめてみたい。

地方の時代といわれ、地方の個性の発露となるまちづくりにおいて、内発性は基本的な要項である。都市の個性は本来その都市しか持ち得ない歴史や地形、あるいは気候風土、それらに根ざした人間文化の総合である。そして、それらの要素を知り尽くし、様々な知恵を駆使して住みこなしてきたのが市民である。したがって、都市の個性を開花させるには市民の内部からの意志と活力が重要であり、まちづくりは本来、内発的でしかあり得ないものである。金沢の都市再生においても、内発的な力が大きな存在であったといえる。

都市の再生にとってさらに重要な視点は、都市の重層性を認識しそれらをできるだけ共存させ、調和させることである。城下町をはじめとする多くの日本の都市は近世の都市計画で今日の礎を築いた。しかし、それらの都市は明治期における西欧文明の洗礼を受け、そして戦災で多くを失い、戦後の高度成長期に、またさらに大きな変貌を遂げてきた。過去からの文脈を失ったかのように見える今日の多くの都市はかすかな記憶を頼りに、アイデンティティの再構築を考えてきたといえる。その意味で、金沢は歴史的要素にとどまらず、自然等の豊かな資産に加えて今日的開発事業も要素として重層的にレイヤーし新たな総合性を目指している。

都市がその誕生以来、成長、成熟、あるいは一時的にせよ衰退し、そしてそれらの周期を繰り返しながらスパイラル状に発展するものであると仮定されるならば、持続性はそれらの変化をつなぎ止める鍵となるものである。例えば持続性は変化する都市が存続し続けるためのDNAの果たす役割のようなものである。特に都市がその骨格から大きく変わろうとしているとき、その都市の新たな誕生であるといえるが、そのときこそ都市は持続性を追求しなければいけないのだといえる。金沢の場合は、景観施策の中で、構造と構成要素を明確に規定して、都市の将来像を描く手掛りとしている。

2　金沢の景観まちづくり

日本で最初に建築基準法、都市計画法を超えて景観コントロールをおこなったのは金沢市である。一九六八年に「金沢市伝統環境保存条例」を策定し歴史的な環境を守ろうとした。

この条例が生まれるにあたって、いくつかの前兆があった。市内の中心街に建設された民間投資によるある宿泊施設の外観の色彩があまりにも周囲の景観と齟齬をきたしていたことにより、市民の間で景観が問題視された事柄もその一つである。

金沢の経済人の集まりである㈳金沢経済同友会の中に一九六六年につくられた「保存と開発委員会」が市内の歴史的資産をリストアップし、それが条例策定のきっかけとなった。この条例は市民の内発的協力で市街地の環境を守っていこうとする画期的な意識を孕んで、その後、地域の拡大や見直しなどの発展過程を経て今日に至っている。

金沢が魅力ある歴史都市としてあるのは、単に地震や戦災に遭わなかっただけではなく、様々な施策において非常にきめ細かい地区を設定して規制をおこなうと同時に、豊富なメニューを揃えた補助制度や顕彰制度のインセンティブを用いて誘導していることによる。例えば、街の美しさに寄与する建物や公共空間等を顕彰する「金沢都市美文化賞」は前述の㈳金沢経済同友会の他、㈳金沢青年会議所等の民間団体が主導して一九七八年に創設されたもので、この種の顕彰制度の草創期を画すものとして、先見性において稀有の存在といえる。

金沢市伝統環境保存条例は一九八九年、近代景観創出区域を取り込んで、「金沢市における伝統環境の保存および美しい景観の形成に関する条例（景観条例）」に改訂され発展継承されてきた。その結果として、今日の景観先進都市としての評価が確立されたといえる。これは後に続く金沢市の多くのまちづくり関連条例の先駆けとして、市の都市施策において景観まちづくりの礎を築くものとなった。

具体的な発展継承としては、都市開発を歴史的市街地の中に取り入れることで、景観創造をおこなってきたことがあり、この新旧の街区を重ねて景観創造をおこなっている例として「都市軸」があげられる。これは中心市街地の再開発地区における新しい都市景観を金沢の個性創出の一環ととらえて景観条例の中で近代的都市景観創出区域として指定しているものである。とりわけ、駅西地区から金沢港に至る軸は、都心部の片町・香林坊から始まり武蔵が辻・JR金沢駅へと続く都市軸を延伸したもので、二〇〇二年に石川県庁が移転している。

景観の中でも、伝統環境の保全が金沢市の都市政策の重要な特徴の一つとしてあげられるが、もともと風致地区の考え方を拡大適用した形で生まれた「伝統環境保存条例」では、伝統環境の保全は文化的景観を手始めに自然的景観も含めた幅広い領域に重層的かつ持続的に拡大しており、今日では都市とそれを包含する周辺地域を総合的に視野に入れる結果となった。

しかし、なぜ景観なのだろうか。景観施策には以下にあげるいくつかの可能性がある。一つには「市民参加のツール」としての景観がある。見てわかる景観は市民にもわかりやすく、なじみのある課題であるため、幅広い市民の参加を得て、その立案やコントロールに当たることができる。これからの行政は、いかに市民の合意を形成していくかがますます重要になっていくが、景観はその際の大きな手がかりになると考えられる。

二つ目に「環境の質のコントロール指針」としての景観である。景観は環境指標の一つとして位置づけることの可能性である。つまり、見える景観をさらに発展的に捉え、住環境をはじめとする生活及び就労空間の質を高める指針とすることができるとの考え方である。そこでは地域のコミュニティの調和の象徴としての景観であったり、文化や自然に対する細やかな配慮が、地域の安全や安心等を生みだし、ひいては、エコロジーをはじめとする環境全般の質を高めることにつながると考えられるのである。

三つ目に、都市の内外におけるオープンスペースを含めた計画にみられる「総合的視点の確立」があげられる。景観は眺めの問題であるが、眺めにはすべてが入ってくる。主景を際だたせようとすれば、背景や添景も重要な要素になる。したがって、これまでの建坪地のみならず、非建坪地の形質が問われるのである。

四つ目として「行政の横断的対応」があげられる。景観を扱うには、縦割り的行政の内部においても各部署が横の連携を密にしなければうまく機能しない。専門部署を超えた行政の担当者同士の調整が必要になり、行政内部にも総合的視野が必要とされるのである。

金沢は景観を媒体として、都市生活の質やそれに関わる総合的視点を高めることに一定の成果を示した都市の事例として注目に値するといえる。

3　金沢の持つ先駆性

金沢は一五世紀後半に起こった一向一揆の後、本願寺が天文一五年（一五四六）に政庁としておいた金沢御堂を中心に築いた寺内町が都市形成の起源とされる。その後に続く戦国期にあって一時混乱を迎えるが、慶長元年（一五九六）に始まる加賀藩政の都市建設によって一七世紀後半には現在の中心市街地の原型となる城下町が完成している。以来今日まで、戦火や大災害による焼失等を免れ、旧市街地に遍く残された歴史的町並みや用水、街路等、城下町特有の遺構を礎に、明治、大正、昭和の都市建設が加えられてきた。これら各時代の都市遺産の固有性を色濃く残し重層する豊かさが金沢の都市景観の特色である。

金沢の都市景観を語るときに忘れてならないものに自然のつくり出す景観の特徴があげられる。日本の中世都市の一般的特徴である背後に控えた山間地と海に向かってひらけた緩傾斜の海岸平野を地形のベースにし、旧市街地を挟んで流れる犀川と浅野川の二つの河川とそれに沿った三つの河岸段丘（卯辰山丘陵、小立野台地、寺町台地（野田山丘陵））の斜面緑地が地形的特質である。これらは金沢の景観構造の主軸を構成するものとして都市空間を特徴づけ、歴史・風土を育んできた重要な要素である。また、これら市街地沿いの河岸段丘や台地は遠望景観の背景として、さらにそこからの眺望は都市景観のシンボルとして金沢の景観的個性とオリエンテーションを形成している。

4　全体構想と景観計画

ところで金沢市の将来像を描いたものの中でもっとも重要な位置づけを持つとされるものに「金沢世界都市構想」がある。その第二章「個性を磨き高める」の「自然と歴史を大切にして」（第二章(1)）には、「自然との共生」に関して「河川、丘陵や河岸段丘、寺院や神社の多くの緑など……自然が、まちの借景や景観をなし、市民生活に潤いとやすらぎを与え古いまちなみとともにまちの彩りや風情となって」いるとし、「歴史とのふれあい」

に関連して「伝統環境を守り、磨き高め、歴史とふれあえるまちづくりを進めていくことは、『自らの歴史に責任をもつまち―金沢』に課せられた責務」であるとしている。

また、同様に「魅力ある景観の形成」では「『美しい自然と風土を保全する景観づくり』、『伝統的・文化的な資産を継承する景観づくり』、『環境に調和した新しい都市空間を創造する景観づくり』を基本とし」、保存を前提にした歴史遺産の継承を一つの価値体系としつつ、新たに創出される良好な都市景観のために近代的な都市活動に対応した風景を現代に作り出していくもう一つの価値体系を位置づけている。この一対の概念にさらに「金沢らしい景観の創出」（用水の再生、緑美の創出、芸術環境の創出等）を加えた三つの景観概念が都市風景の根

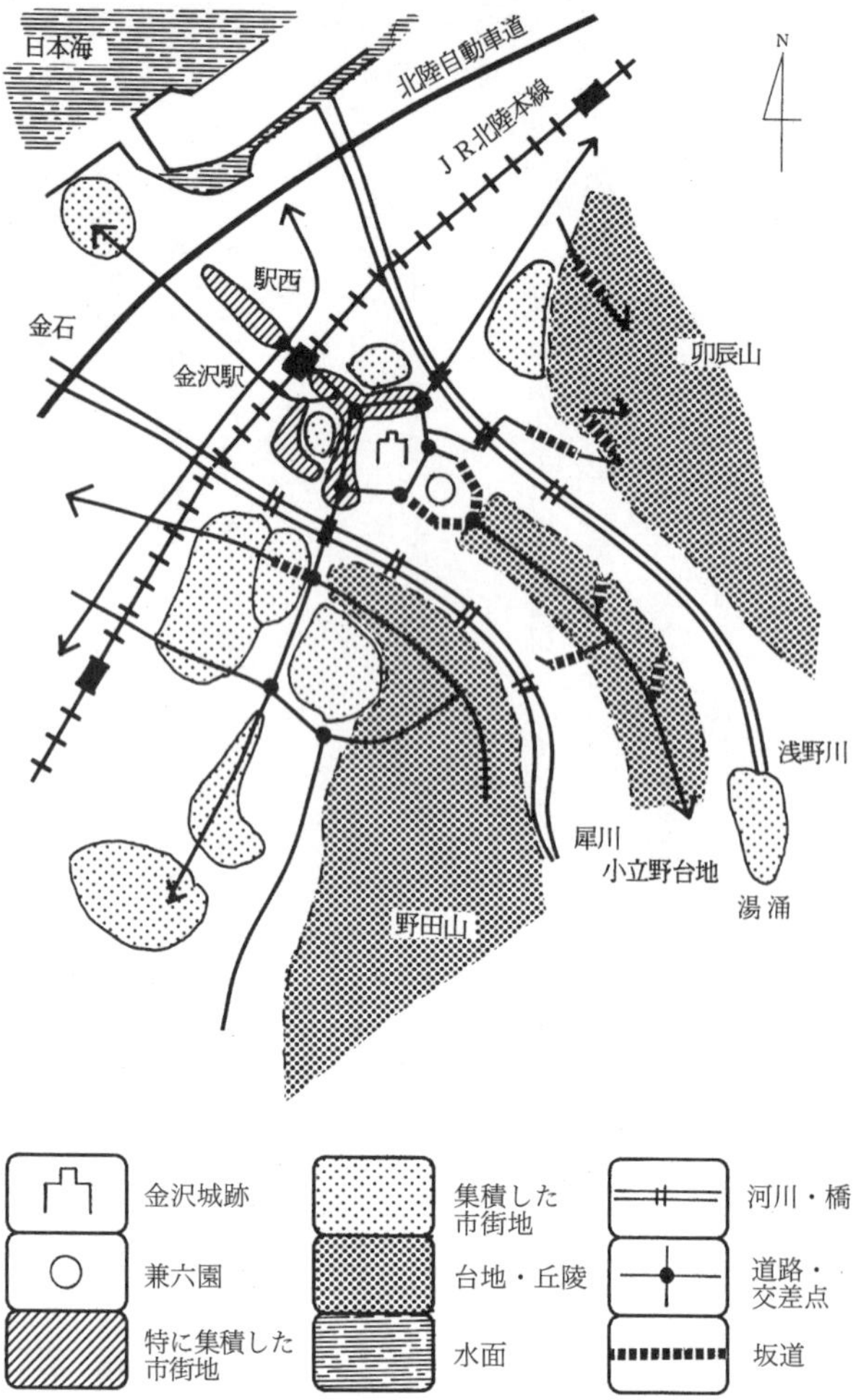

❶金沢の景観構造（出典：「金沢市景観形成基本計画」1991年）

幹をなすものとして捉えられているといえよう。

また、金沢世界都市構想を踏まえた都市施策の総合的指針を示す「金沢市都市計画マスタープラン」では、「全体構想」（第三章）の「都市景観形成の方針」の中で三つの景観区域を指定し、区域ごとの特性を活かした景観誘導を図る方針としている。三つの景観区域の内訳は(1)伝統環境保存区域、(2)近代的都市景観創出区域、(3)その他景観区域（風致地区等）であり、(1)、(2)についてはそれぞれが二次的区域特性に分けられている。まず、伝統環境保存区域では、①歴史と文化を象徴するシンボル景観区域、②歴史的町並み景観区域、③川筋景観区域、④遠望風致景観区域の四つに分けられ、また同様に、近代的都市景観創出区域は①都市軸、②既存商業業務地、③伝統環境保存区域の隣接地、④骨格的な幹線道路の四つに分けられ、今後、地区計画等の活用に際してそれぞれの景観誘導への取り組みを示している。

5　景観先進都市としての施策

(1)　施策の概要

金沢市の景観施策における町並み保存の実質的取り組みは「武家屋敷群地区の土塀・門などの修復制度」（一九六四年）がほぼその始まりである。その後、「古都保存法」（一九六六年）に触発される形で「伝統環境保存条例」（一九六八年）を制定している。古都保存法が全国で三つの都市（奈良、京都、鎌倉）に限り、また社寺建築等の歴史的価値を強化するための法令であるのに対して、一地方都市における景観整備について、しかも一般民家や町並みをも対象に自ら法制度化したものとして当時全国でも先駆的であった。また、本条例は古都保存法と同じく風致地区の考え方を拡大適用したもので、兼六園からの眺望や浅野川、犀川の風致景観の保全などを目的にしたものであった。

❷金沢市の都市施策年表「16 本の景観まちづくり条例」

年	まちづくり関連条例制定年度	事業・補助制度開始年度とその他の施策
1964		長町武家屋敷群区域内の土塀，門等の修復・新設事業
1968	・金沢市伝統環境保存条例（後に景観条例）	
1970	・風致地区内における建築等の規制に関する条例（石川県）	伝統環境保存区域内寺院土塀修復事業補助制度（1980 年同山門修理事業補助制度）
1974		【「緑の都市宣言」議決，「市緑化推進要綱」策定】
1977	・金沢市伝統的建造物群保存地区保存条例	
1978		【金沢都市美文化賞創設（金沢経済同友会，青年会議所，商工会議所）】
1980		【「緑のマスタープラン」「水と緑の再生計画」策定】
1983		伝統環境保存区域沿道修景（生垣化）事業補助制度，指定保存対象物修復事業補助制度（外観修繕，1998 年防災施設設置・防災構造補強）
1984		茶屋街まちなみ修景事業：モデル地区（旧主計町）保全整備事業として開始（格子戸修復，1989 年外観修繕・防災施設設置，1993 年新築修景，1995 年防災構造補強） 【「21 世紀“金沢の未来像”」（都市景観構想）策定】
1986		【「東山一丁目地区」地区計画制度導入，「都市景観形成モデル都市」（建設省）指定】
1989	・金沢市における伝統環境の保存および美しい景観の形成に関する条例（景観条例）	
1990		【「都市景観審議会」設置】
1991		駐車場修景事業
1992	・金沢駅西地区金沢駅港線地区計画区域における魅力ある街なみ形成の促進に関する条例	民間建築物修景事業，擁壁修景事業，屋外広告物撤去事業 【「金沢市都市景観基本計画」策定，「景観都市宣言」議決，「金沢市歩ける道筋整備事業」】
1993		外構修景事業 【（旧）主計町地区景観モデル住宅完成】
1994	・金沢市こまちなみ保存条例	こまちなみ保存事業（建築物修景，保存建造物修景，外構修景，格子戸修復，防災施設整備，保存団体育成，1996 年防災構造整備） 【中核市指定，まちなみ対策課設置（都市政策部景観対策課よりの名称変更），「かなざわ景観だより」創刊）】
1995	・金沢市屋外広告物条例	【「金沢世界都市構想」策定】
1996	・金沢市用水保全条例	【「金沢市屋外広告物審議会」設置】
1997	・金沢市斜面緑地保全条例	
1998		まちなか住宅建築奨励金制度，伝統的建造物修復支援制度 【「金沢市都市計画マスタープラン」策定，「金沢の俯瞰景観と眺望景観」パンフレット作成，金沢市中心市街地活性化センター設立，金沢市中心市街地活性化推進基本計画】

年	まちづくり関連条例制定年度	事業・補助制度開始年度とその他の施策
1999		【主計町の町名復活（10/1）】
2000	・金沢市における市民参加によるまちづくりの推進に関する条例 ・金沢市における土地利用の適正化に関する条例（まちづくり条例）	まちなか特定有料賃貸住宅供給促進制度，まちなか賃貸共同住宅建設促進制度
2001	・金沢市まちなかにおける定住の促進に関する条例 ・金沢市における緑のまちづくりの推進に関する条例	【金沢市東山ひがし重要伝統的建造物群保存地区選定】
2002	・金沢の歴史的文化資産である寺社等の風景の保全に関する条例	
2003	・金沢市における災害に強い都市整備の推進に関する条例 ・金沢市における歩けるまちづくりの推進に関する条例 ・金沢市における良好な商業環境の形成によるまちづくりの推進に関する条例	【眺望景観保全区域を指定，同時に保全基準を告示（景観条例の一部改正（第9条））】
2005		【高度地区指定（住居系用途地域および景観条例の指定区域）】

以来、伝統的建造物から、用水、斜面緑地と金沢市の特徴的な景観構成要素の保存・修景を打ち出す一方で、伝統的町並みに対する群的な保存・修景から伝統的な町並みが比較的残る地区（こまちなみ保存条例）、さらに全市域の個別の地区においてまちづくり協定を結び保存の対象地域を拡大する（まちづくり条例）という二つの方向での拡大プロセスを辿って今日に至っている。どちらも「伝統的環境」の維持・保全を軸として「住（生活）環境」整備を含む豊かな「総体的都市環境」の構築に移行してきたとみなすことができよう。

(2)「金沢市伝統環境保存条例」

「金沢市伝統環境保存条例」は、わが国初の歴史的環境保全に関する条例である。この条例では、当初四つの保存地区（七六・五六ヘクタール）を設定し、新たな景観条例に移行する一九九二年までに隣接する地区を一つのまとまりとすると大きく五つの保存地域（四二二・八九ヘクタール）が存在したことになる（ひがし茶屋街を含む卯辰山西部とその周辺の浅野川流域、兼六園周辺、長町武家屋敷群周辺、泉寺町周辺の犀川流域、野田山墓地周辺）。大方、当初の四地区がその区域を拡大していったといえる。

条例の目的は、「都市開発に伴う本市固有の伝統環境の破壊を

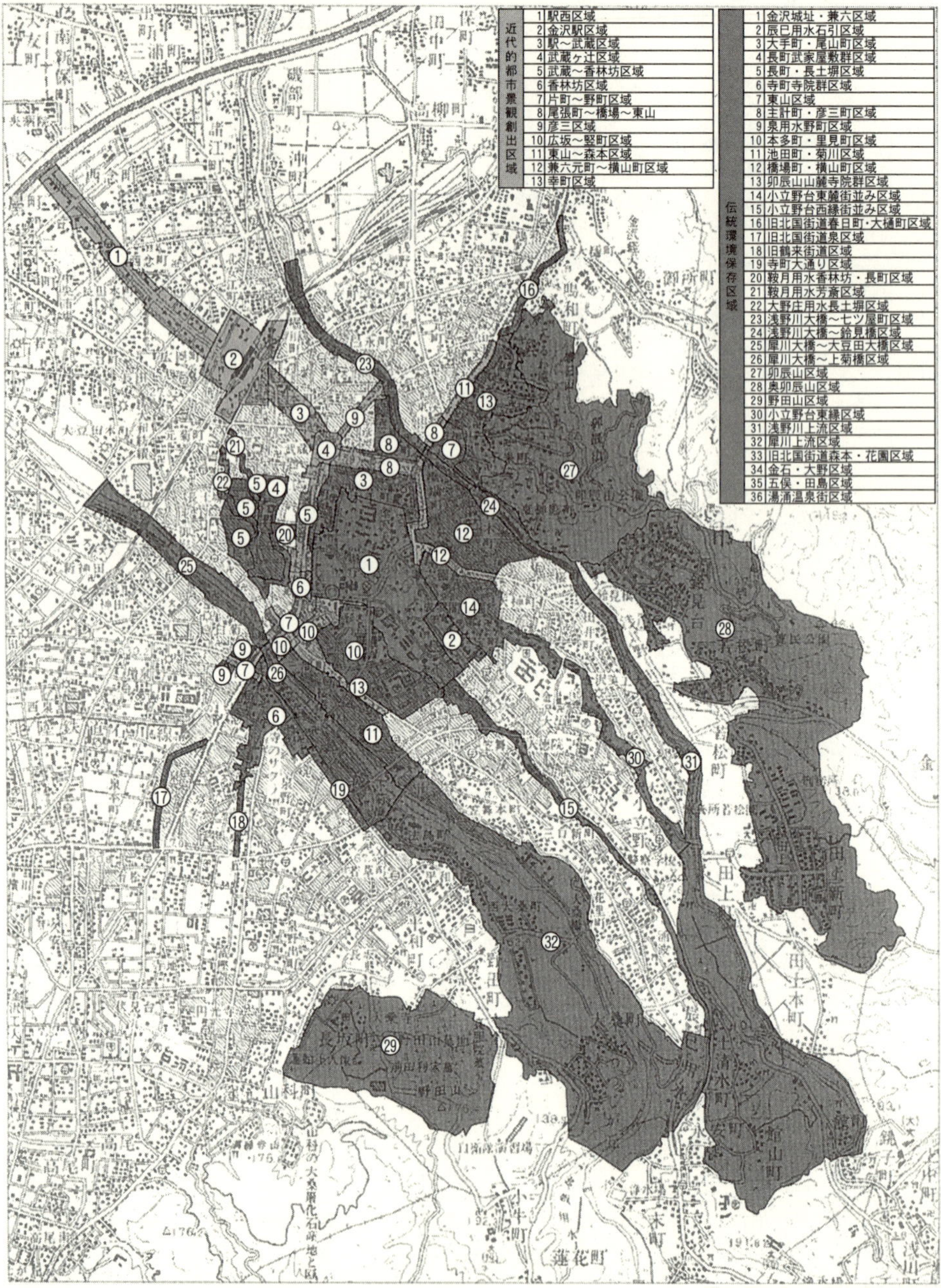

近代的都市景観創出区域
1 駅西区域
2 金沢駅区域
3 駅～武蔵区域
4 武蔵ヶ辻区域
5 武蔵～香林坊区域
6 香林坊区域
7 片町～野町区域
8 尾張町～橋場～東山
9 彦三区域
10 広坂～堅町区域
11 東山～森本区域
12 兼六元町～横山町区域
13 幸町区域
伝統環境保存区域
1 金沢城址・兼六区域
2 辰巳用水石引区域
3 大手町・尾山町区域
4 長町武家屋敷群区域
5 長町・長土塀区域
6 寺町寺院群区域
7 東山区域
8 主計町・彦三町区域
9 泉用水野町区域
10 本多町・里見町区域
11 池田町・菊川区域
12 橋場町・横山町区域
13 卯辰山山麓寺院群区域
14 小立野台東麓街並み区域
15 小立野台西縁街並み区域
16 旧北国街道春日町・大樋町区域
17 旧北国街道泉区域
18 旧鶴来街道区域
19 寺町大通り区域
20 鞍月用水香林坊・長町区域
21 鞍月用水芳斎区域
22 大野庄用水長土塀区域
23 浅野川大橋～七ツ屋町区域
24 浅野川大橋～鈴見橋区域
25 犀川大橋～大豆田大橋区域
26 犀川大橋～上菊橋区域
27 卯辰山区域
28 奥卯辰山区域
29 野田山区域
30 小立野台東縁区域
31 浅野川上流区域
32 犀川上流区域
33 旧北国街道森本・花園区域
34 金石・大野区域
35 五俣・田島区域
36 湯涌温泉街区域

❸景観条例による指定区域の概要（このほか郊外部でも，後に 4 カ所の区域が指定された）

極力防止するとともに近代的都市の調和した新たな伝統環境を形成して、後代の市民に継承すること」とあり、その内容は、①伝統環境保存区域の指定、②区域内の建築・土地形質変更・木竹の伐採等の届出と助言、指導または勧告、③伝統環境保存委員会と専門部会の設置、④寺院の山門・土塀の修復、沿道修景のための生垣化等の助成の実施である。また、指定保存対象物修復事業補助制度の新設（昭和五八年）によって、区域外の建造物の保全を整えた。

(3) 景観条例

「金沢市における伝統環境の保存および美しい景観の形成に関する条例」（以下、景観条例）は、制定当時の時代背景を映して、旧伝統環境保存条例にマンション対策となる高さ規制や「伝統環境保存区域」の他に「近代的都市景観創出区域」を加えたことが大きな特徴である。その他、住民参加の都市景観づくりと金沢の個性を生かした総合的、計画的な都市景観づくりが新条例の柱である。条例の主な内容は、①景観保全・整備区域の設定、②景観形成基準を設置、③区域内建築行為等の届出と助言、指導または勧告、④指定保存対象物の認定、⑤都市景観に影響のある行為に対する助言、指導または勧告である。

伝統環境保存区域は自然景観と歴史的建造物、遺跡等およびこれら一体的な環境形成を目的とした区域で条例施行当初の一三区域（四二二・九ヘクタール）から始まり、現在の三六区域（一八八五・九ヘクタール）に順次拡大されてきた。また、近代的都市景観創出区域は伝統環境と調和を保ちながら近代的都市機能と一体をなして形成される環境を目的として一三区域（一五三・八ヘクタール）が指定されたが、その後二〇〇一年に一部変更（二五四・四ヘクタール）があったに過ぎない。総面積二〇四〇・三ヘクタールに及ぶ指定区域全体は八～六〇メートルの一〇段階の高さ基準を設定し、届け出制を実施し、概ねその効果を上げている。

区域内の指定保存対象物は指定保存建造物二六件、保存樹一〇六本、保存樹林三八カ所がある（二〇〇一年度末現在）。また、指定区域内での助成制度には寺院土塀山門修復事業（土塀・一九七〇年度開始、山門・一九八〇年度開始）の他、民間建築物修景事業（一九九二年度開始）等がある（後述）。

6 金沢の町並み保存

(1) 三茶屋街の保存

比較的早期に着手された寺町と卯辰山山麓の寺院群並びに長町武家屋敷群の土塀の保存に始まる金沢の町並み保存施策は、つづいて茶屋街の保存・修景へと向かっていく。茶屋建築は二階家禁制の藩政期において、接客のための重要な座敷を二階においたため本二階建てとし、一階を優美なキムスコ（木虫籠）が飾る町並みが特徴である。東山ひがし茶屋街は茶屋建築が特に集積された地区として一九七五年に伝統的建造物群保存地区の指定を目指して調査が行われたが住民合意には至らなかった。

しかし、老朽化等から建て替えを余儀なくされる建物もあらわれ、積極的な保全が必要になっていったため二〇〇一年に改めて調査を行い、東山ひがし茶屋街は重要伝統的建造物群保存区域に指定された。

また、「伝統環境保存条例」制定後に折からの都市開発の波の中で伝統環境保存区域の追加指定を行っているが、一九八二年の追加指定で新たに加わったのが浅野川左岸の主計町である。現存する茶屋街はひがし茶屋街、にし茶屋街、そして主計町の三つである。これらの三茶屋街は金沢市の景観行政上きわめて重要な位置を占めてきた。一九八四年からは茶屋建築の特徴であるキムスコの修繕に対して補助制度を設け、後に「茶屋街まちなみ修景事業」として今日に至っている。街路についても「歩ける道筋整備事業」を行い、安全で快適な歩行者空間を整備してきた。

主計町は一九九九年一〇月一日に旧町名に復活した。旧町名復活は、単なる懐古主義ではなく、住んでいるところへの誇りが町への愛着につながり、さらには住む人同士の連帯につながるという考えが根底にある。藩政期の名称に戻すことは形を変えた保存・修景運動であるともいえる。金沢経済同友会の提言で始まったこの運動は一九九二年には一度頓挫した。しかし、アンケート等の実施による市民の総意を喚起するための参加型の手法を用いて成功したことも注目に値する。

また、東山ひがし茶屋街に続いて主計町でも二〇〇一年度に伝建地区指定に向けた調査が行われた。今回は国の伝建地区を受けるに至らなかったものの、伝統的建造物群保存地区指定（市条例）を用い、市独自の財政で保存維持していく意向である。国の重伝建指定を受けずに自治体独自の取り組みで対応しようとすることはまた、わが国の新たな伝建地区指定のあり方を探る一歩であるかもしれない。

茶屋街まちなみ修景事業は旧主計町モデル地区保全修復事業として始まり、格子戸修復（一九八四年度開始）の他、新築修景（一九九三年度開始）等がある。モデル住宅建設による新築工事のさらには防災事業に関わる保存対象物保全事業として外観修繕（一九八三年度開始）、防災施設設置・防災構造補強（一九九八年度開始）や伝統的建造物修復事業（一九九八年度開始）等が加えられて現在に至っている（後述）。

(2) こまちなみ保存

旧伝統環境保存条例や景観条例に基づいて歴史的建造物を重点的に保存に努めてきた金沢市だが、各所に遍く点在する「武士系」、「町家系」の歴史を色濃く残す町並みが次第に失われてきた。また、金沢の三茶屋街に代表される保存形態は観光施策事業の趣が強く、こまちなみ保存制度は一般住居および一般居住地での保存のあり方を探るものとして画期的であるといえる。これらの旧市街地に広く分布する住宅地は表通りから入った不規則に巡る細街路に沿って展開され、今でもかつての城下町の風情の一端を忍ぶことができる。

「武士系」は閑静な住宅地といった印象であり、比較的ゆったりとした敷地や入り口に設けられた門とそれに

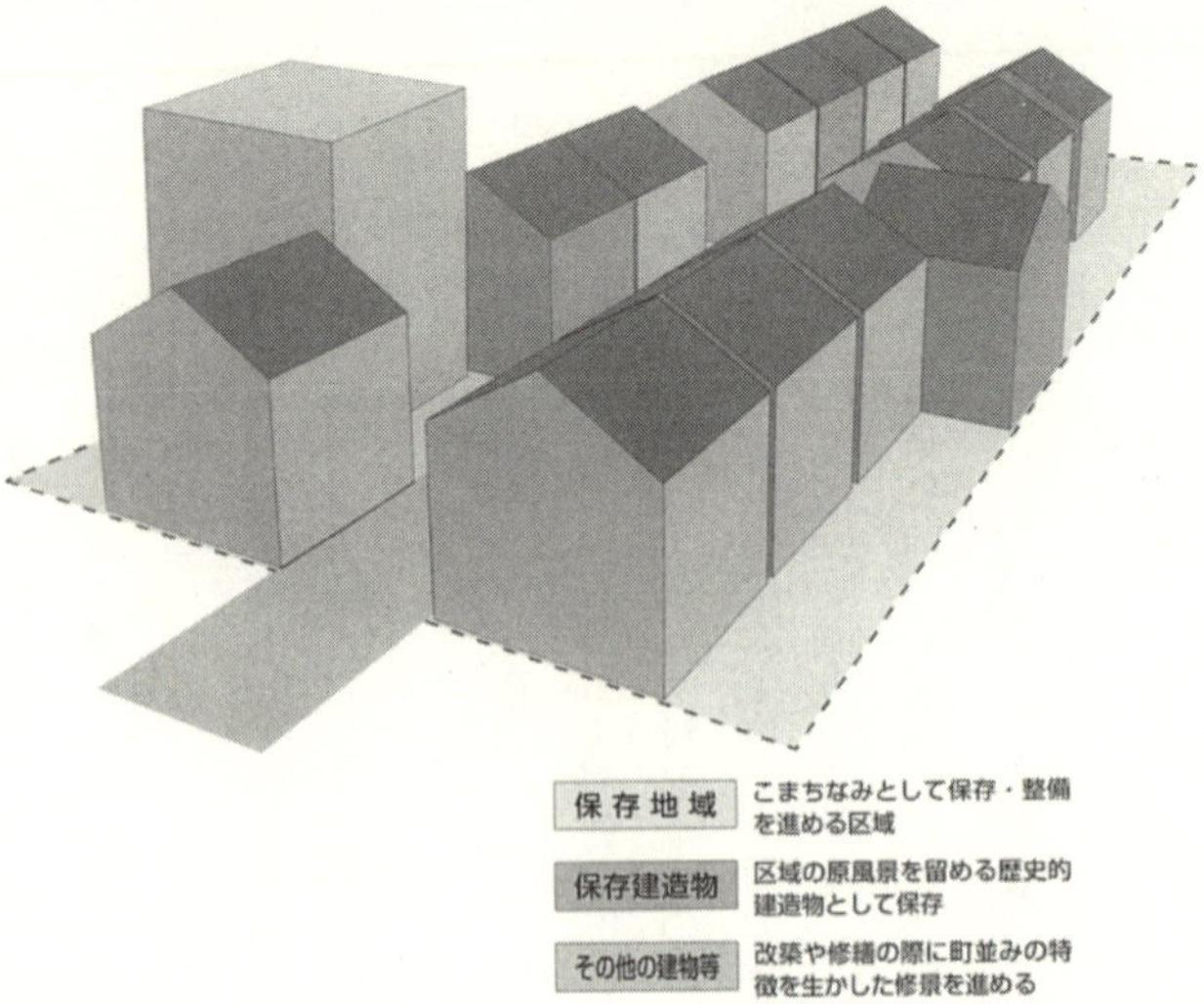

❹こまちなみ保存の概念（出典：金沢市「金沢市こまちなみ保存条例のあらまし」）

続く土塀などの外構、塀越しにのぞく前庭の豊かな緑やその奥に控える切妻妻入りの大屋根が特徴である。対する「町家系」は間口が狭く奥行きが長い敷地割、切妻平入りの建物が通りに面して軒を連ねて立ち並ぶ開口部には格子が取り付けられ、通りから暮らす人の生活感が感じられる特徴を持ち、それぞれの特性を持っている。

こまちなみ保存とは旧市街地の各所に残る、歴史的な特徴をもつ「ちょっとしたよい町並み」を「こまちなみ」として守り、育て、その雰囲気を生かした風格あるまちづくりを推進することであり、ある程度の集積のある町並みを指定して歴史的建造物を核にして隣接の町並みへの保存修景を波及していこうとするものである。条例の第二条（用語の定義）では、「歴史的な価値を有する武家屋敷、町家、寺院その他の建造物またはこれらの様式を継承した建造物が集積し、歴史的な特徴を残すまちなみ」としている。

具体的には

①国の制度である「伝統的建造物群保存地区」ほどの面的広がりや質的純粋性は持たないが、歴史的風情を残すちょっとしたまちなみで、

②一〇戸程度でも町並みとしてのまとまりがあればよく、

③伝統的な家を大切にしながら今の住んでいる人たちの「生き生きとした生活感」を重視し、

④江戸・明治・大正期、良質であれば現代の建物が混在してもよい、

としている。

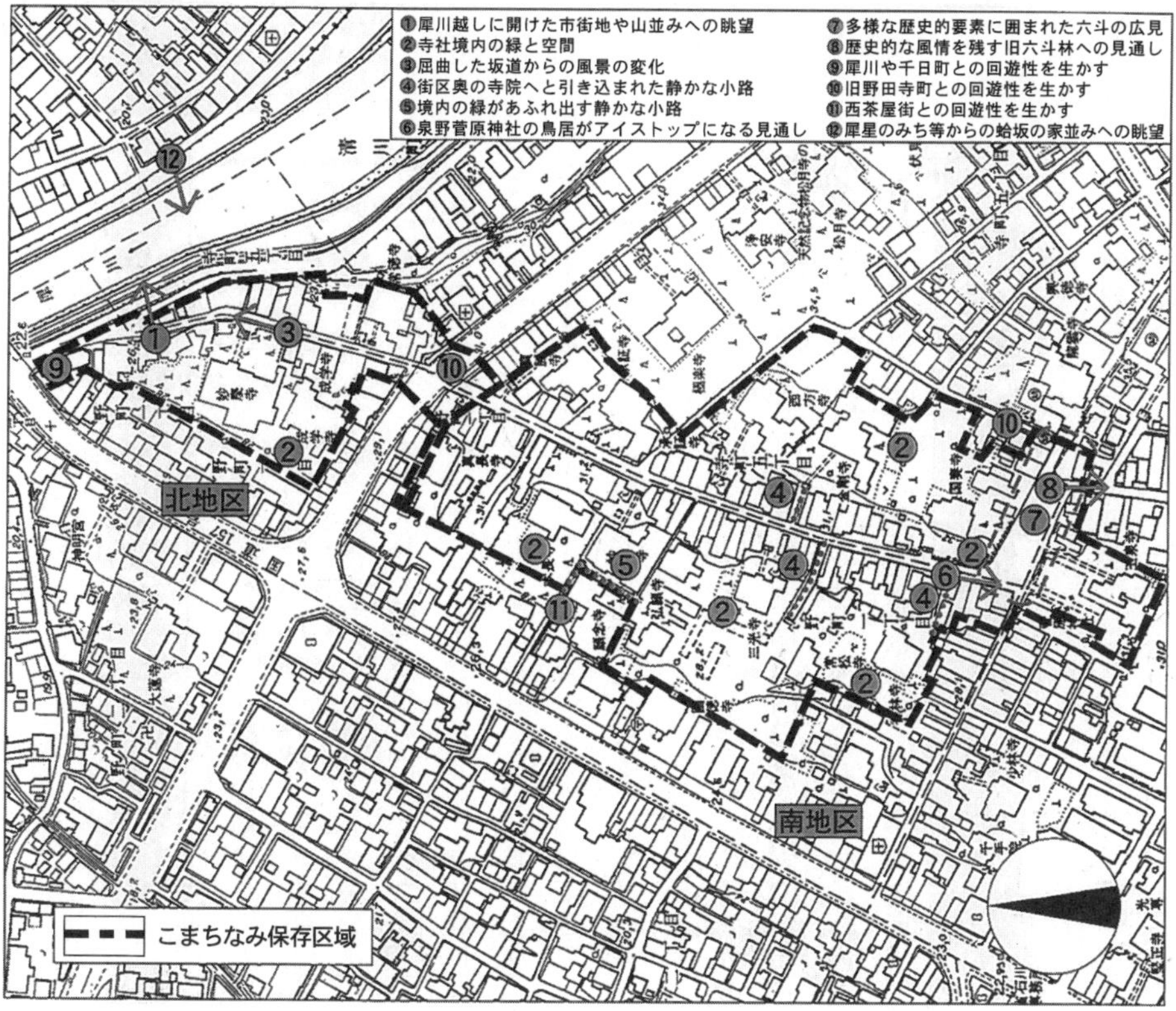

❺こまちなみ保存区域　旧蛤坂・泉寺町区域

これからも住み続けるまちであるために、実際の運用に当たっては住民の受け入れ態勢や連携が重要な要素であり、参加型のまちづくりの取り組みとしても評価される。こまちなみ保存に関わる助成制度には建築物修景事業、保存建築物修復事業、外構修景事業、格子戸修復事業、防災施設整備事業、防災構造整備事業、保存団体の育成事業がある。こまちなみ保存区域は二〇〇四年の時点で武家系四カ所、町家系六カ所の合計一〇カ所が指定されている。

7　金沢市の修景補助事業と税制優遇措置

都市景観を修景誘導するために、金沢市には条例による指定区域などで市民が新築・改築などする際に、積極的に景観を守り・創り・育てる事業について、経費の一部を助成する各種制度を設け、これまで実績を上げている。❻に助成制度の主なものを示す。

これらの市の助成を受けた財産等については、一定期間市長の承認を受けないで、補助金交付の目的に反して使用すること、譲渡、交換、貸し付け、担保提供することはできない。また、処分が制限される期間は鉄筋コンクリート造等の建物・二五年、それ以外の建物・一五年、構築物・一〇年となっている。

同様に、町並み景観を維持するための施策としての税制による優遇措置として、市では歴史的建造物の保存維持のために所有者への固定資産税等の減免措置をとっている。❼に金沢市での取り扱いを示す。

国指定の文化財と伝建地区の伝建物は地方税法で非課税とされているが、それ以外の措置はいずれも金沢市として行っている。金沢市の歴史的建造物の保存維持に対する取り扱いの中で、国指定の重要文化財の家屋・敷地に対する非課税措置を担保する地方税法の条文等は、地方税法第三四八条第二項（固定資産税）及び第七〇二条の二第二項（都市計画税）が根拠条文となる。

不均一課税条例は二〇〇一年のひがしの伝建地区決定に合わせ、その区域について不均一課税を行うために設けた条令である。全国の伝建地区ではこれまでに一〇都市余りで同様の趣旨で設けられている。一九七七年に萩市が設けて以降、徐々に実施する自治体が増えてきていたのだが、一九九八年に当時の自治省から伝建地区内での固定資産税の軽減についての通知が出され、各自治体の判断で、適宜軽減を図ることに一定の方向が示されたことから、金沢市でも積極的に検討を進めたものである。

8　金沢市の眺望景観

(1)　眺望景観保全施策の概要

都市景観の総合的な視座が重要視される中、金沢市が行っている新たな取り組みとしての眺望景観保全施策

❻主な助成制度（平成13年4月1日現在）

事業名	対象	補助率	限度額	対象地域
寺院等土塀山門修復事業	土塀等修復 山門修復	75% 70%	1000万円 700万円	指定区域 三寺院群
茶屋街まちなみ修景事業	格子戸修復 建築物修繕（外観） 新築修景 防災施設整備 防災構造整備	90% 70% 70% 90% 90%	— 1000万円 200万円 — 500万円	にし茶屋街
こまちなみ保存事業	建築物修景（外観） 保存建造物修復 外構修景(土塀，板塀，門等) 格子戸修景 保存団体の育成事業	70% 70% 70% 90%	200万円 500万円 100～300万円 — 10万円	こまちなみ保存区域
伝統的建造物修復事業	建築物修復（外観） 防災構造整備	50% 50%	150万円 250万円	指定区域の一部 （認定建築物）
建築物修景事業	設計費補助	10%	10万円	指定区域
沿道修景事業	生け垣整備 外構修景（板塀等） 擁壁修景	90% 70% 90%	50万円 200万円 50万円	指定区域 斜面緑地保全区域
駐車場修景事業	駐車場周囲修景	70%	200万円	指定区域，斜面緑地保全区域，西インター大通沿線
	駐車場周囲緑化	50%	50万円	上記以外の地域
斜面緑地育成事業	高木緑化 駐車場路面緑化	90% 90%	30万円 20万円	斜面緑地保全区域
斜面緑地適正管理助成事業	巨木適正管理費助成 保全活動費助成	70% —	20万円 年間10万円	
広告景観改善事業	屋外広告物撤去	70～50%	50万円	金沢市域

指定区域とは，「景観条例」に定める伝統環境保存区域及び近代的都市景観創出区域をいう．

❼税制優遇措置

・文化財		
国指定（重要文化財）	家屋・敷地	非課税（地方税法）
県指定	家屋	免除（100%減免）
市指定	家屋	免除（100%減免）
・景観条例指定保存建造物	家屋	免除（100%減免）
・こまちなみ保存建造物	家屋	免除（100%減免）
・伝建地区		
伝統的建造物	家屋	非課税（地方税法）
	敷地	50%軽減（不均一課税条例）
伝建物以外	家屋・敷地	30%軽減（不均一課税条例）

（後述）等はその一つの試みとして注目される。金沢市ではまちなみ対策課に計画部会を新設して二〇〇一年度から眺望景観保全調査を始め、二〇〇二年度には、前年度の調査を踏まえて眺望景観に関するガイドラインを策定した。目的は、金沢のまちをさらに美しく魅力あふれる快適な都市とするために、市内における眺望景観を分析し、良好な眺望景観を守り育てるための施策を検討するとともに、建築計画等が都市景観に与える影響を客観的に評価する手法を検討することである。

ガイドライン策定のきっかけは近年の都市開発における中高層建築物による風景阻害の現実的課題である。金沢市では建築物の高さ規制を景観条例で定めている。またその後、こまちなみ保存条例や斜面緑地保全条例等で規制誘導の網掛けを細かくしてはいるが、すべての市域で規制誘導できるわけではなく、これまでの規制誘導だけでは不十分な部分も見え始めた。幹線道路沿いの近代景観創出区域で高さの緩和された建物がある一方、すぐそばに伝統環境保存区域があるモザイク的な都市空間では、ところどころ、二つの異なった眺めがぶつかり合うこともある。また、四〇メートルを超える高さの病院施設が斜面緑地、風致地区等に近接しながらも規制を免れたエリアであったために台地の法面付近に建てられた例も見られる。眺望景観のガイドライン策定は、これまでのそれぞれ独立した景観施策をつなげて、都市の景観に自然環境を含めたより広がりのある総体的な景観計画へ高めていく施策として注目に値する。

(2) 眺望景観保全の基本的考え方

金沢市の眺望景観の特徴は、先述の都市の自然地形的特質から、一つのシンボル的な対象物に眺望が集約されるのではなく、いくつもの眺望対象物の集合による分散型の眺望景観である。したがって、眺望のガイドラインもより複雑にならざるを得ない。そのためには市内における眺望景観の現状を分析し、良好な眺望景観を創出・育成していくために客観的な評価を行う基準が決められた。

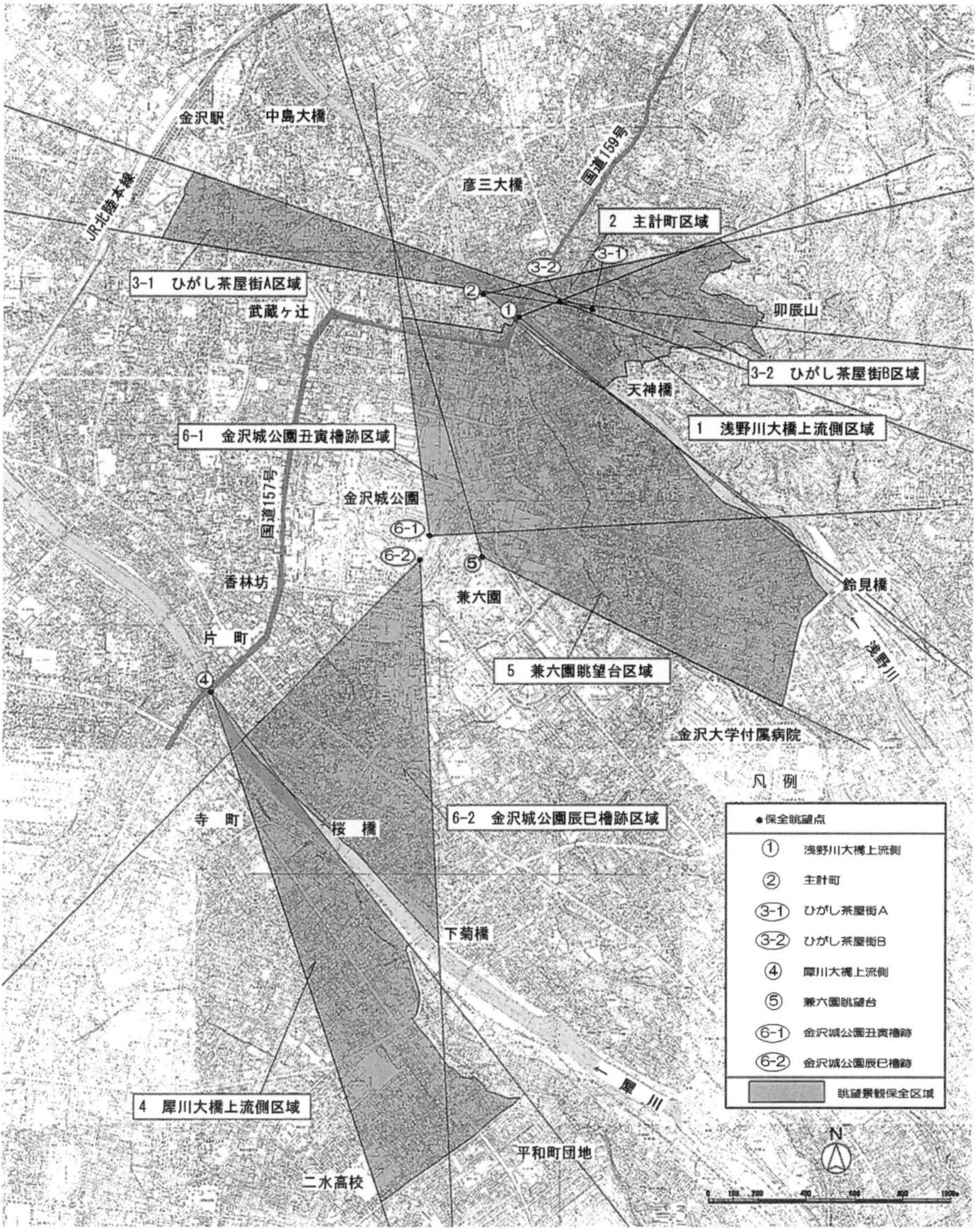

❽保全眺望点および眺望景観保全区域図

まず、眺望景観の現状把握において、「視点場」（眺望する地点）と「対象場」（眺められる対象となる景観）という概念を取り入れ、それぞれの特性評価基準を基に眺望点の選定にあたった。市街地とその周辺における地形的特性や歴史的背景、さらには都市活動を背景として、金沢ならではの眺望を望める代表的な視点場と対象場を類型化した。視点場としての眺望類型は①河川・橋梁、②台地・丘陵、③みちすじ・坂道、④その他（高層建築物屋上等）の四つに、対象場としては①緑のまとまりと連なり、②自然の広がり、③歴史伝統文化特性の三つに類型化された。

また、現状および将来起こりうる問題点としては高層建築物による緑のまとまりの遮蔽や連なりの遮断、屋外広告物や建築の意匠・色彩による阻害等があげられ、それらを整理した上で、眺望景観保全の基本的考え方を示した。それは「眺望景観保全」（見通しの確保、背景の保全、阻害要因の低減）と「眺望景観の創出・育成」（視点場の確保・演出、保全対象要素の創出）を二本の柱としたものである。

(3) 重要眺望点の選定

先述の考え方を基本として主要な視点場の選出を行った。選出に際しては、ある程度ランダムにサンプリングされた候補について視点場特性の評価基準（①公共性（市民のアプローチの自由さ）、②歴史性（視点場自体の歴史性）、③観光性（観光客が眺望を楽しめる）、④心象性（アンケートによる認知度の高さ））と対象場特性の評価基準（①緑のまとまりと連なり（台地、丘陵地の緑地等）、②自然の広がり（見通しがきき遠景での眺め）、③歴史・伝統・文化特性（歴史的町並みや寺院などへの眺め）、④近代性（近代的町並みへの眺め））について評価採点し客観性を担保している。

右の評価基準に従ってA、B、Cランク（総計五二地点）の眺望景観を選出しそれぞれの景観特性や課題などを抽出した。Aランク眺望点（六地点）、Bランク眺望点（一二地点）、Cランク眺望点（三四地点）のうち、A

ランク眺望点を「重要眺望点」とし、その眺望景観の保全方針を検討した。
選出された重要眺望点は以下の六つである。
一、浅野川大橋（上流眺望）
二、東山ひがし茶屋街
三、主計町
四、兼六園
五、金沢城公園
六、犀川大橋（上流眺望）

(4) **眺望景観アセスメントの検討**

金沢における眺望景観保全は保全対象要素を抽出し、眺望景観保全方針を決定し、見通し高さの検討（シミュレーション）等、開発が眺望に及ぼす影響の内容と程度および保全対策について事前に予測と評価を行うことで眺望阻害を未然に防ぐことが期待される。重要眺望点の一つである犀川大橋の場合を例にとってみると、保全対象要素として犀川（近景）、寺町台地の緑（中景）、野田山等の山並み（遠景）があげられ、方針としては「……自然・歴史的眺望要素を保全するとともに、隣接する近代的都市景観との調和を図る」とあり、視点場である犀川大橋から寺町台地方向への見通しについて、特に都市景観的な規制の対象以外の地区での高さや色彩の検討を促している。

金沢市では重要眺望点からの景観シミュレーションによる検討を中高層の建築物や工作物を建設しようとする事業者に対して行えるよう、景観条例とまちづくり条例の施行規則を一部改正し、体制づくりに入った。市の「金沢市における市民参加によるまちづくりの推進に関する条例（まちづくり条例）」（二〇〇〇年）では第一四条

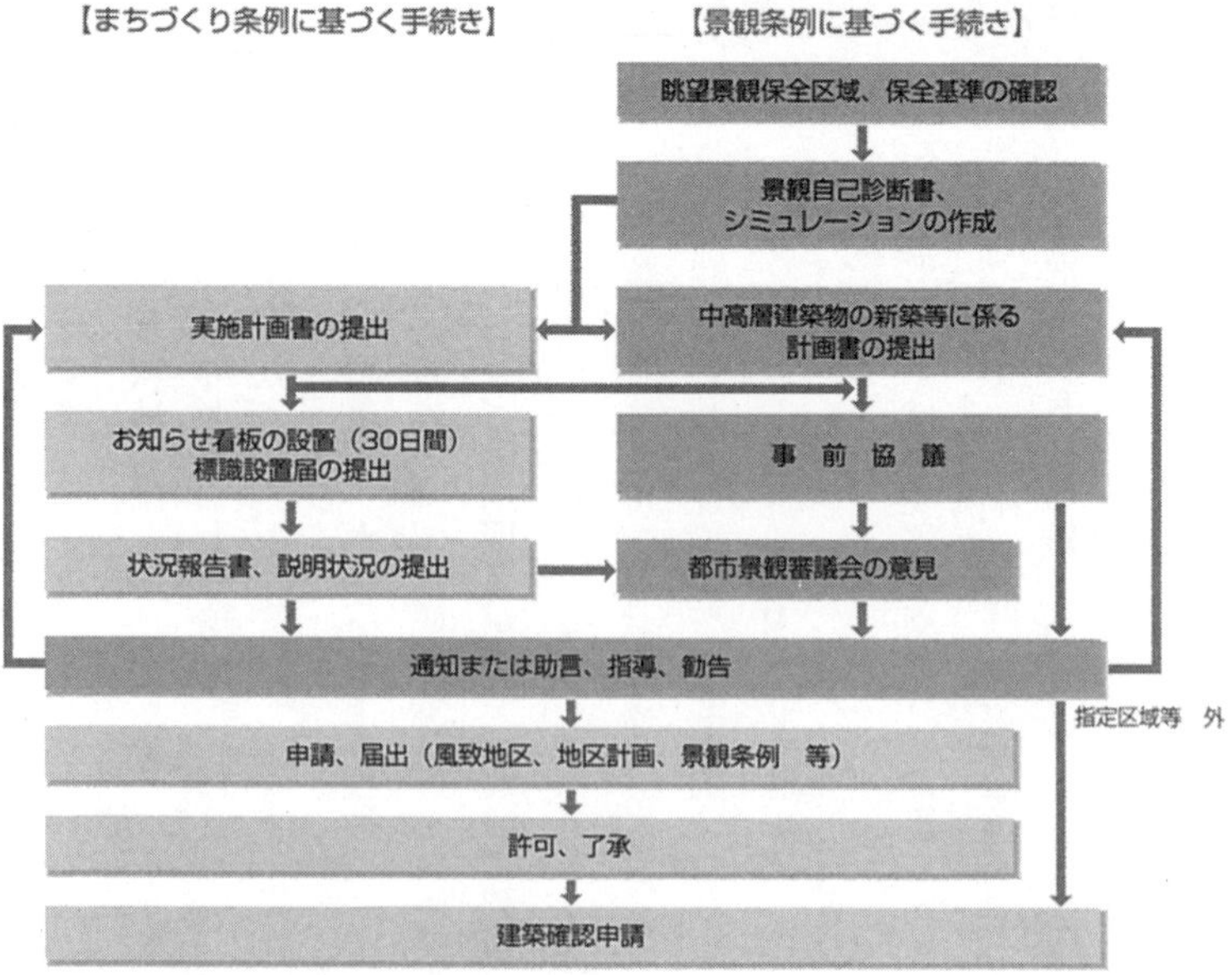

❾眺望景観保全区域内の中高層建築に係わる開発事業フローチャート

で中高層建築物（商業系一五メートル以上、住居系一〇メートル以上）を建築する事業者に「実施計画書」を提出すること、三〇日間にわたり計画概要を掲示すること、近隣住民への説明会を開催すること等を義務づけているが（都市計画課担当）、今回の措置では、同時に中高層建造物の規制誘導を図るため「景観自己診断」と事前協議（まちなみ対策課担当）が必要になる。自己診断の過程で景観に影響を与えるおそれがあると判断された場合は、シミュレーションの提出義務が生じ、必要に応じて都市景観審議会（建物部会）で審議されることになる。

(5)　これからの課題——眺望景観の創出・育成

重要眺望景観の保全は前述のような景観シミュレーションの手法によって、①中高層建築計画が眺望景観に与える影響を視覚的に予測できること、②開発の早い段階でシミュレーションし、計画の修正に反映することが可能になること、③市民が眺望景観の保全を通して都市景観への関心を高めること、が期待される。特に、この最後の市民意識の向上が今後の景観施策へ波及効果として現れ、今は個人の敷地内の緑化等が手がかりでしかないが、今後は建築を群でとらえる視点を育て、眺望景観はもとより都市風景の創出・育成につながると考えられている。

また、現時点で取り上げられた重要眺望点（Aランク）はいずれも観光資源的な要素が強いといえるが、市民生活と深く関わるB・Cランクの眺望点についても保全の対象としていくことが望まれる。今後は前述の重要眺望点における眺望景観をより魅力的にするための施策を検討することと総計五二カ所に及ぶ眺望点をそれぞれ保全していくための方策を探る段階に入っているといえよう。

9 都心居住に向けた総合的視点

このように金沢では個別の修景から自然環境を取り入れた総合的な景観計画が模索され、眺望景観の保全を通じて自然景観の保護、ひいては生活環境の整備が進められている。しかし、景観施策に結びつけて市街地における生活環境の質を高めようとしている市の最も深刻な課題は都心の空洞化である。中心市街地の空洞化は全国的な傾向であるが、金沢市の場合、歴史的建造物や細街路は現代の生活様式に馴染まないことが事態を深刻にしている。

例えば、戦災に遭わなかった金沢市の場合、全市道のほぼ二割にあたる約四二〇キロが細街路である。生活環境の視点から見れば趣のある細街路も都市防災や交通の面で見れば、劣勢に立たざるを得ない。これらの取り扱いは都心が高密に住み、かつ働くための安全で快適な場所として機能するには避けて通れない課題だ。

このような状況の中、金沢市は都心再生を定住促進で克服するために「伝統的建造物修復支援制度」と「まちなか定住促進事業」を一九九八年に同時に始めた。これは中心市街地の継続的あるいは新規居住を推奨し、新たな生活環境と景観を創り出す都心居住を考える好機だといえる。実際に景観的要素をある程度クリアした住宅が補助の対象になる。しかし、都心生活の新たなビジョンが未確定な現状では、単に郊外型庭付き戸建て住宅の建て替えをうながす結果になりかねないという危惧も残る。

このような状況の中で金沢市は二〇〇五年に高度地区制度を導入した。高度地区指定は市街地における環境を

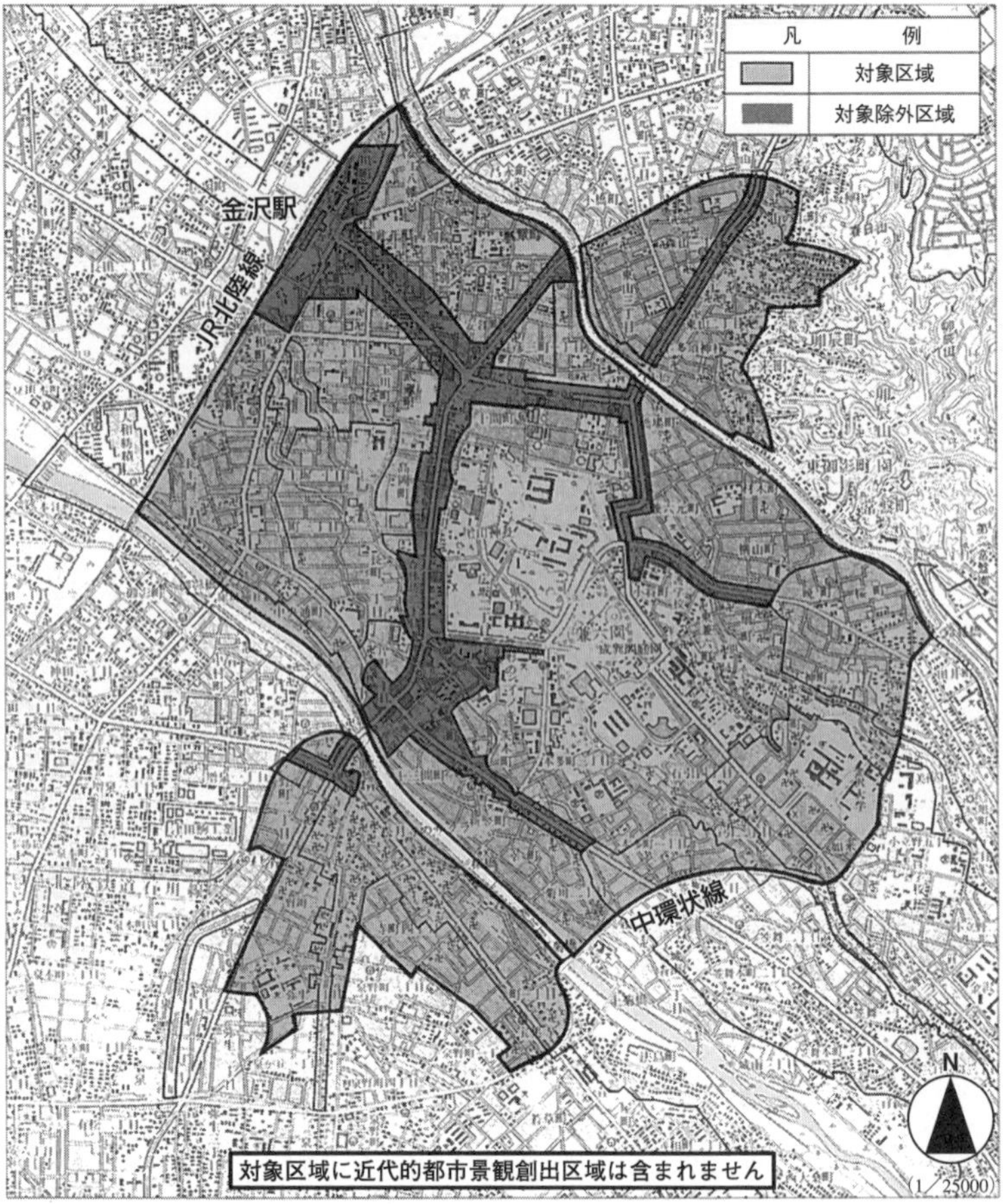

❿まちなか住宅建築奨励金制度対象区域

維持し、または土地利用の増進を図るため、建築物の高さの最高限度、または最低限度を定めるものである。また、その目的は、良好な居住環境を保全することであり、基本的に住居系の用途地域を対象としている。これまでの都市計画制度の基本となっている用途地域に基づく制限のみでは、建築物の高さを充分にコントロールすることが難しく、高さを制限する手法の高度地区と用途地域制度とを合わせることにより、大きく高さの違う建築物の混在を防ぎ、調和のとれた都市景観を形成し、良好な市街地環境の維持が図れる。

これまでは、京都市や横須賀市等の一部自治体によって進められているが、金沢市では既存の景観条例や地区計画、風致地区で定められた高さ制限を遵守し、かつ、市街地全体にわたる高さの基準を示し、都市計画法に則って規制していこうとする施策である。

一九世紀中盤のオースマンのパリ改造に見られるように、すでに一五〇年前に進められているこれらの施策は、明快な統一感を持った姿が都市のアイデンティティとして認識される欧米において長く都市施策の基本をなしてきた。翻って金沢を見れば、これによって、ようやく都市全体の将来像が平面上だけではなく立体的に描かれることが可能になったといえる。

このように一六本の景観関連条例をつかった金沢市の都市施策は、罰則規定は設けず、助言指導にとどめて市民の内発性を促している。また、点・線・面という従来の景観コントロール手法の枠にとどまることなく、都市を近代と伝統あるいは文化と自然のようなお互いに矛盾を孕んだ要素の集合として重層的多面的な保存・整備がおこなわれている。さらには、高さ制限や眺望景観への配慮など、内発性の力を借りながら、重層的な要素を共存させ発展的持続性をもって都市景観施策に拡がりをもたらそうとしている。

伝統都市金沢は、決して伝統だけを墨守してきたのではなく、常に新しいものを取り入れてきたといわれる。「自らの歴史に責任を持つ」ことは、歴史的町並みを大切にしながらも皆が住み続けられる新しい街を模索していくことなのであろう。

参考文献・資料

西村幸夫＋町並研究会（二〇〇三）『日本の都市風景』学芸出版社。

川上光彦（二〇〇〇）「都市景観に関する条例とまちづくり」『ESPLANADE』五六号、八～九ページ。

久郷真佐美（二〇〇〇）「こまちなみ保存事業について」『ESPLANADE』五六号、一四～一五ページ。

坂本英之（一九九七）「拡がる歴史的町並みの保存」『造景』一二月号、七一～七六ページ。

「金沢の都市計画」金沢市建設部都市計画課、平成一〇年一〇月。

「金沢市こまちなみ保存区域のあらまし」金沢市まちなみ対策課。

四　まちづくり考「金沢モデル」

矢作　弘

1　「観光都市にはしない」

金沢は「人気のある地方都市番付」で長崎や函館などと並び、必ず高位置にランクされる。加賀百万石の歴史と文化に育まれてきたまちである。加えて金沢を生地とした泉鏡花や室生犀星、金沢を第二のふるさととした井上靖や五木寛之など多くの文学者を輩出し、その詩情豊かなまち並みやひとびとの暮らしぶりは、しばしば小説の舞台となって活写されてきた。それが金沢というまちの魅力になっている。

しかしそれだけではない。そうしためぐまれた条件をよく守り、育ててきた広義の都市政策が金沢の歴史的、文化的財産をより豊かなものにしてきた。なによりもまず、そのまちづくり関連条例の多さに驚かされる。まちづくり関連条例は一七本ある。しかもその条例は、「金沢市こまちなみ保存条例」「金沢市における歩けるまちづくりの推進条例」「金沢市の歴史的文化遺産である寺社等の風景の保全条例」「金沢市における良好な商業環境の形成によるまちづくりの推進に関する条例」「金沢市まちなか定住促進条例」「金沢市斜面緑地条例」「金沢市用水条例」などユニークで多彩である。

これらの条例に通底している都市思想は、「市民が潤いに満ちた豊かで安全な暮らしのできるまちづくりを目指す」という考え方である。あくまでも市民生活を中心に据えたまちづくりが行われている。山出保金沢市長はある雑誌に掲載された座談会で、「金沢を観光都市と言いますが、僕は反対です。観光都市というイメージは集客にたけた街であって、そこには深みを求めようとする真摯さがない」と発言している（『学都』二〇〇三年秋号）。集客都市を目指すのではない。市民の暮らしを第一義に考えてまちづくりに取り組む。その結果が外のひとびとに高く評価され、「人気のある地方都市番付」で高ランクされる理由となる。山出市長にとって外様の金沢評価は、第二、第三の関心ごとに過ぎない。

文化と経済のかかわりに早い時期から関心を示し多くの提言を行ってきた金沢経済同友会やその企業人、そして地元商人衆、茶屋町の女将、大学人、一般の金沢市民が積極的にまちづくりに関与し、活動に参加するなどして官民の間に良好なパートナーシップが形成されてきた。それがまた、金沢の強さである。

それらを総体として捉え、ここでは「金沢モデル」と呼ぶことにする。

一七本のまちづくり関連条例のうちの一本、「金沢市における歩けるまちづくりの推進条例」は、条例の冒頭で「まちの主役はまちに住む市民です」という基本認識を示している。ここに「金沢モデル」の真髄のひとつがある。「観光客が歩きたくなるようにまち並みを整備する」、ではないのである。観光客に迎合し、観光客にとって気持ちのよいまちを考える以前に、まずは金沢に暮らすひとびとが買い物に、通学に、安全なまち歩きをできるようにすること、あるいは朝に夕に、そぞろ歩きを楽しめるまち並みに育てること——そのことをまち並み整備の主眼に置いている。「観光客がやって来るかどうかは、その結果に過ぎない」という考え方である。

2　金沢気質とまちづくり

金沢には「えんじょもん」という地言葉があることを知った。エッセー「金沢・故郷」の筆者は、「えんじょもん」は「遠所者だろう」」と解釈し、そこから「素性あきらかではない人間をわけ隔てする言葉でもある。金沢のひとはそれほど他所者に冷たい面を持つ」と金沢気質を読み解いている。金沢をほかの土地と区別してワンランク上に置く。金沢っ子の、ある種の中華思想が反映した地言葉なのだろうが、自分たちのまちを格別のものと考えている証である。金沢っ子は、自分たちのまちに、そして金沢が生み育ててきたものに対して自信たっぷりである。

五木寛之が、京都と金沢を比較しながら「えんじょもん」に通じる金沢考を書いている（『小立野刑務所裏』）。「京都人が排他的であるとは、よく言われることだ。だが、私はそうは思わない。（中略）その土地や住民に利益をもたらすもの、または客として訪れるものに対しては、おどろくほどの柔軟性を示す」と京都について述べた後、「金沢は、その点において京都とは全くちがう」と以下のように記述している。

「観光客の落とす金は、以前の金沢では不浄の金であった、というのは言いすぎかもしれない。だが、最近は別として、加賀百万石の矜持は、ほとんど旅行者の懐を当てにすることをいさぎよしとしなかったはずだ。金沢は誇り高い町だった。そのプライドがたとえ時代遅れの滑稽なものだったとしても、やはり並々ならぬ誇りを秘めた町だった」

島田昌彦「年中行事と金沢言葉」（二宮哲雄編著『金沢――伝統・再生・アメニティ』）も、五木の認める金沢の自負の強さは、「金沢の町が育んできた文化に対する自信にある」と断じている。

春の桜花、初夏には楠の若葉、そして秋の紅葉、その折々に催される年中行事――「えんじょもん」という、ほかの地方のひととは距離を置こうとする、ちょっと冷めた金沢独特の言いようには、歴史と風土によって育まれてきた金沢のまちに対する市民のプライドが息づいている。「観光都市にはしたくない」という山出市長の発言も、金沢に暮らすひとびとを第一義に考えるまちづくり条例も、「えんじょもん」という地言葉が生きてきた土地柄と切り離して考えることはできない。

歩けるまちづくり条例が「まちの主役は、まちに住む市民です」と述べていることを紹介したが、換言すれば、「まちづくりの主役は、まちに住む市民です」ということになる。そのこともまた、「金沢モデル」の基本である。

金沢の春を彩る行事に「金沢・浅の川園遊会」がある（米澤修一「「人づくりと心づくり」老舗と文学の町からのまちづくり、『地域開発』二〇〇四年二月号）。浅野川の流れにせり出してつくられる浮き舞台で、鏡花の戯曲に出てくるヒロイン「滝の白糸」の水芸が演じられる。春爛漫の河岸には、界隈の老舗の料亭が花見茶屋を開く。この園遊会は今春には一八回目を迎えたが、発端は、界隈が荒び、活気が失われていくのを憂えた老舗のあるじ四人がはじめたまちおこしであった。

この運動の担い手になってきた老舗・文学・ロマンの町を考える会が発足したのは一九八六年である。金沢も都市再開発ブームのさなかにあった。町家がつぶされ、武家屋敷がマンションに建て替えられるなどのまち改造が進行していた。そうした時流に抗して市民が立ち上がり、藩政時代の風雅を伝える浅野川尾張町界隈のまち並みを「金沢の原風景」として保存することをねらいとしてスタートした、市民が主役となったまちづくりであった。浅の川園遊会は、市民のお金で浅野川演舞場を建設する目標を定めて募金箱を町々に設置するなど、市民主導のまちづくり運動としてさらなる広がりを見せている。

また、「かなざわ・まち博」も開催回数を重ねている。「まちに出る、まちを知る、まちで遊ぶ」がキャッチレーズである。ここでも祭の主役は金沢っ子。まず、自分たちのまちを五感で体験すること、それが市民主導で金沢を創造する始点となる――という着想からはじまった祭である。したがって博覧会場は金沢のまちそのものである。金沢のまち全体である。地元大学と連携して「金沢散歩学」「手仕事大学」「子供散歩学」などの市民講座も用意される。

こうした市民主役のまちづくり運動は、けっして歴史的な積み重ねと無関係なところで成立しているのではない。そのことを用水管理組合の活動を通じて知ることができる（碇山洋「用水のまち・金沢の古くて新しい自治」『地域開発』二〇〇四年二月号）。金沢市内には辰巳、鞍月、大野庄などの用水が縦横に流れ、兼六園の泉を潤し、まちなかでの暮らしでも防火、消雪などの都市用水として活用されている。また、武家屋敷や町家に沿って流れる流水が周囲の緑や白壁とマッチして金沢らしい景観を形成している。その用水を管理しているのは、近郊の農家によって構成された、すなわち市民自治による用水管理組合である。市民自治によって蓄積された経験とノウハウが、金沢のまち景観にとって重要な用水景観を維持管理することにつながっている。

また、消防団について市民自治の話を例示することができる（鹿野勝彦「金沢市の消防団」二宮哲雄編著、前掲書）。「金沢ではいまも、市民の自治組織としての消防団（いわゆる義勇消防団）が市の常備消防機構とともに直接の消防に重要な役割を果たしている」。人口規模が金沢クラスの都市では、消防団が解散してしまったところが多い。消防団が残っている都市でも、その活動は、火災予防や風水害時の出動などに限られている。金沢のように、自前で消防ポンプ車を備え、消火活動で主要な役割を果たしている例は珍しい。

随所にこうした市民自治の精神風土が培われてきた土地柄だからこそ、新しいまちおこしの運動もまた、金沢では、しばしば市民主導ではじまるのである。川上光彦「金沢のまちづくり計画・運動の歩み」（『地域開発』二〇〇四年二月号）が官民のパートナーシップについて言及しているが、市民が主役となった、市民発意の取り組みを、行政が柔軟な姿勢で受け継ぎ、まちづくりの政策に積極的に摂取してきたことを、もうひとつの「金沢モデル」と呼ぶことができる。

3　市民が走って行政が支える

たとえば、景観に関する事例がある。老舗・文学・ロマンの町を考える会が一九八七年以来、風格や気品のある空間づくりや、まちへのやさしさ、気配りを考えた建築を対象に「界隈景観賞」を出してきた。まちづくりの啓蒙・奨励運動である。この取り組みは市民の間に景観意識の高揚を生み、一九八九年の景観条例、一九九四年のこまちなみ条例、一九九六年の屋外広告物条例、二〇〇〇年のまちづくり条例などの制定に寄与した。

バブル経済の初期に、浅野川右岸に、突然、東京のデベロッパーによる高層マンションの建設計画が持ち上がったことがある。そのときも市民が「浅野川大橋からの卯辰山の眺望が妨げられる」と建設反対に立ち上がり、「都市景観トラスト」運動を展開した。町衆の気迫に金沢市が応えてこの土地を買い取り、いまは市民公園となっている。これなども、市民発意による官民パートナーシップの一事例ということができる。

独自の聖書解釈による宗教画を光と影のコントラストの中に描いたバロックの奇才に、カラバッチオという画家がいる。彼は些細なことが理由で殺傷事件に巻き込まれ、ローマから逃亡して生涯流浪の生活を余儀なくされたが、新聞にカラバッチオの絵の記事を書くためにその事件現場を、通りの名前を頼りに探し歩いたことがある。場末の、距離にして三〇メートルほどの小路であったが、四〇〇年前の道が、四〇〇年前の名前でそのままいまも使われていることに感慨があった。

一般にヨーロッパの都市は、まちや通りの名前を簡単に変えたりしない。まちや通りには地霊が宿っていると考えているからだが、同時に町名や街路名も歴史的な継承物であるという考え方が定着している。時の積層によって形成されるそのまち独特の界隈性は、町名や街路名などにも体現されている。どこもかしこも本町通りに変えてしまう合理主義、効率主義の町名変更とは無縁の、よき保守主義が生きている。

金沢がむかしの旧町名復活運動の成果として浅野川沿いの花街、主計町などの町名を取り戻した話を聞いたときには、ローマのカラバッチオにゆかりの通りのことを思い出した。

金沢は、目抜き通りを一本裏に入ると、両側の軒先がぶつかりそうなほど細い街路、クルマの進入できない曲りくねった小路、袋小路、火事の延焼を防ぐなどの目的で作られ、普段は子供たちの遊び場や、最近では高齢者のおしゃべり空間となっている広見、そして要所、要所に寺院の甍を拝める――そうした街路空間によって構成されている。それがまた、金沢のまちの魅力となっている。

❶まち歩きを楽しませる茶屋街風景（金沢）

唐突だが、そうした街路空間はイタリア・トスカーナの中世都市、たとえばシエナのまち並みなどを想起させる。もちろん一方は木造建築で、他方は石造り建築。物理的にも可視的にもまったくの異空間である。トスカーナのまちを構成している細路、かぎ型の迷路、階段の途中の広めの踊り場、その先に仰ぎ見る教会の尖塔、そして道々にお菓子屋やさまざまな雑貨、食料品などを売る店が並ぶまち並み……。ふるい建物に立ち退きを強い、クルマ優先の路幅拡張に走ることをこころよしとしない。そのいこじな保守主義を、金沢のまちづくりに重ね合わせて考えてみたくなる。

ヨーロッパの歴史都市が旅行者のこころをとらえて離さないのは、ふるい建物がよく残され、それが綺麗なまち並み景観を形成しているからである。しかし大切なことは、建物単体ではまち並みは構成できないということである。どれほど立派な、由緒ある、国宝級の建物であっても、それ一棟ではまち並みはできない。建築様式的に由緒正しいか、あるいは故事来歴に満ちた建物をA級の歴史的建築物とすると、それに対してそれほど格式はないし歴史的事跡にも欠けるふるい建物を「B級の歴史的建築物」と呼ぶことにしている。そして実際のところ、ローマでもシエナでも、ヨーロッパの都市で美しいまち並みを形成しているのは、B級の歴史的建築群である。

ヨーロッパではふるい建物を簡単に壊したりしない。内装をモダンに改装して使いこなしていく。A級は当然だが、B級の建築群も差別せずにしっかりと残していく。そうした考え方を「歴史的建築物保存のデモクラシー」と呼ぶことにしている。そしてヨーロッパの都市では、都市計画に、市民生活に、「歴史的建築物保存のデモクラシー」が生きている。

旧町名復活運動で先頭に立ったのは金沢経済同友会であった。料亭の宴席で「むかしの町名のほうが、風情があってよかったのに。鏡花の小説にも書かれているし」という女将の話に客人がうなずき、運動がはじまたといわれている。同友会の旧町名復活の提唱に金沢市が呼応し、官民のパートナーシップで旧町名の復活が実現した。主計町などに続いて第二次の旧町名復活もあった。

金沢には「歴史的建築物保存のデモクラシー」に通底する条例がある。こまちなみ保存条例である。伝統的建造物保存地区ほど建築史的には価値がなくても、ちょっとした歴史的風情を残すふるい家並み——江戸、大正、昭和期の建物が混在している小ブロックでも、こまちなみとして保存を助成していく制度である。金沢は、伝統的建造物保存地区とこまちなみ保存地区が連なって魅力的な歴史的なまち並み景観を編み出している。

こまちなみ保存条例ができて今年で一一年。この間、一〇地区がこまちなみ保存地区に指定された。地区面積にして三五・五ヘクタールである。市民主催で「まちの歴史の勉強会」が開かれ、街路・街区の特徴を調べた「まちマップ」が作成されるなどさまざまな活動が行われている。そうした市民レベルで取り組まれている活動の濃密なネットワークが社会資本となり、レベルの高いまち並み保存の意識が醸成されている。やすっぽい近代化主義や効率主義を嫌悪する、ヨーロッパの都市を散策しているときに感じる、あの質の高い保守主義である。こまちなみ保存地区の数が確実に増え続けてきたのも、そうした質の高い保守主義の成果である。

（初出『地域開発』二〇〇四年二月号）

III

地方都市の活性化

一　佐賀市における閉鎖再開発ビル再生への取り組み

三島伸雄

1　㈱まちづくり佐賀の倒産と再開発ビルの閉鎖

(1)　プロローグ

佐賀県県都である佐賀市の中心市街地に建設された再開発ビル・エスプラッツの商業床が閉鎖された。佐賀市中心市街地活性化を担う全国初の第三セクター方式によるＴＭＯ機関かつエスプラッツの管理運営会社として㈱まちづくり佐賀が設立されたのが一九九六年。エスプラッツのオープンが一九九八年。そのわずか五年後のことである。㈱まちづくり佐賀が自己破産し、商業床を支えるテナントも撤退したことが大きな原因である。

このエスプラッツの破綻と閉鎖は、複雑な権利関係によって責任の所在が不明確になり有効な床利用が困難になったことに原因がある（後述）。このような状況の中で行政も権利者も術を失い、現在もその商業床のほとんどが閉鎖中である。こうした状況が続くことは佐賀市中心市街地の活性化にとって大きなマイナスである。

このような状況を打開したいと考えて、二〇〇三年夏に一市民組織「活気会」が立ち上がった。エスプラッツの一角を暫定的に間借し、ごく一部ではあるがエスプラッツに明かりを灯したのである。全国都市再生モデル調

❶エスプラッツの外観（筆者撮影）

査事業に採択されたのが功を奏してもいる。しかし暫定的利用はあくまで暫定的である。本丸であるエスプラッツの将来的床利用が開けなければ何にもならない。

実は後述するが、最近になってようやく市が介入することになった。競売にかけられている二、三階の床を市が購入し、二〇〇四年度中に何らかの目処を立てることになったのだ。そして、二〇〇五年度中には新しい事業者がエスプラッツ再生に取りかかっているかもしれない。しかしまだ、エスプラッツの全面再生が軌道に乗るのはそんなに簡単ではないだろう。

本章では、エスプラッツの暫定的利用で得られた知見を踏まえて今後の展望が開けることを期待しつつ、佐賀市のまちづくり会社が倒産してエスプラッツが閉鎖した経緯と問題点、そしてその後の経緯について検討したい。

(2) エスプラッツ閉鎖までの経緯

佐賀市中心市街地の衰退が進む一九九〇年代、「県都の顔」である都心部を再編するためのプロジェクトとして、中心市街地活性化基本計画の策定、まちづくりを推進する母体となるまちづくり会社（㈱まちづくり佐賀）の創設、そして住商一体型の再開発事業「エスプラッツ」の建設が取り組まれた。

❷は㈱まちづくり佐賀と再開発ビル・エスプラッツの設立から閉鎖までを示したものであり、❸は㈱まちづくり佐賀の概要を示したものである。

このように㈱まちづくり佐賀は、当時の中心市街地活性化基本法に基づい

❷設立から閉鎖までの経緯

区　分	年　月	概　　　要
胎動期	平 2.	大店法の規制緩和により，郊外大型店が進出
	平 4.	中心商店街若手後継者による「進化するまちづくり委員会」の発足 　7商店街が1つとなって活性化に取り組むこと，そのためのまちづくり会社の必要があることを訴える
	平 7. 5	「まちづくり研究会」の発足（1人1万円の自主参加方式） 　タウンマネージメント機能を持った第3セクターのまちづくり会社設立に関する報告書 白山地区で進む再開発事業における商業施設の運営に向けて「まちづくり会社」の設立機運 　〈商店街と市などの思いおよび動きが1つになる〉
建設期	9	佐賀中央街づくり会社（仮称）設立準備会 出資者募集：地元企業1500社に案内通知，説明会参加290社
	11	当事業計画承認
	平 8. 2	㈱まちづくり佐賀，創立総会の開催
	3	㈱まちづくり佐賀，設立 ㈱まちづくり佐賀主導によるタウンマネジメント協議会 　まちづくりの方向の検討（学識経験者や市民が参加）
	平 9.	協議会，報告書「まちづくりビジョン」策定
	平10. 4	再開発ビル「エスプラッツ」オープン
閉鎖期	平13. 7	㈱まちづくり佐賀，自己破産 破産管財人による競売へ
	平15. 2	商業床の閉鎖 以降，競売不調を重ねる
	平15.11	エスプラザ開設（全国都市再生モデル調査事業による暫定的床利用）
	平16. 8	佐賀市，エスプラッツ2，3階商業床について，その購入の方針を固める

たＴＭＯとして、佐賀市、民間企業、商店街と商業者などが出資して設立された第三セクターであり、多くの市民の期待を担っていた。

しかしながら、㈱まちづくり佐賀は倒産しエスプラッツの商業床は閉鎖した。それは以下のような経緯をたどっている。

①負債増加と佐賀市の支援打ち切り

エスプラッツは佐賀市も主導して建設したものであるので当然ではあるが、佐賀市は㈱まちづくり佐賀に対して相当な額の支援を行っていた。㈱まちづくり佐賀は設立当初から赤字状態で、エスプラッツでの売上げ低下が影響していたことは疑いようがない。その負債増加は結果的に市財政を圧迫していたのである。

木下市政に移行して、市長はそうしたハード事業全般に関する見直しを実行した。二〇〇一年七月、市は㈱まちづくり佐賀の追加支援要請を拒否し、すべての支援を打ち切った。

②㈱まちづくり佐賀の自己破産

佐賀市が支援を打ち切ったことによって、㈱まちづくり佐賀は約一六億円の負債を抱えて自己破産した。

❸まちづくり佐賀の概要

㈱まちづくり佐賀の概要

出資者：市，商工会議所，再開発地権者22人，中心商店街とその商業者135者，民間企業124社
商業者の多くは，1株から3株という小株主（多くの人に参加してもらうため）

資本金：10億3220万円（うち，民間による出資5億8220万円）
代表取締役社長：田中稔（佐賀商工会議所会頭）

㈱まちづくり佐賀が関わる事業

〈事業名〉	〈所管〉	〈事　業　手　法〉
カード事業の推進	通産省	平成9年度先進的アプリケーション基盤施設整備事業及び電子商取引普及促進事業
まちづくり会社支援事業	県・市	タウンマネージメント実施補助事業
長崎街道整備事業（仮称）	通産省	リノベーション補助事業（中小小売商業高度化事業構想）
アーケード整備事業	通産省	リノベーション補助事業（中小小売商業高度化事業構想）
白山駐車場整備事業	通産省	高度化事業，リノベーション補助事業
空き店舗対策事業	通産省	リノベーション補助事業（中小小売商業高度化事業構想）
	県	商店街魅力づくり促進事業
タウンマネージャー派遣事業	通産省	タウンマネージャー派遣事業（中小小売商業高度化事業構想）
商店街環境整備事業	通産省	リノベーション補助事業（中小小売商業高度化事業構想）
	県・市	商店街環境整備促進事業

㈱まちづくり佐賀とTMO（タウンマネージメント機関）

中心市街地活性化法における目玉でもある通産省のTMO支援策によって推進されるのがTMO補助事業である．

㈱まちづくり佐賀は，中心市街地活性化法に基づき，佐賀市中心市街地活性化基本計画に各種高度化事業を取り入れ，より効果的に実施・調整していくために，中小小売り商業高度化事業構想を作成している．一方で，上記に掲げるような各種事業にも事業主体として関わる．つまり㈱まちづくり佐賀は，事業構想を立てたり各々の事業推進の調整を行いながら，役割も担う機関としてTMO事業を自ら実施したり，商店街または地権者組織が実施する事業を支援し，デベロッパーとしての新しい形態の第三セクターとして位置づけられる．

再開発ビル・エスプラッツの概要

○事業名　佐賀中央第1地区第一種市街地再開発事業
○所在地　佐賀市白山二丁目7番1号
○施工者　佐賀中央第1地区市街地再開発組合
○地区面積　約0.7 ha
○地域地区　商業地域，準防火地域，高度利用地区
○施設建築物　敷地面積：5,956.93 m²
建築面積：4,795.73 m²
述床面積：23,218.71 m²
規模構造：鉄骨鉄筋コンクリート造，地下1階，地上12階，塔屋1階
主要用途：商業施設（1-3階，1階一部区分所有），交流センター（佐賀市，3階），住宅（90戸，5-12階）
駐 車 場：北側隣接地に優良建築物等整備事業で357台

そのときテナントは経営悪化を知らされておらず、放置すると連鎖倒産しそうな状況にもあったという。それは佐賀市中心市街地に大きなダメージを与える。北部九州で薬局チェーンを経営していてエスプラッツにも出店している㈱ミズの溝上社長が当時テナント会長だったこともあり、商業床管理者を引き継いで営業が続けられた。それによってテナントの連鎖倒産という最悪の事態は防ぐことができた。

③エスプラッツ商業床の閉鎖

㈱まちづくり佐賀の倒産後の商業床管理者になった溝上社長は、維持管理費を半減させるなど、様々な工夫を行った。しかしながら、エスプラッツ商業床は二〇〇三年二月に閉鎖された。わずか一年半であった。その間に地権者やテナントが本気になって建て直しを図っていたら、商業床の閉鎖という最悪の事態は免れたかもしれない。

(3) 閉鎖後のエスプラッツの管理

こうして閉鎖されたエスプラッツの商業床(一、二、三階)は、一階一部の区分所有店舗と交流センターを除いて閉鎖されている状況である。㈱まちづくり佐賀が所有していた二階と三階の一部は破産管財人によって競売にかけられた。しかし、なかなか買い手がつかない。

その管理者は、エスプラッツ地権者会、エスプラッツ管理組合(四階から上の住宅床も含む)、エスプラッツ商業床所有者会、などに分かれている。閉鎖以前とは異なるのはそれらの理事長が一本化されていることである。

2 なぜ、再開発ビルはうまくいかなかったのか

㈱まちづくり佐賀が倒産して商業床が閉鎖された要因は複雑で紐解くのは簡単でない。例えば佐賀市中心商店街全体を見ても、商業主自身が町を離れて住み買い物をしない。郊外に人口は流出し大規模店舗が進出する。そ

のような佐賀市の状況は後述するとして、ここではエスプラッツの商業床部分（一、二、三階）の管理運営、テナント誘致、区分状況、建物のつくられ方に焦点を当て、その要因の一端を探ってみよう。

(1) 地権者が本気にならなくてもよい管理運営体制

管理運営の考え方全般を総括すると、基本的に地権者等に責任が発生しない仕組みになっており、それによって地権者等が本気にならなかったと考えられる。

すなわち、商業保留床は権利者等が出資して設立した㈱まちづくり佐賀が取得し、商業権利床は所有と使用を分離して一括して㈱まちづくり佐賀に賃貸していた。㈱まちづくり佐賀は、取得した保留床と賃貸した権利床によりテナントビル経営を行うとともに、住宅を含めた全体の管理を行っていた。

このように管理は㈱まちづくり佐賀に一元化されている。これを逆に見ると、地権者等の負担はすべて清算してあり、管理運営上も責任が発生しないような仕組みになっていたと考えられる。

(2) 困難を極めたテナント誘致

商業床のテナント誘致も困難を極めた。全国的な消費低迷の時期が重なったことも不運であったが、テナント誘致にあまりにも多くの時間と費用を要してしまっている。オープン後もテナント撤退が相次ぐなど、テナント入居とその継続に魅力を持たせることができず仕舞だった。書店が三階に入居した時には待望の書店として期待が寄せられたが、それも入居後わずか一年程度で撤退した。

これには様々な要因が複雑にからんでいると考えられる。長崎街道直上の再開発で印象もよくないこと、消費者に対して新しいイメージをつくり出すことができなかったこと、書店に頼りすぎていて店舗同士の連携が不十分であったこと、賃貸収入が発生する床のレンタブル比（賃貸面積比）が約六〇％しかなくて賃料等の固定費の割に売上げがあがらないこと、郊外大規模店との競争力に欠けていたこと、などである。

(3) テナントにとって閉鎖的な商業床区分

次に商業床の区分のされ方も大きな要因である。

一階は、外に面した部分が区分所有者用店舗、内側が権利者共有床（テナント用）である。二階は、㈱まちづくり佐賀が床の南側半分（商業保留床）を取得しており、北側半分は権利者共有床（テナント用）である。三階は、佐賀市所有の床（交流ホール）と㈱まちづくり佐賀所有の賃貸床である。

これらの床を見てみると、一階内側と二、三階のテナントにとっては自らの空間が外部からほとんど見えず、買い物客へのアピール度が弱い。外部に向かって賑わいを演出するようなものになっていない。このように閉鎖的な商業床であることもテナントにとっての魅力を半減させていたのではないか。

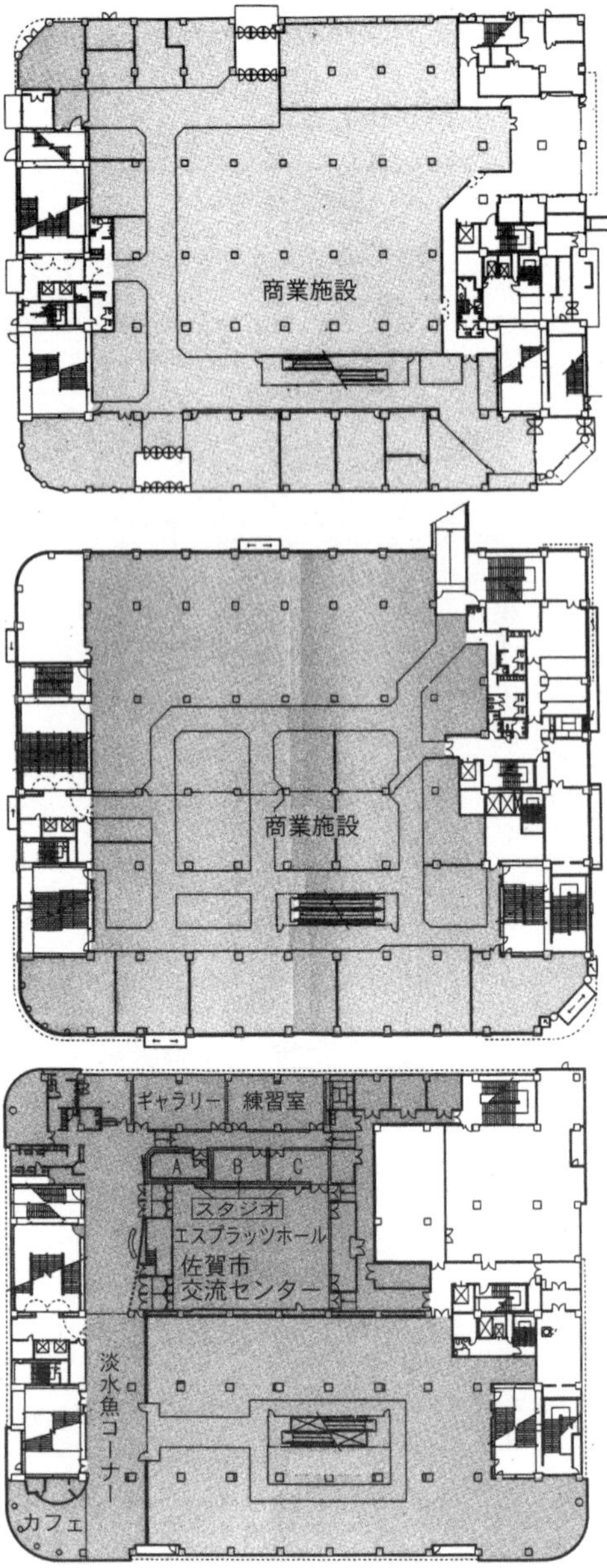

❹エスプラッツ平面図．上から1階，2階，3階（出典：佐賀中央第1地区市街地再開発組合「エスプラッツ」（パンフレット））

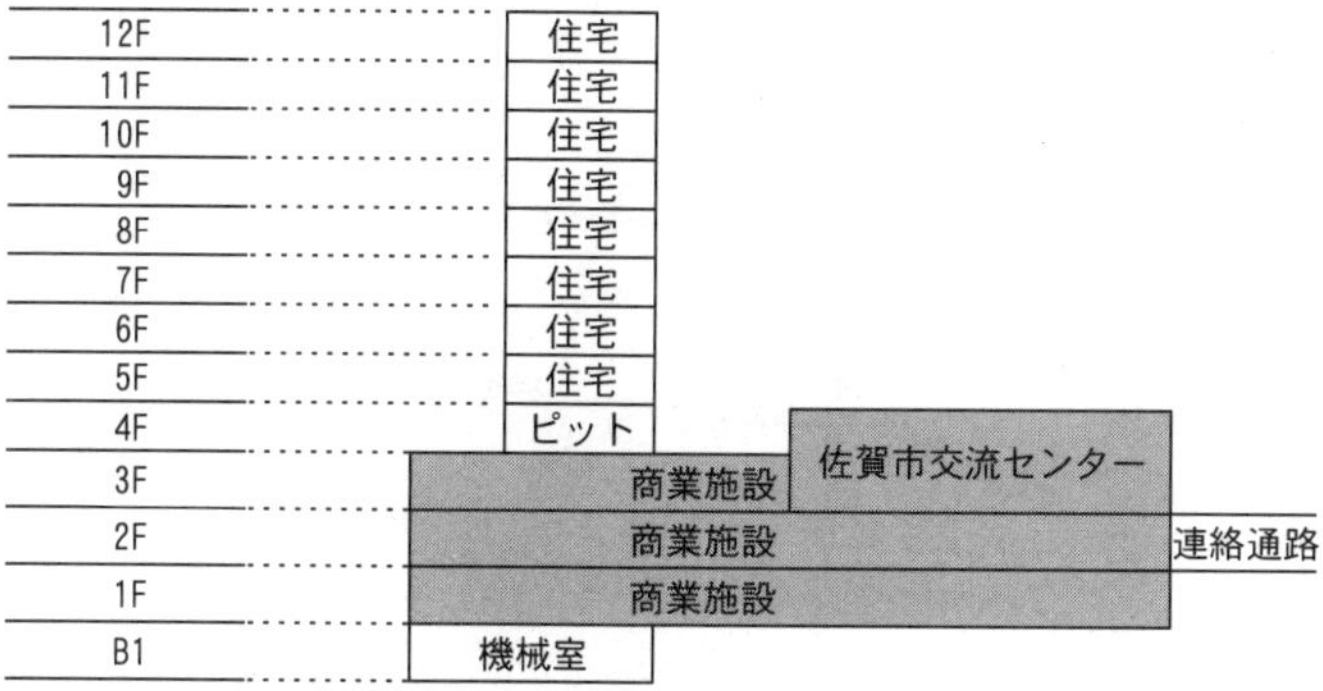

❺エスプラッツ断面図

(4) 結果的に閉鎖的になってしまった建物構造

建物の構造も、前述したような管理区分に基づいて防火区画の設定や階段の設置が行われている。したがって、管理上仕方がないところはあるが、共有部分が多すぎて非効率的な建物になっている。階段もそれぞれの所有に合わせて数多く設けられている。避難距離等の問題もあり、結果的には外側に階段は設けざるを得ない。できるだけ消費電力等を下げるように、窓も小さくなっている。

また、道路側には水路（敷地内を貫通していた水路が移設された）が巡らされている。これは外部環境をつくっているとも言えるが、逆に外からの出入りがしにくい「堀」になっている。

このように、様々な状況が建物を閉鎖的にする結果をもたらしている。

3 中心市街地の現況

(1) 止まらない市街地拡大

さて、今度は佐賀市中心部の現況を見てみよう。地方都市の一つである佐賀市は、地域の中心としての県都である一方で、福岡市・熊本市・長崎市といった集客力の強い都市に挟まれており、人口は約一七万人にすぎない。近年のモータリゼーションの進行とともに、郊外における大規模店舗の進出、利便性と居住性が高くなった郊外への人口移動、業務化による中心地区の夜間人口の減少、中心市街地のコミュニティの崩壊、中心商店街の衰退化などが進行し、中心商店街で買い物するのは交通弱者である中・高校生と老人ばかりである。まさに「地域中心都市」としての有

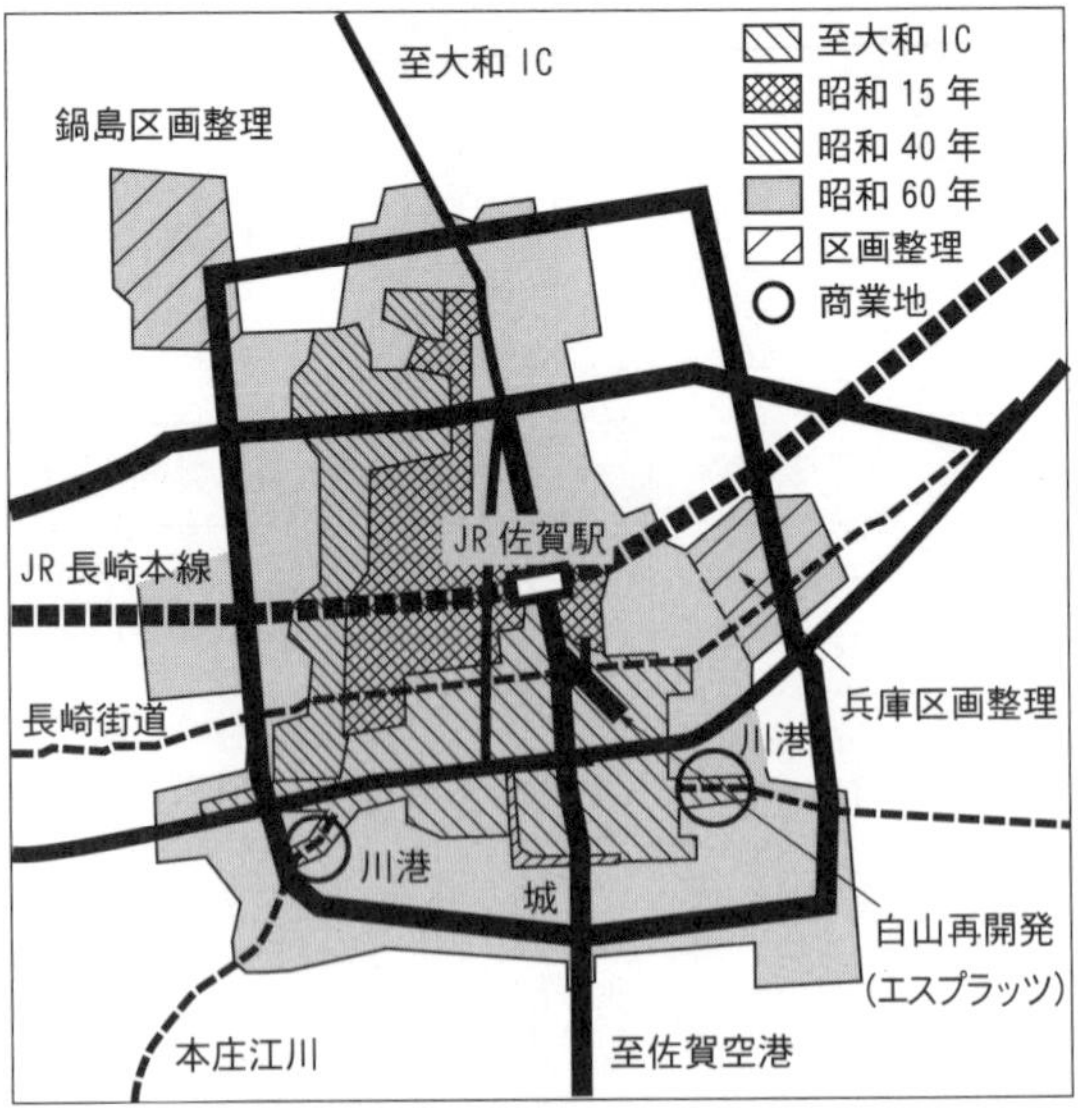

❻佐賀市の市街地拡大と商業地の分布

り様が問われている。

❻は佐賀市における市街地拡大と商業地分布を示したものである。昭和一五年から四〇年にかけて徐々に北に拡大し、そして昭和六〇年頃には環状道路沿いに市街地が拡大していることが分かる。また佐賀市は北部に隣接する大和町と広域都市計画区域を設定しているが、その周囲の市町村は都市計画区域を定めていないところも多く、それらの市町村の方が地価も安いために人口が流出している。それだけでなく近年は郊外や国道・県道沿いなどにおける大型店舗の進出が相次ぎ、市街地拡大に歯止めがかかっていないのが実態である。

(2) 市街地の人口密度の低下

佐賀市の人口は概ね一七万人で推移しておりあまり変化していない。市街地が拡大していることから考えると、市街地人口密度は減少していることは明らかである。

❼は佐賀市の人口動態を図化したものであるが、中心市街地の人口は減少し、バイパス沿いの新市街地周辺に張りついていっている。中心市街地のドーナツ化現象が進んでいることが分かる。買い物客が減っているだけでなく、中心市街地で商業を営む人たち自身も郊外に移り住み商売を営んでいる。

市街地の拡大に歯止めをかけていなかった行政の問題もあるが、ある意味でそれに同調していた市民や地権者側にも問題があったと言えよう。

4　暫定的床利用と周辺環境整備の可能性に関する実践的検証

(1)　立ち上がった市民

①活気会の設立

二〇〇三年五月、佐賀県建築住宅課長内田氏から呼びかけがあり、活気会（正式名称：活気ある中心市街地研究会、会長三原ゆきえ、副会長三島伸雄）が立ち上げられた。この会の目的は、中心市街地に問題意識を持つ者が集まり、自由な討論をしながら中心市街地の活性化に関わる取り組みを行うことである。大学人、建築士、商業者、自営業者などの有志が十人程度集まり、何か具体的なことをやりたいという意見が展開された。

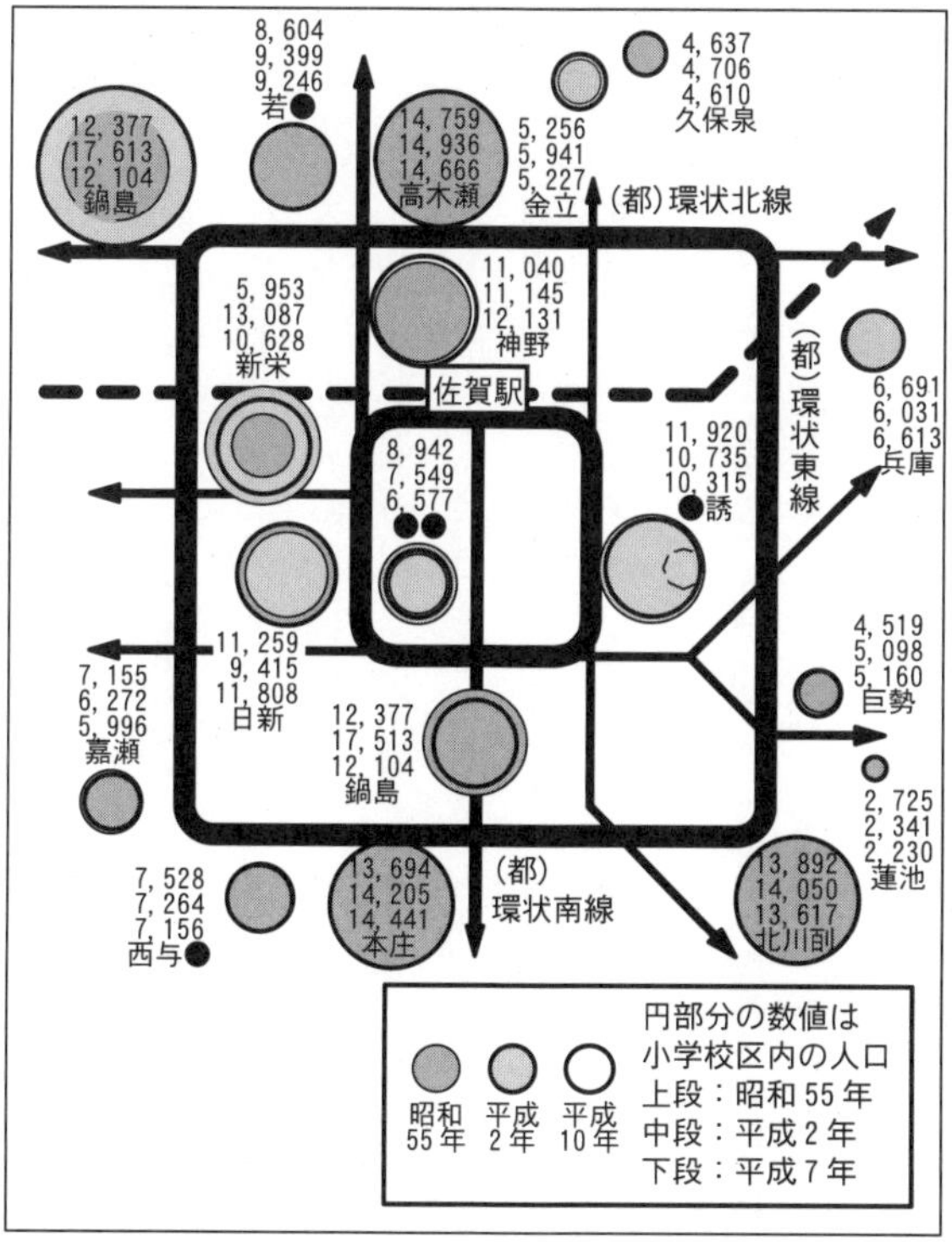

❼小学校別に見た佐賀市人口の変化（佐賀市の統計より）

こうした中で、佐賀市の中心市街地における重要なプラス資源の一つは長崎街道であること、一方で大きなマイナス資源の一つは閉鎖された再開発ビル・エスプラッツであること、などが共通に認識されていった。

②全国都市再生モデル調査事業への提案

この活気会が中心市街地で何ができるのか。何か具体的な取り組みをしたい。それには活動資金も必要である。そこでちょうどタイミングよく八月に提案募集があった全国都市再生モデル調査事業に提案することになった。

全国都市再生モデル調査事業に提案するのに何が適切か。このとき考えたのはマイナスの資源をプラスに転じることができたらその効果は大きいということである。特に佐賀市中心商店街のほぼ中央に立地する建物が閉鎖された状況であるのは、市街地の明るさと活気を失わせている原因でもある。たとえ暫定的な利用であったとしても、その一角に灯りをともすかともさないかの違いは大きい。そのような暫定的床利用を通じてこれからの床利用スキームを検討し構築することは、エスプラッツの再生だけでなく中心市街地の活性化に貢献できる。暫定的床利用はどちらかというと身軽な立場で行うことの方がやりやすい。市民が暫定的利用実験を行うことによって、部内者の立場で何が利用面で問題なのか、どのようにすれば人が来るのか、などを実感することもできる。

以上のことから、全国都市再生モデル調査事業に「市民と大学による現代遺産・閉鎖再開発ビルの再生」というテーマで提案することになった。

(2) 暫定的床利用スキームの構築

①条件設定

実際に暫定的床利用を始めるためには、商業床管理者である商業床管理組合と条件の合意をする必要があった。本事業を実際に実施する段階での条件は、当初段階で設定した予定と異なる。これは、事業実施における詰めによって明らかになった事情等があったからである。それらの設定および条件は以下のようであった。

・当初段階で予定した設定

◇利用者：活気会（大学を含む）

◇利用床：区分所有床である一階東南角の区画（一〇〇平方メートル）とする。

◇設　備：仮設的なものとし、現在の光熱管理費に負担をかけない。

◇目　的：どうやったら人が来るようになるか、その時のエスプラッツの使い勝手（便利な点、不便な点等）を知る。
◇利用イメージ：イベントの拠点
　　大学のサテライト的利用（設計演習等の作業、発表の場）
◇期　間：年度内とするが、更新は可能とする。ただし、テナントが決定するなどエスプラッツ側の事情が発生した場合には通知の上解約できる。

・実施段階での契約条件
◇契　約：「催事営業に関する覚え書き」とする。
◇取引元：(甲）エスプラッツ商業床共有者会　会長　諸永一二
◇取引先：(乙）活気ある中心市街地づくり研究会　会長　三原ユキ江
◇営業場所：一階一一四（一a、一b、二）区画
◇営業業種：研究会事務所
◇営業品目：中心市街地研究
◇期　間：平成一五年一一月一日〜平成一六年三月三一日
◇賃　料：固定賃料とする（共益費を含む）
◇諸経費：店舗内に設置した駐車場サービス券、電気、照明、電話回線基本料および電話通話料、その他乙の受益にかかわる諸費用

②スペース確保とその整備
右のように条件が設定されたことを受けて、より利用しやすいようにスペースの整備を行うことになった。㈱松尾建設、㈱佐電工、㈱イシモク、㈱九電、㈱トーホーコーヒーなどの佐賀の企業の協力を得て、以下のような

設備を整備することができた。
・シャッター等の塗り替え
・喫茶カウンター設備　カウンター、給排水設備、電磁調理器、コーヒー設備
・トイレ　間仕切り、大便器、手洗い器の設置
・電　話
・その他
③運営体制
活気会を中心として以下のような運営体制を構築した。
企画運営：活気会で企画提案を随時受けつけ、その都度担当を決めて実施する。
スペースの運営：
・喫　茶　担当のほか、バイト雇用で運営。
・ギャラリー　期間を設けて企画展示を行う。随時募集する。
・イベント　内容毎に担当を決め、月間スケジュール表を作成して実施する。

(3)　エスプラッツの暫定的利用と周辺環境整備の実践的検証

①暫定的利用の概要
エスプラッツの暫定的利用と周辺環境整備の可能性について実践的な検証を行った。「活動拠点『エスプラザ』の開設とその利用」「市民プラザとの連携利用」「エスプラッツ住民等との協働による周辺環境整備」「周辺商店街との連携活動」「他市町村との連携の構築」などである。ここでは、そこでおこなった事業の一部についてその概要を紹介する。

・オープニング

日　時：平成一五年一二月三日担　当：八頭司

概　要：佐賀県知事をはじめ佐賀大学学長など多くの方を迎え、活動の拠点となるエスプラッツ一階の店舗でお披露目会を開催した。その中で、この空間の愛称を募集し、当日の参加者による投票を行って「エスプラザ」に決定した。

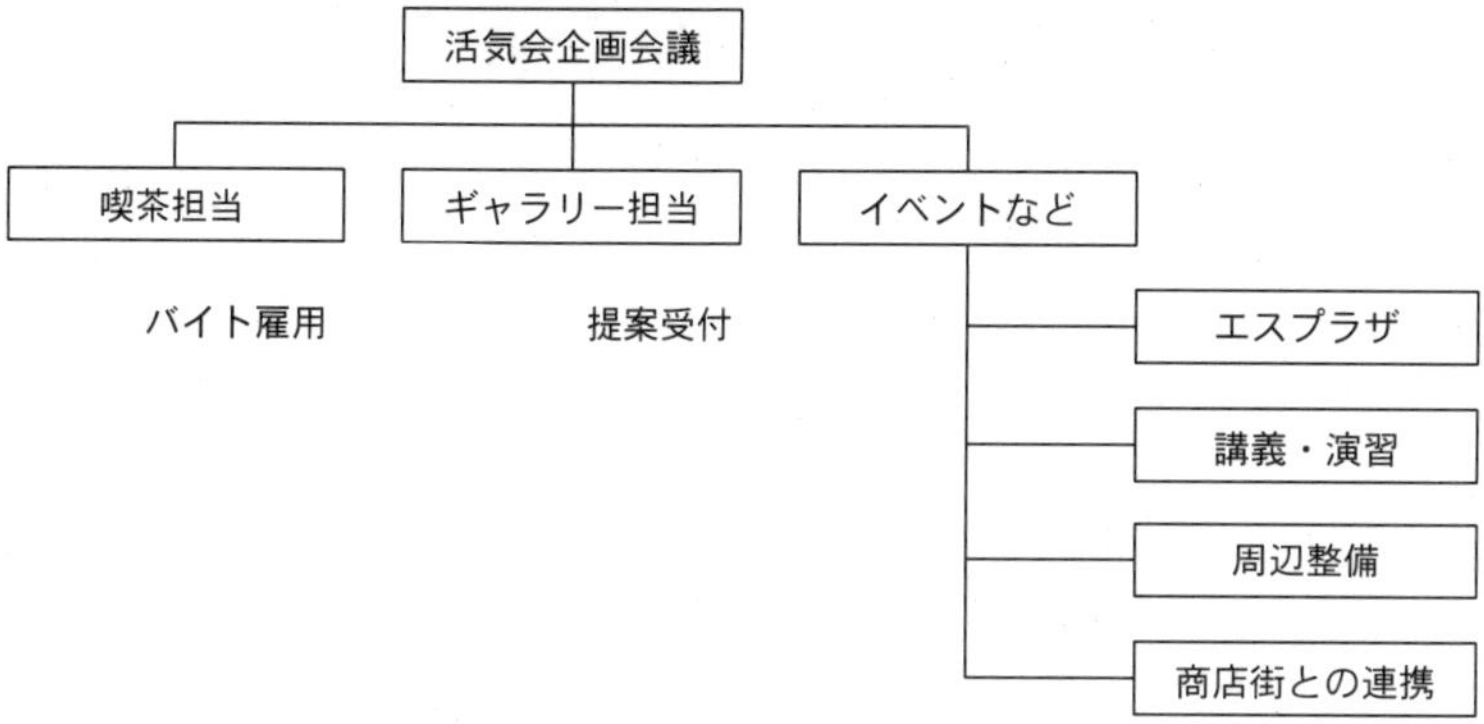

❽エスプラザの運営体制

・佐賀大学授業

期　間：平成一五年一一月二〇日〜平成一六年一月二八日

担　当：三島伸雄

概　要：

都市デザイン演習（理工学部都市工学科二年）

第二課題「商店街の入り口を創る」

参加学生：三〇名

社会基盤設計演習の講評会（理工学部都市工学科三年　計画・デザインユニット）

第一課題「デザインサーヴェイ」「交通環境の調査・分析と計画」

参加学生：二九名

第二課題「地区および施設の設計」

参加学生：二九名

佐賀大学・浙江大学集中セミナー

（デザイン・ワークショップ「The Entrance of Urban Place」）

一二月二〇四日（水）午前
参加学生：五名
・喫　茶

	日	月	火	水	木	金	土	備考
第１週	１日	２日	３日	４日	５日	６日	７日	苔玉販売開始（ﾁｬﾚﾝｼﾞｼｮｯﾌﾟ藤原）
喫茶	山口	藤原	三島藤原	三島江頭	三島江頭	三島江頭	山口	
ｷﾞｬﾗﾘｰ	HAMAYANと	子供たち	付属中まわり	灯篭	北高書道	苔玉		
午前								
午後			フラワーレッスン					
夕方以降			1時～９時	井戸端会議７時				
	日	月	火	水	木	金	土	備考
第２週	８日	９日	10日	11日	12日	13日	14日	雛祭り接待：
喫茶	山口	藤原	三島藤原	藤原	三島藤原	藤原	山口	
ｷﾞｬﾗﾘｰ	HAMAYANと	子供たち	付属中まわり	灯篭	北高書道	苔玉		
午前								
午後			フラワーレッスン					甘い物or弁当販売（依頼：橋本）
夕方以降			1時～９時	ネット販売				
	日	月	火	水	木	金	土	備考
第３週	15日	16日	17日	18日	19日	20日	21日	
喫茶	山口	藤原	三島藤原	藤原	三島藤原	江頭	山口	
ｷﾞｬﾗﾘｰ	HAMAYANと	子供たち	付属中まわり	灯篭	北高書道	苔玉	雛祭り	
午前							雛祭り接待	
午後			フラワーレッスン				佐賀にわか	
夕方以降			1時～５時	井戸端会議７時				
	日	月	火	水	木	金	土	備考
第４週	22日	23日	24日	25日	26日	27日	28日	
喫茶	山口	江頭	三島江頭	江頭	三島江頭	江頭	山口	
ｷﾞｬﾗﾘｰ	雛祭り						雛祭り	
午前	雛祭り接待						雛祭り接待	
午後			フラワーレッスン					
夕方以降			1時～５時	井戸端会議７時				

❾エスプラザ日程表（２月）

期　間：平成一五年一月三日～平成一六年三月八日
担当者：三原
参加人数：延べ一二四六名
概　要：
保健所から「飲食店業」許可を取得し、営業を行った。注意事項は、加熱品以外（特に生もの）は販売しない。東峰コーヒーの発祥の地が佐賀であることから、そのご好意により機材一式を提供していただき、運営を開始した。コーヒー・紅茶の価格は百五十円に統一した。店のコンセプトは明るくおしゃれな空間で、芸術・文化に触れることができるくつろぎの場所を目指した。無料休憩場所としても使用可能とし、自由に出入りできるようにコミュニティの場の創出を心掛けた。

⑩エスプラザの外観

・ギャラリー
期　間：平成一五年一二月三日～平成一六年三月三一日
担　当：八頭司
参加人数：一三組
展示内容：陶芸・油絵・書道展（佐賀北高校書道部）・模型展示（佐賀大学）・折り雛
事例概要：あかり　まわり灯篭　佐大附属中学校　一・二年
生徒達が掲げたテーマは「街をまわり灯ろうで元気にしよう」であった。特別授業や休みを返上して、約一カ月がかりで作り上げた力作である。協力会員の先生が話をまとめて下さり、生徒達と私達、道行く人それぞれが「ありがとう」といってくれる企画だった。

⑪あかり展での展示（作成：佐賀大付属中1，2年生）

⑫ワインパーティ．食は人をひきつける

・講習会・文化交流会等

期　間：平成一五年一二月三日～平成一六年三月三一日

担　当：三原、八頭司、

事例概要：日中友好お茶会（平成一六年三月四日）

参加人数：七〇名

概　要：日中友好協会および佐賀大学と共同して、「中国茶と日本茶」お茶会を行った。

②エスプラザ来館者数

以上のような活動をエスプラザで行ったが、一月から三月までの来館者数を以下に示す。この結果からすると、明らかに土日の来館者数が多いことが分かる。概ね土日で三〇から六五名、平日で〇から二五名で推移した。

5　将来的床利用スキームは構築できるか

(1)　暫定的床利用から見た展望

今回の調査では、エスプラッツ一階の南東角のスペースを活気会で賃借して暫定的床利用を行うことができた。

⑬HAMAYAN 展のポスター

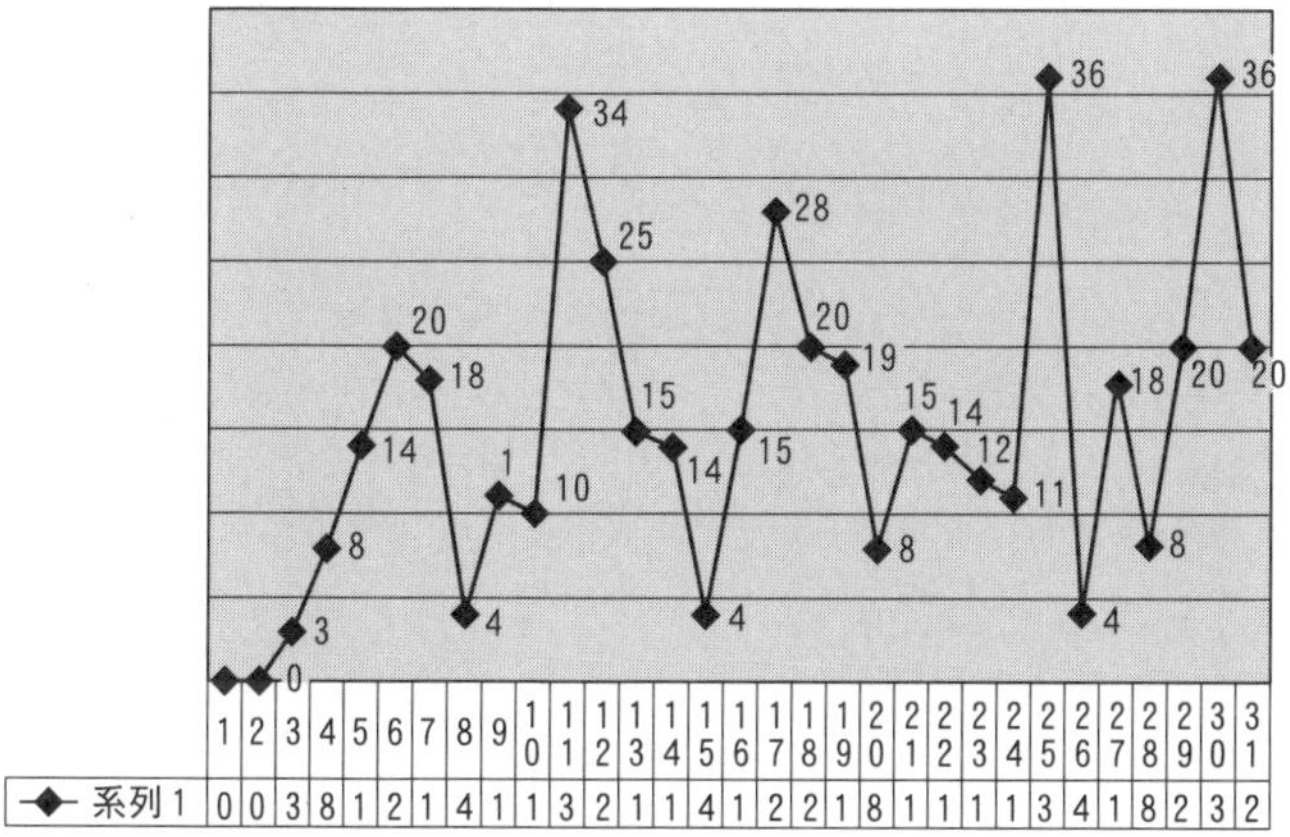

⑭エスプラザの来館者数

その成果から考えると、商業床共有者会の柔軟な対応がなくしては成果を上げることはできなかった。それは逆に言うと、商業床共有者会もいざとなれば柔軟な対応が可能であると考えられる。そういう中で何を行うことが必要なのかを考えてみたい。

①明るいエスプラッツおよびその周辺づくりの必要性

エスプラッツの一角ではあったが、南面している通りに対して光を灯すことができた。ここ数年全く灯りがなかったところに灯りをつけたこと、つまり〇を一にすることができたのは暫定的であるとは言え大きな違いであった。今後も本格的な床利用が始まるまでは継続したいものである。

次に、中学生による灯り作品や高校生の習字作品の展示で通りの雰囲気づくりができて多くの人たちが「何だろう?!」と目を止めるようになったこと、そして、エスプラッツ住民とエスプラッツの建物周りに花（パンジー）を植えたことは、エスプラッツ周辺の環境づくりに貢献できたと考えている。それによって、仲間意識ができたのも大きい。

②人を集めることができるイベントの必要性

ギャラリーでの各種展示、カフェ、「佐賀にわか」などのイベントによって、少なくとも協力者の知り合いの人たちなどが来街したこと、そのなかでエスプラッツや周辺商店街のあり方等について意見を聞くことができたのは大きな成果であった。

しかし一方で、必ずしも多くの人を集めることができなかったイベントもあった。特に講習会の類いは人集めに苦労した。内容、講演者、開催時間など、魅力や来やすさをつくる必要性を感じた。

③教育効果としての中心市街地（例、大学の講義・演習）

佐賀大学理工学部都市工学科の演習（二年生・都市デザイン演習、三年生・社会基盤設計演習）の演習説明、調査の準備作業と議論、最終発表会を行った。また、中国の浙江大学と佐賀大学とのジョイントセミナーの一授業も行った。

都市工学科の演習は受講者が約三〇~四〇名だった。対象地の現地調査がすぐに行えるなど、演習を行うサイドから見てもメリットがあった。発表会は、関連教官等や周辺住民も含めて参加者は約五〇名であった。作品の質にばらつきがあったため外部の人が見るには問題があったことが反省点である。発表にも時間がかかった。今後は、学内でセレクトしたものを発表させる必要性を感じた。

ジョイントセミナーは受講者が計五名であった。「商店街の入口」をテーマにワークショップ形式で授業を行い、有意義な時間を過ごすことができた。ただし、場所の連絡が不十分であったために集合がうまくいかず、授業開始が遅れてしまった。今後の課題である。

このようにいくつかの課題はあったが、大学の講義や演習を行うことは一定の効果があった。特に学生にとっては、自分達が住む町の中心市街地をよく知る機会になった。その場で議論と調査を並行して行うことができ、教育効果もあったと考えられる。そして学生が中心市街地に集まり、一瞬ではあるが活気づいた。

(2) 周辺整備および他市町村との連携の可能性

①周辺整備について
周辺整備については、前述したように中高生や住民の協力の中でできる範囲のことを行ったことが当面の成果である。こうした活動に対して多くの協力があったということは、周辺整備に対して多くの人たちの意識があることを示しており、今後も市民の協力を得ることが可能であることが分かる。従来のように土地を収用して税金で整備するだけでなく、いろいろな議論と協力を生み出すような取組みが必要であろう。
②他市町村との連携について
シュガーロードフェスタでは、佐賀県内の長崎街道沿いの市町村に協力してもらってエスプラザで物産展を行

った。自分の町のお国自慢を行う場所は佐賀市内にないため、多くの市町村が協力してくれた。そういう意味では、市町村の連携を図って佐賀を宣伝することは可能である。その時の拠点としても、エスプラッツはいい場所にあると考えられる。

なお、このシュガーロードフェスタでは観光業者を招いて連携の可能性について意見交換したが、シュガーロードとして長崎街道だけに焦点を絞ることについては疑問が投げかけられた。観光客にとっては温泉や自然、そして食べ物などを多様に楽しむことができることが最も商品価値があるということであった。したがってシュガーロードとしてテーマを絞り込むのは限界があるという見解であった。今後の活動の参考にできるだろう。

(3) 閉鎖再開発ビル・エスプラッツの将来的床利用に向けた展望と課題

エスプラッツの将来的床利用に向けて、市民や専門家（再開発コーディネーター）の意見を得ることができた。これを整理すると以下のようである。

①市民の意見

・NHK放映に対する視聴者の意見

全国都市再生モデル調査への採択を受けて、二〇〇三年二十月二三日（木）、NHK佐賀の生放送でエスプラッツ問題が取り上げられて視聴者から多くの意見が寄せられた。

言いっぱなしの意見であるのでその反映については慎重を要するが、整理した結果を見てみると以下のようにまとめることができる。

何らか「食」に関する施設として整備することを考えている人が最も多い。例えば、スーパー、レストラン、屋台街、佐賀県の物産売り場などである。次に市民のためのカルチャー施設や公共施設である。ユニークなものとしては公共交通機関の出張所や佐賀大学のサテライトがあった。子どものための遊び場に関するものや、高齢化社会への対応を配慮したバリアフリーな街、長崎街道を意識した街など、街のイメージの改善に関するものもあった。

このように、まずはそこに行くと何かがあり楽しいこと、あるいはそこに行かないと得ることができないことなどが求められている。

その他、まちづくりの課題としては駐車場整備や環境整備があげられた。これらの整備を将来的床利用と一体的に行う必要があるだろう。駐車場については意見が分かれるところではあるが、単に道路および駐車場整備だけを行うと郊外大規模店との差別化を行うことができない。歩行者優先と駐車場とを計画的に整備する必要があるだろう。意見にもあった「佐賀ならでは」のよさを活かしていくことが期待される。

・まちづくりアンケート

来場者を対象に、以下の項目からなるまちづくりアンケートを行った。

質問1　今回の催事をどうやって知りましたか？
質問2　会場まではどうやって来ましたか？
質問3　この催事にいくらまでだったら参加しますか？
質問4　どんなことがあれば佐賀市の街中に来ますか（複数回答可）
質問5　性別／年齢
質問6　佐賀市中心市街地に対するご意見（自由記述）

来街者に対するアンケートで分かったのは、イベント開催時における人づての宣伝の効果である。人的ネットワークを使って（その中には各種マスコミも含まれる）イベントの魅力を伝えることは重要であることが分かった。

交通手段としては車が多かった。公共交通機関が使いにくいこと、住宅地が郊外になっていること、などが原因であろう。今後のまちづくりの課題を浮かび上がらせることができた。

②専門家（再開発コーディネーター）の意見

再開発コーディネーター協会の理事が今回の全国都市再生モデル調査の視察および意見交換をしたいということで来佐賀し、管理組合理事長との懇談を持つことができた。専門家としてはエスプラッツは再生可能であるという意見だった。負債処理の点では一応の整理がついており、すでに市の手からも離れていることが大きい。ただし、以下のような条件があった。

・管理組織、地権者、管財人としての対応策

建物の改造プランの策定。特に、現在の建物が外に対して開放的でないことを解消する。改造費の調達方法を決める。

一、二階の一体的処理方法の検討。一階にどういうテナントが入るか分からない状況で、二、三階だけを購入するテナントはないと考えられる。

投資と利用を別主体にすることを条件に投資会社（複数）と接触、交渉すること。例えば床に投資して床貸しを行う会社はかなりあるので、投資額と利回りのバランスについて検討しておく必要がある。

・活気会のような市民組織に対して

市民の協力は不可欠であり、活気会のような市民組織が何らか協力できるような体制を構築する必要がある。

③今後の展望と可能性

以上のような条件をクリアして将来的床利用を実現するためには、エスプラッツ地権者の熱意が不可欠である。特に資金調達の原資がないため、投資会社が不可欠である。将来的床利用の採算性について検討し、投資会社が投資したくなる状況をつくる必要がある。地権者の利益を二の次にすることも求められるだろう。つまり、投資と利用を切り離すことはテナントにとって有利であるが、そこであがった利益の優先権は投資会社にする必要も

あるかもしれない。

閉鎖期間が長くなると地権者の体力もなくなり、不利な状況も出てくると考えられる。エスプラッツ再生に向けて、関連主体を交えて早急に議論していくことが求められるだろう。

6 佐賀市による介入と今後への期待

最後になるが、二〇〇四年八月三〇日、佐賀市は再開発ビル・エスプラッツの競売物件になっている二、三階の商業フロアを市土地開発公社を通じて購入する方針を固めた。そして市議会全員協議会に諮った後、債権者の県信用保証協会と住宅開発改良公社に競売取り下げと任意売却を要請した。競売部分の売買価格は競売最低価格と同額の一億三六〇〇万円であった。そして市は、競売物件の取得後に地権者所有分と合わせて二〇〇五年三月までに民間企業を誘致する計画（誘致できなかった場合は市施設として地権者分も購入して整備することを検討）を発表した。

その後、六事業者が購入・賃貸利用を申し出て（うち二事業者が直前に辞退）、二〇〇五年四月一三日に四事業者の提案を審査する活用検討会（非公開）が行われた。温泉施設と滞在型ホテル、飲食等の集合ビル、ショッピングセンターなどの提案があったが、補助基準に合うかどうかが不透明であり、収支計画や事業者の財務状況等を慎重にチェックする必要があるために、結論は持ち越された。そして資料の追加提出を踏まえて、二〇〇五年五月、飲食等の集合ビルを提案した事業者が選定された。

エスプラッツの再建には一階を含めた複雑な権利の一本化が課題であった。佐賀市は、今までの投資が相当な額であったため、行政に頼りすぎであった地権者が自ら考えを整理して将来ビジョンを一つにまとめないかぎり、エスプラッツに対しては何もしない考えだった。しかし競売物件の大幅な下落で商業目的以外に落札される懸念

佐賀新聞　2004年（平成16年）8月31日（火曜日）　日刊

佐賀市 商業床購入へ

「エスプラッツ」2、3階

競売物件 公社通じ　目的外の落札懸念

佐賀市は三十日、佐賀市中心街の再開発ビル「エスプラッツ」の競売物件となっている二、三階の商業フロアを、市土地開発公社を通じて購入する方針を固めた。購入価格は競売価格約一億四千万円を参考に債権者側と交渉する。取得できれば一階部分を含めて民間活用策を探っていく。

⇒25面に関連記事

エスプラッツの一－三階は管理運営する「まちづくり佐賀」が自己破産し、昨年三月から閉鎖されている。再建には一階を含めた複雑な権利の一本化が課題とされるが、一階の地権者二十二人分がまとまる見通しがあることや、競売価格の大幅な下落で商業目的以外に落札される懸念から地権者や周辺商店街が市に支援を要請したことから、緊急避難的に行政が介入する時期と判断した。

四回目となった競売は二十六日に入札が締め切られ、九月二日に開札される。入札者があった場合に備え、前日の一日までに法的に可能な措置として、債権者側の競売取り下げによる取得という手段を選んだ。

三十一日の市議会全員協議会に諮った後、債権者の県信用保証協会と住宅開発改良公社（本部・東京）に競売取り下げと任意売却を要請する。

取得後は十月に発足するまちづくり組織（TMO）を活用して、一階を含めたかたちで民間企業の誘致を図る考え。期間は六カ月程度を見込み、購入希望企業が現れない場合、市の施設として購入を検討するという。

エスプラッツは一九九八年四月に開業。核テナントの相次ぐ撤退など厳しい経営状況が続き、二〇〇一年七月「まちづくり佐賀」が自己破産。その後、テナントの薬品販売会社が運営に乗り出したが、〇三年二月末で撤退し商業床が閉鎖された。

エスプラッツのフロア別区分所有者

階	所有者		区分
12階～5階	住宅		住宅スペース
4階	機械室（所有者共有）		
3階	住宅開発改良公社単独	佐賀市（交流センター）	商業スペース
2階	県信用保証協会と地権者共有	住宅開発改良公社単独	商業スペース
1階	地権者（22人）の共有	個人所有	商業スペース

解説　再建へ地権者と歩調

エスプラッツが商業フロアを閉鎖して一年半。三セク運営会社破たん後、さらなる公金投入に慎重な姿勢を続けてきた佐賀市が事態打開へ動きだした。

これまで市は地権者に具体的な意向をまとめることを求め、地権者や商店街は市の支援を要請するという、互いにげたを預けた格好が再建への歩みを阻んでいた。今回の新たな展開は行政、地権者ともに「最後のチャンス」という認識で一致したことが大きい。

ただでさえ中心商店街の通行量は減り、街の衰退は危機的状況。さらにビルそばの名店街で起きた風俗店進出問題が関係者の危機感を募らせた。今回の競売でも「風俗業関係者が入札に動いている」などの情報が飛び交い、不安を助長した。

再生へ向けた条件は整いつつある。佐賀商工会議所会頭も調整役に乗り出し、消えかけた中心街の灯を取り戻す機運は高まってきた。ただ、行政が関与のバランスをうまく取らないと、「まちづくり佐賀」の二の舞いになりかねない。地権者と市の協議を詰め、民間を活用した再生プランが鍵となる。（辻村圭介）

民主代表選　岡田氏 無投票で再選　藤井幹事長ら再任へ

民主党の代表選は三十日午後告示され、岡田克也代表（51）以外に立候補者がなく、同氏の無投票再選が確定した。九月十三日の臨時党大会で正式に承認され、新体制がスタートする。任期は二〇〇六年九月末までの約二年間。再選確定後記者会見した岡田氏は「小泉政権を衆院解散・総選挙に追い込んで、（任期中の）二年間で政権交代を果たしたい。次期衆院選で確実に政権交代できる党に形づくるのが最大の責任だ」と抱負を語った。

⇒3、28面に関連記事

岡田氏は直ちに党執行部や「次の内閣」人事に着手。現体制で参院選躍…

諫干差し止め　農水省 異議申し立て　きょうにも佐賀…

農水省は三十日、佐賀地裁が二十六日に出した国営諫早湾干拓事業（長崎県）の工事差し止めの仮処分決定について「科学的根拠なしに事業と漁業不振の因果関係を認めており承服できない」として、三十一日にも同地裁に異議を申し立てることを決めた。

亀井善之農相が三十一日の記者会見で表明する。

佐賀地裁が申し立てを認めない場合、福岡高裁に抗告する。

原告側は同省の異議申し立て方針に「司法判断を軽視し、漁民の苦痛を長引かせる国の対応は許せない」と強く抗議しており、さらに対立が深まるのは必至だ。

農水省は異議申し立て…

与党幹事長 きょう訪韓

拉致、核で協力確認

自民党の安倍晋三、公明党の冬柴鉄三両幹事長が三十一日から韓国を訪問し、九月一日にソウルで盧武鉉大統領、潘基文外交通商相とそれぞれ会談する。会談では、北朝鮮の拉致や核開発、ミサイル問題などへの対応について意見交換する。

題字・副島種臣書
創刊1884年（明治17年）
発行所
佐賀新聞社
〒840-8585
佐賀市天神3丁目2番23号
©佐賀新聞社 2004年

読者センター
電話0952（28）2116
dokusya@saga-s.co.jp

報道局	(28)	2121
（生活文化）	(28)	2122
（写真）	(28)	2129
販売局	(28)	2131
営業局（広告）	(28)	2141
（事業）	(28)	2151
総務局	(28)	2112
総合案内	(28)	2111
佐+α編集室	(28)	2359
インターネット事業局	(28)	2115
文化センター	(28)	2151

きょうの紙面

UFJ統合問題 最高裁が抗告棄却	2
琴欧州、11場所で入幕	12
シチメンソウ自然群生	21
風力発電プロペラ出火	28
佐銀に預金返還命じる	29

哺乳類の化石発見 28

アントラコテリウム科の化石（右側の2個）とバク上科の化石

第2テレビ・ラジオ	27
囲碁・将棋	5
小説「よろしく」	5
小説「天地人」	17

⓯新聞記事

が高まり、地権者や周辺商店街が市に支援を要請し、一階の地権者もまとまる見通しがあることから、市も行政的介入を行う時期であると判断したようである。

市の介入によって一縷の希望が見えたエスプラッツであるが、まだまだ前途多難である。たとえユニークな活用ができる企業が進出しても、あるいは市の公共施設として整備されたとしても、市民にとって魅力的なサービスが提供されなければ人は来ないだろう。そして収支が合うかどうかも別問題である。それは佐賀市中心市街地の商店街についても同じである。「長崎街道の町並み」が顔を出せば観光客等の交流人口をあてにしたサービス展開ができる。そうでない今は、何よりもまず安定した客層として人口一七万人の佐賀市民が来るようにしなければならない。そのためにも佐賀市と地権者そして商店街等が一致団結し、佐賀市民に対してそこに来ないと味わえないような魅力的なサービスが提供されることを期待したい。

二　地方都市再生と交通まちづくり

市川嘉一

1　歩行者中心の公共空間

(1)　トランジットモールは世界的潮流

車の通行を排除した、歩行者と公共交通専用の道路空間であるトランジットモール（Transit mall）が近年、日本でも中心市街地の再生を目指す手立てのひとつとして浮上してきた。

トランジットモールは、公共交通を意味する「トランジット」と、木陰の散歩道を意味する「モール」の合成語であるが、本家ヨーロッパでは「歩行者専用ゾーン」（Pedestrian zone）とか「歩行者街路」（Pedestrian precinct）と呼ばれることが多い。あくまでも、「歩行者が中心」という根源的な考え方があるためである。中心部の目抜き通りなどには車の通行を認めず、歩行者と、その補助的な移動手段として公共交通だけが通れる専用空間にするというのが、トランジットモールの基本的な構図である。

ヨーロッパでは一九四〇年代後半、第二次世界大戦後の復興事業のひとつとして歩行者街路が初めて現れたといわれる(1)。本格的な導入が始まったのは、ドイツ・ミュンヘンで大規模なモールを整備した六〇年代以降で、七五年までにはヨーロッパの大半の都市における歴史的市街や目抜き通りで車の乗り入れが禁じられるようになった。それによって、街路は楽しみながら歩けるように石畳舗装にしたり、噴水やストリートファニチャーなど歩行者が安らげる施設を配置するようになった。

(2) 商業活性化に寄与

ヨーロッパでの導入当初は車の乗り入れ禁止によって、旧市街の歴史的景観の保全や居住環境の改善につなげることが大きな目的だったが、後発の米国ではミネアポリスの「ニコレットモール」に代表されるように商業活性化を狙って導入されたのが始まりといわれる。それに刺激される形でヨーロッパの都市でも商業活性化が導入目的のひとつに掲げられるようになり、実際に活性化に寄与する事例が増え始めた。ややデータは古いが、OECDの調査によると、歩行者専用ゾーンを取り入れたヨーロッパ都市の商業地域では売り上げが導入前に比べ三〇〜四〇%増えたとの結果も出されている[(2)]。

❶オーストリアのトランジットモール（グラーツの目抜き通り）

近年、欧米都市で急速に広がっているのは歩行者専用ゾーンに、低床式・連接車体の次世代路面電車が車に代わる歩行者の代替移動手段として走る道路空間の新しい活用である❶。フランスでは「歩行者中心の道路空間」や「公共空間としての道路空間の利用再配分」という基本的な考え方の下、中心部の道路空間から車を排除し、その代わりに路面電車を新規に導入する地方都市が相次いでいる。

こうした世界的な流れの中で、日本でも遅まきながらクルマ中心の道路政策を見直すような社会実験などの動きが広がりつつある。以下では福井市のトランジットモール実験の顛末、それに日本初のトランジットモールとしてコミュニティーバスと歩行者の共存空間を実現させた前橋市の事例を見ていくことで、日本の地方都市が交通まちづくりを進めるうえでの課題を探っていきたい。

2　根づくかトランジットモール——福井市・前橋市の事例から

(1)　福井市の事例——セミモールで離陸し将来に担保

①来街者と商店主の意見真っ二つ

当面、トランジットモールが本格実施できずにいる地域に共通しているのは、商店主を中心とする地域住民の理解が得られなかったことである。初の路面電車を使ったトランジットモール実験を実施した福井市もそのひとつである。

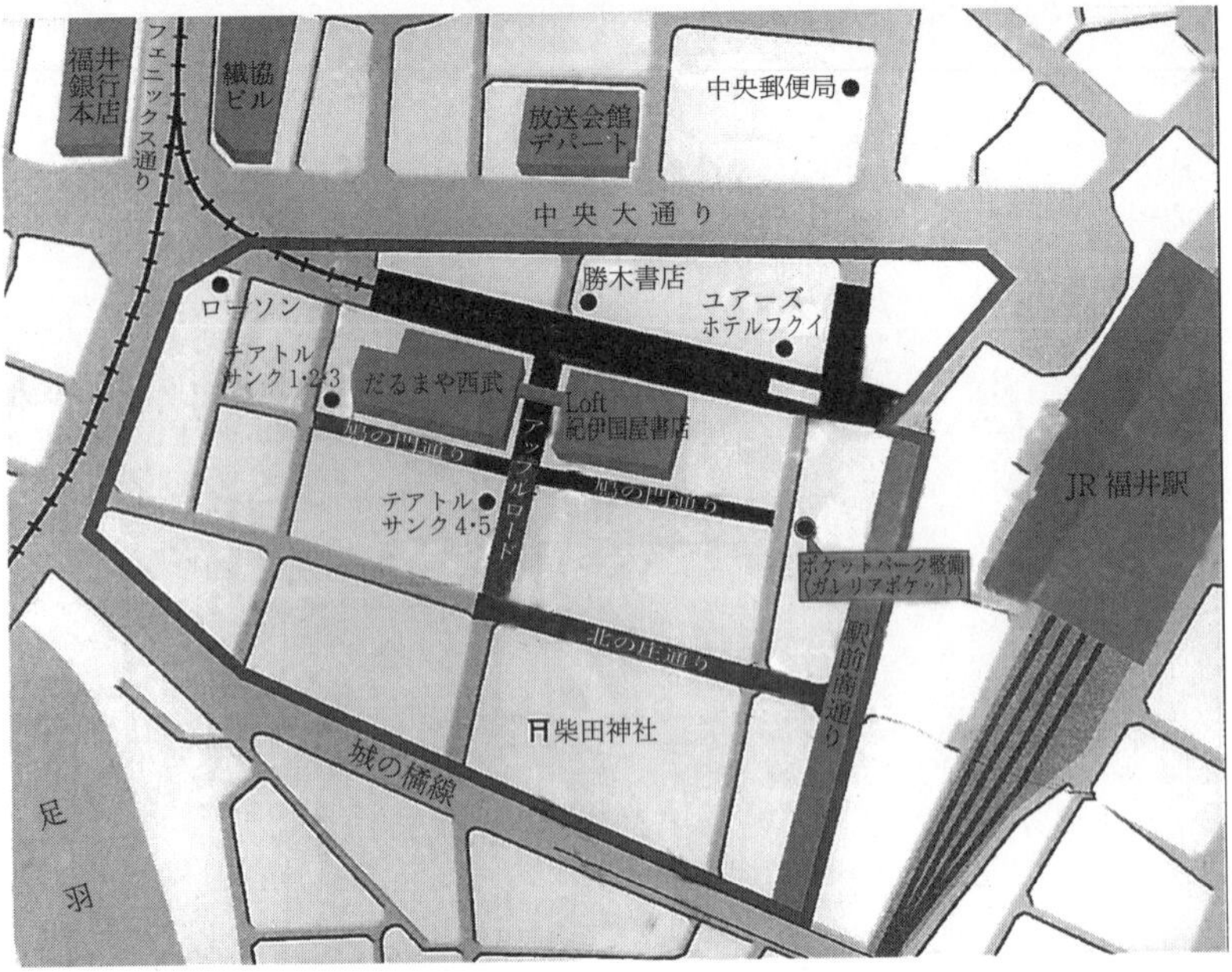

❷福井市中心部

福井市は二〇〇一年一〇月の約二週間にわたって、歩行者と路面電車が共存する空間としてのトランジットモールを試行した❷❸。実験が行われたのは、JR福井駅前から約二〇〇メートル続く幅員二二メートルの通称「駅前電車通り」（市道）。来街者は実験期間中の平日、休日とも二〇〇〇人程度増加（一割増加）し、にぎわいは向上。来街者の八割近くがトランジットモールに対し肯定的だったのに対し、約四割の商店主が売り上げは下がったと回答。マイナスの影響があったと答えた商店主は約六割と多く、トランジットモールを支持する商店主は一割足らずだった。来街者と商店主で意見が真二つに分かれてしまったのである。

❸福井市のトランジットモール実験風景（福井市提供）

②「車線減らさず、単線化・歩道拡幅」

福井市は中心市街地活性化策として、「プラス一時間楽しむまち」をキーワードに歩行者主体の空間ネットワークを形成する事業に取り組んできた。すでに駅前電車通り近くの「北の庄通り」や「アップルロード」などの通りでは歩道の拡幅、石畳舗装化などによりボンエルフとして整えられた。電車通りのトランジットモール化はそうした駅前地区の歩行者空間づくりの一環と位置づけている。

市は社会実験実施後の二〇〇二年三月、福井駅前商店街振興組合に対し、駅前電車通りの短期的な整備方法として、A案（「電車複線で車線は一方通行化」）、B案（「電車単線、車線は現行の両側通行のまま」）、C案（「電車単線、車線は一方通行化」）の三案を提示した。これに対し、組合側は歩行者優先の道路空間には肯定的な姿勢を示したものの、「車の通行には十分配慮すべき」との従来からの立場は変わらず、B案を軸に調整が進められることになった❹。

市側と商店主らとの話し合いの結果、最終的に実験から二年近くたった二〇〇三年八月、駅前電車通りについて、車線は両側通行のままとし、福井鉄道の電車軌道を複線から単線に減らし軌道一本を撤去、その分両側の

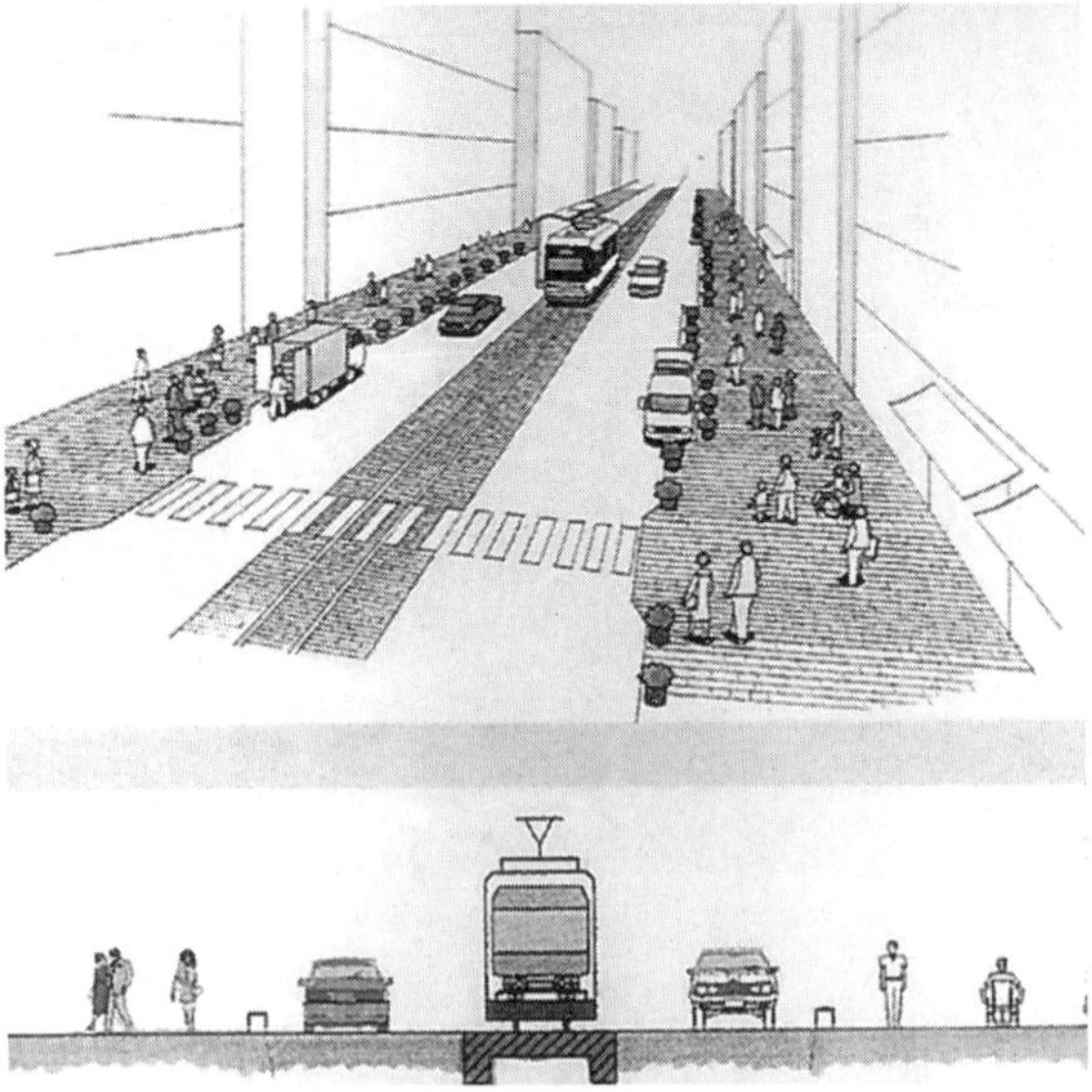

❹B案　電車単線相互通行

歩道部分を広げることで、両者は正式に合意した。これを受けて、福井市は同年一〇月、電線地中化や駅前電車通りの道路整備工事に着手した。市が実現を目指していたトランジットモール化は当面見送られる形になったが、「トランジットモールはソフトの交通規制であり、将来的には導入の余地はある」と市側は将来の実現に期待をつないでいる。

市の整備概要によると、電車通りの幅員二二メートルのうち、車道は片側四メートルの二車線、軌道部分は単線の三メートルで、歩道部分は両側それぞれ三・五メートル（残る四メートル部分は歩車道分離のためのポラード設置や、駐輪スペースなど）。軌道を一本撤去した分、歩道幅員は大幅に広がる。同時に車道と歩道の段差もなくす。

歩道の拡幅やバリアフリー化が新たに講じられることで、市側は「セミモール」と表現するが、本家ヨーロッパから見れば、単なる併用軌道に過ぎない。いずれにしても、軌道を一本減らし単線化することは、将来のトランジットモールに支障になる恐れもある。

③低床車両導入求めた商店主

最終的にB案で落ち着いたわけだが、商店街側は合意直前の二〇〇三年六月に市に要望書を出した。その中で注目されるのは、電車通りに乗り入れている福井鉄道に関して現在の高床車両ではなく、低床車両の導入を市側に求めたことである。

福井鉄道がクルマとの併用軌道になっている電車通りに普段走らせている電車は、郊外電車と同じ高床車両である。商店街や地元住民らの間ではかねて、乗りにくさや騒音面などから「街なかを走るには不都合」と評判は悪い。このため、社会実験時では名古屋鉄道から部分低床車両を借りてきた経緯がある。それは別として、商店街の主張は一方で車の通行を求めながらも、そうした低床車両ならば、路面電車を受け入れる姿勢を示したものと言えるだろう。

実験後に市が実施したアンケートでも、電車通りの整備方向について「すべての交通手段が通行できる空間」を求める声が商店主の四割と最も多かった。「トランジットモールはダメだが、低床車両ならば、路面電車の走行もＯＫ」という欲張りな考えを持っているのである。

ただ、見方を変えれば、商店主がそう考えるのも当然と言えるかもしれない。今まで高床車両が走っていた通りに魅力的な低床車両が現れたのだから、「あれもこれも」という気持ちに傾くのはむしろ自然とも思える。街並みと調和した新しい公共交通の姿を目にし、新たなまちづくりの起爆剤としての公共交通に対する関心を高めてもらうことが、トランジットモール実現の第一歩である。

④魅力的な公共交通システム構築が不可欠

市側も現行の高床車両には「違和感がある」（都市整備推進室）としているが、一両約二億円もかかる低床車両の購入費用に頭を悩ます。しかし、新しい公共交通の魅力を広く市民に知らせる努力を積み重ねることが、トランジット実現への近道になるはずである。

福井市は社会実験の際にトランジットモールの導入と併せ、本数増加や運賃割引（一〇〇円）など路面電車の利便性を高める試みをしたが、この結果、中心部へ公共交通で訪れる来街者は通常時に比べ六～一五％増加したことも見逃せない。欧米都市で実証されているように、公共交通の利便性を高めれば、車から公共交通に乗り換

❺トランジットモール化した前橋市中心部の銀座通り

える利用者は増えていく。福井市がトランジットモール化に本腰で取り組むならば、低床化を含め、便利で使い勝手のよい魅力的な公共交通システムの構築は避けて通れない。

(2) 前橋市の事例——バスによるトランジットモール先行導入

①マイカー客信仰捨て、個店努力を

これまでマイカー客に頼ってきた地元商店主にとって、道路空間の使い方の変更は死活問題といわれる。それだけに、トランジットモールなど歩行者中心の道路政策を実施する際には地元側との十分な事前協議が必要である。とはいえ、自治体側が商店主ら地元側との間で十分な事前協議を積み重ねれば、それでよいというわけではない。コミュニティーバスが走行するトランジットモールを実現させた前橋市の事例を見れば分かるように、商店主側にクルマ社会に対する意識の転換が欠かせない。もはや、中心部の商業はマイカー客を呼び戻せばすむという状況にはない。

②中心部四〇〇メートル、コミバスゆっくり走行

日本でのトランジットモール導入の先駆けといわれる前橋市。コミュニティーバスの運行が始まった二〇〇二年六月、中心部の目抜き通り商店街が歩行者とコミュニティーバスの専用空間であるトランジットモールに生まれ変わった❺。

トランジットモールとして位置づけられているのは、県道「前橋・赤城線」と、渋川方面へ向かう竪町通り（国道一七号）に挟まれる形で、市中心部を四〇〇メートルにわたって東西に貫く銀座一丁目通り、同二丁目通りの通称「銀座通り」。同通りは地元の老舗百貨店「スズラン」が本館と別館を構えるなど商業集積が高く、平日でも買い物客の多い目抜き商店街のひとつである。

この四〇〇メートル区間の目抜き通り（幅員約六メートル）に走るのは、前橋市が事業主体になり運行している中心部循環のコミュニティーバス。流線型の前頭部が特徴のオーストリア・クセニッツ社製の全面低床、CNG（圧縮天然ガス）使用の最新型小型車両で、愛称「マイバス」。「マイバス」は銀座通りを起点に南北各方面をそれぞれ反時計回り、時計回りに循環する南循環、北循環の二路線で、どちらも午前九時から午後七時半までの間、二〇分間隔で走る。銀座通りには二路線がルートを重複しており、同区間での実質的な運転間隔はほぼ一〇分へッドと短い。

このコミュニティーバスが時速五～六キロメートル程度のスピードで、通りをトロトロと走り抜ける。超低スピードのためか、買い物客らもコミュニティーバスを尻目に平然と通りを歩く姿が印象的である。

この四〇〇メートル区間には「マイバス」と書かれたコミュニティーバス専用の停留所がおよそ一〇〇メートル間隔に計四カ所。このうち、スズラン前の停留所にはいつでもバスの乗車を待つお年寄りを中心とする買い物客らが並んでいる。一〇〇メートル間隔に停留所を設けたのは、高齢者の歩き続ける最長距離がおおよそ、その程度と考えたからである。

③公募市民参加のワークショップが契機に

トランジットモールの発想は、市民参加のワークショップでの議論の中から生まれた。

前橋市中心部でも第二次大戦後の一九四九年まで前橋駅から渋川市へ向かう路面電車が走っていた。その後、市内の公共交通は路線バスだけになったが、そのバスも急速なマイカーの増大により、利用客数は長期低落傾向をたどり、同市は現在では全国でも有数の公共交通衰退地域になっている。九九年実施のパーソントリップ調査では市内での車の交通分担率が九一・四％であるのに、路線バスはわずか一・〇％だった。

こうした過度なクルマ依存社会が続けば、「環境問題の悪化や中心市街地の空洞化に拍車をかかる」（交通政策課）として、市側は立ち上がった。まず、九九年三月に将来のLRT導入を念頭に、公共交通に対する市民の関心を促す「都市交通まちづくりシンポジウム」を開催。さらに、同年から二〇〇〇年までの二年間にわたってLRTを含め将来の公共交通ネットワーク確立などへ向けて、公募市民参加の「都市交通ワークショップ」を設けた。

九九年八月から三カ月間設けた第一期ワークショップは「都市交通のこれからを考えよう」を統一テーマに、応募した市民四八人が一グループ八人、計六グループに分かれ、自由な意見を出し合い、当面の取り組みとしてコミュニティーバス導入を提案。翌年の二〇〇〇年六月から九月にかけて開いた第二期ワークショップでは計一八人の公募市民が三グループに分かれ参加、市の担当職員と交通計画の専門家が各グループに一人ずつオブザーバーとして加わりながら、路線ルートや運賃、運行形態、車両など具体的な計画立案へ向けて議論を重ねていった。

そこでの議論を通じて、路線ルートに関しては「まちなかにバスを走らせよう」との意見が多く出された。かつて、バスの循環路線があった街なかも公共交通の空白地域になってしまったためだが、注目されるのはその中で銀座通りのトランジットモール化を求める声が目立ったことである。商店街をお年寄り客が歩き続けることは困難であり、商店街のにぎわい創出にとっても魅力的な公共交通は必要というのが大きな理由だった。

④「一〇〇円バスで客呼び込もう」と商店街も推進

一期、二期ともワークショップに参加した公募市民は全員、郊外在住者。トランジットモールの利害関係者となる商店主ら中心部に住む人はいなかった。そこで、市側はワークショップで議論された結果に対し、中心部商店街の関係者らの意見を聞くため、銀座通りにあるイベント広場で提言発表会を各期とも開いた。その中で、トランジットモール化には商店主の一部に反対の声もあったが、おおむね賛成の声が多かった。

市道である銀座通りは従来から、いわゆる「歩行者天国」として毎日午前一〇時から午後八時まで一般車両の通行が禁止されている歩行者用道路。八八年には市が路面をインターロッキングにより石畳風に整備するなど、銀座通りが歩行者の専用空間としてより一層広く認知されるようになった。そうした歩行者用道路としての土壌が既にあったことが、前橋の場合、意外にスムーズにトランジットモール化が実現できた背景になっているようである。

ただ、中心部の空洞化に対する商店主側の危機感も見逃せない。九つの商店街（店舗数は計三四一店舗）からなる中心部の通行量は「最盛期には一日三～四万人に上ったが、現在では一〇分の一以下に減ってしまった」と、荒木博一・前橋中心商店街協同組合理事長は話す。マイカー客を呼び込もうと、協同組合が年間約四〇〇〇万円負担することで、中心部にある公営、民営合わせて二〇カ所ある駐車場利用の共通駐車券を発行しているが、たいした効果は上がっていない。駐車料金が二時間当たり六〇〇円と割高になっていることも敬遠されている大きな理由らしい。

これに対し、コミュニティーバスの運賃は一〇〇円。往復利用しても二〇〇円と安い。「中心部の商店街に買い物で五時間滞在しても、交通費がわずか二〇〇円ならば、バスで中心部に出かける買い物客は増えるかもしれない。とりわけ、移動の足を持たないお年寄りにはバスが走るトランジットモールは歓迎されるだろうと考えた」と、荒木理事長はトランジットモールが商店街に受け入れられた経緯を語る。

⑤思わぬ壁だった警察側の細かな指示

ただ、トランジットモール導入に当たって、思わぬ壁が待ち受けていた。警察側の細かな指示である。群馬県警はコミュニティーバス通行に伴う歩行者の安全対策として、かなり詳細な条件を提示してきた。

「運行速度を時速一〇キロメートル以下とする」「バスの走行帯を路面上にペイントで明示する」「バス接近の注意喚起のため音楽を鳴らす」「バス接近の注意喚起のためヘッドライトの点灯を行う」「商店街に違法進入・駐車の防止、路上の商品及び駐輪自転車の整理を依頼する」「横断幕により、バスのみ通行可であることを周知する」「運行後当分の間、銀座通りに人員を配置し、安全確保及び違法進入車両防止に万全を期す」――など計一二項目に上った。

道路（市道）管理者は市長とはいえ、道路の安全管理権限は市ではなく警察にあるため、市側としては無視できない。トランジットモールを円滑に実現するため、最終的に警察が提示した条件をすべて受け入れたが、市側がとりわけ対応に悩んだのが「商店街への路上の商品整理の依頼と、安全指導員の配置だった」（同市交通政策課）。

商店街の各個店が日常、店先の路上に置いている商品に関しては、商業振興サイドの商業観光課では「大目に見てやっていいのでは」と店側に同情する声が多く、役所内の調整に手間取った。また、一般車両に対する進入防止や、バスと歩行者の接触事故予防を目的にした安全指導員配置は市にとってその分、民間警備会社への委託費（人件費）としてそれなりの負担がかかる。トランジットモール導入当初は二カ所の交差点だけしか配置（毎日計二人配置）できなかったが、国の緊急雇用対策補助金を活用し、東側入り口の交差点を含め、南北を走る道路と交わる計四カ所の交差点すべてに配置（同計五人配置）した。

警察側の条件には「運行後当分の間」としているが、コスト負担の問題は別としても、バスが走る毎日午前一〇時から午後七時まで警備員を各交差点に配置する光景は、「歩行者の安全」を過度に強調する日本独特のもので、同じ道路空間に何の障害もなく歩行者と公共交通が共存する欧米のトランジットモールとは似て非なるものである。何とも重苦しく感じられるのは否定できない。

⑥歩行者一・五倍増加、にぎわい効果に期待

問題点も少なくない前橋市のトランジットモールだが、導入から三年近くが過ぎてから、中心部での歩行者の通行量増加の兆しが見られ、地域のにぎわい効果を期待する機運も出始めている。

中央通り商店街振興組合が二〇〇三年五月のある一日に中央通り商店街の三カ所を対象に実施した歩行者の通行量調査によると、全体の通行量（九一九九人）が前年同時期に比べ一五・八％増加、調査地点のひとつで銀座通りと交差するスズラン別館前（四〇一三人）では同一・五倍も増えた。二〇〇二年一二月に実施したアーケード改修やスズランの増床に加え、銀座通りのトランジットモール化の効果もあるとみられている。

「マイバス」の利用実績も上向き始めている。二〇〇二年六月の運行開始時には一便当たり乗車人数は六・九人だったが、その後徐々に増加。二〇〇二年度の平均では七・五人、二〇〇三年度以降は九人近くとわずかながら増え続けている。

欧米の事例が示唆するように、これからの中心部活性化のカギとなるのは楽しみながら歩ける空間づくりにある。クルマでの移動により適切しているのは郊外のショッピングセンターであり、中心部は歩行者が楽しめる商業空間づくりに力を注ぐ時代なのである。トランジットモールが注目されるのは、路面電車やコミュニティーバスに代表される魅力的な路面公共交通がそうした歩行者の移動を支える手立てとして用意されているからである。

前橋のトランジットモールは国土交通省が「国内初の取り組み」（道路局）と推奨するが、運行間隔の一層の短縮化やバス停の快適な環境づくりといったコミュニティーバスにかかわる問題のほか、にぎわいづくりの拠点としてのトランジットモールのあり方など問題点は少なくない。とはいえ、商業者側がマイカー客信仰を捨て、

歩行者中心の道路空間に合った個店努力を地道に積み重ねるしかないと意識を変え始めるとともに、行政側も支援を続けてきたことは評価すべきであり、同様の取り組みを目指す他地域の先例をつくった意味は小さくないと言えるだろう。

(3)「都市の自由な空気」奪う道交法

①「歩行者の安全」過度に強調

日本にはトランジットモールの実施例がないためか、直接的な法的裏付けがない。国交省所管の道路法には「歩行者用専用道路」という概念があるが、これは新設または改築が対象で、既設道路は指定の対象外である。

このため、既設道路を歩行者専用道路やトランジットモールにする場合には警察庁所管の道路交通法により、車両の進入を禁止した「歩行者用道路」として扱われる。ただ。交通安全を趣旨とする道交法は歩行者の安全を強調しぎるきらいがあるため、現場の都道府県警察ではベンチの置き場などにも制約を加えたり、歩行者と路面電車・バスなど公共交通の境界に障害物を置くよう強く求めるケースが多かった。

福井市のトランジットモール実験でも「路面電車が歩行者に危害を加える恐れがある」として、県警が実験が始まる前に軌道敷と歩道の境界部分に障害物を置くよう市側に強く求め続けてきたため、プランターやポールを境界部分に置いただけでなく、横断歩道のサインを路面に引くことにもなった。前橋市が本格実施した際にも同じように県警側による歩行者の安全を目的とする細かな指示が出された。

福井などの社会実験を受けて、国土交通省は警察庁との間で日本のトランジットモールのあり方について制度改正も含め協議したことがあるが、当時は道路交通法の運用により対応することで最終的に合意している。

②都市生活環境の改善に視野広げたドイツ道交法

歩行者と公共交通の間に障害物を置かずに両者が街路に自然な形で共存するというのが、欧米都市でごく普通に見られるトランジットモールの風景である。ドイツでは一九八〇年の道路交通法改正で、法の目的を従来の危険防止から、都市の居住生活環境の改善にまで広げたことで、歩行者専用ゾーン導入を容易にした(3)。個人の責任を重視するかどうかの行政風土の違いも背景にあるが、日本でもドイツのように法的裏付けを明示するなど、歩行者専用道路やトランジットモールを後押しする法制度を整える時期に入るべきだろう。

3　市民がつくる地域交通システムと公共の関与

自治体の財政難や地域振興・まちの活性化の必要性増大などを背景に、市民・NPOがバスなど地域交通システムを企画・運営する動きが広がり始めている。これまでの交通事業のように運賃収入だけを当てにする狭義の独立採算原則を捨て、企業など沿線事業所を地域交通システム導入によるにぎわい創出などの受益者と位置づけ、一定の運行協力金(協賛金)を積極的に取り込んでいるのが特徴である。また、小回りの利く持ち味を発揮、運行ルートや停留所設置などシステム構築で利用者本位の運営ができるのも強みである。事業の継続性をどう担保するのかなど課題もあるが、市民・NPOによる企画・運営は地域の財源負担のあり方を示すモデルの一つになる可能性を秘めている。

(1)　受益者負担で沿線企業からバス運行協力金

①自治体の財政難や地域活性化などを背景に

バスや鉄道など地域の公共交通はいま、大きな曲がり角を迎えている。モータリゼーションの一層の進展や交通事業の規制緩和を背景に利用客数の減少に歯止めがかからず、独立採算原則に立脚する交通事業者の経営は公

❻市民・NPOがつくる地域交通システムの主な事例

事業主体	事業対象都市・地区(人口)	運行開始年月	構築した地域交通システム	実績・効果	財源確保の内容
NPO「生活バスよっかいち」	三重県四日市市羽津地区いかるが町地域(約1,700人)	2003年4月	駅前から病院，店舗などを通りスーパーへ向かう1系統路線を運行	路線バス時代を上回る1日平均約80人が利用	月当たり運行費90万円を運賃収入10万円，協賛金50万円，市補助金30万円で充当
「醍醐地域にコミュニティバスを走らせる会」	京都市醍醐地域(約5万)	2004年2月	4路線，総延長35km，バス停107カ所のバス路線を運行	月当たり利用客数は予想の500人に対し800人台に	1日当たり運行経費14万円を運賃収入9万円，協賛金5万円で充当
三菱地所などで構成する「大丸有地区再開発計画推進協議会」を母体とする「丸ノ内シャトル運行委員会」	東京都大手町・丸ノ内・有楽町地区	2003年8月	大丸有地区を回る無料巡回バス「丸ノ内シャトル」を運行	休日を含め1日平均利用客数は1,000人超す	沿線ルートの企業など19社・団体から得る協賛金(最低1口月額25万円)が原資
三井不動産，三越などで構成する「メトロリンク日本橋協賛者会」	東京都日本橋地区	2004年3月	日本橋地区を回る無料巡回バス「メトロリンク日本橋」を運行	平日の1日平均利用客数は1,000人超し，土日は約1,600人	沿線ルートの企業など28社・団体から得る協賛金(最低1口月額25万円)が原資

営、民営を問わず悪化を続け、路線撤退を余儀なくされているケースが増えている。自治体の財政難の中、運行赤字を補てんするための自治体の補助金は今後も大幅な増大を期待できる状況にはない。

しかし、クルマに過度に依存しない持続可能なま都市づくりの要請から公共交通を活用した地域振興・まちづくりの必要性は以前にも増して高まっているだけでなく、高齢者福祉や環境保全の側面などからも地域交通の再生が一段と求められている。

そうした中、新たな動きとして近年広がり始めているのが、市民・NPOを主役とする地域交通システムの企画・運営である❻❼。路線バスの撤退を受け、三重県四日市市のNPOが二〇〇三年四月、京都市醍醐地域の住民組織が二〇〇四年二月に相次いで、専門家のアドバイスを受けながら沿線企業などから協賛金を原資にした手づくりの路線バスシステムを構築。他の地域でも同様の市民主体の取り組みが始まろうとしている。これらの動きに共通しているのは、これまで日本の公共交通の経営原則であった運賃収入で運行経費などを賄う独立採算原則を乗り越え、沿線企業などを集客やまちのにぎわい創出の恩恵を受ける受益者と見なし、一定の運行協力金（協賛金）を求めていることである。沿線企業などからの運行協力金を積極的に取り込んだこの新しい地域交通システムにはもはや「従来の赤字という考えはない」（醍醐地域のバスシステムの助言者となった中川大・京都大学助教授）のである。

地域住民が主体になった地域交通の構築は、利用客にもなる住民自身が運行システムを企画するため、運行ルートや停留所の設置場所などで利用者本位の視点を発揮する可能性が高い。例えば、自治体が事業主体になるコミュニティーバスの場合、やや硬直的な形で市庁舎をはじめ、数多くの公共施設に停留所を置くところもあるが、住民にはそれら施設のすべてにアクセス需要が高いとは必ずしも言えない。これに対し、市民・NPO主体の取り組みでは停留所の設置場所となる協賛企業の意向にも左右されるが、おおよそ地域住民のニーズの高い運行ルート・停留所を設定できる可能性が高い。

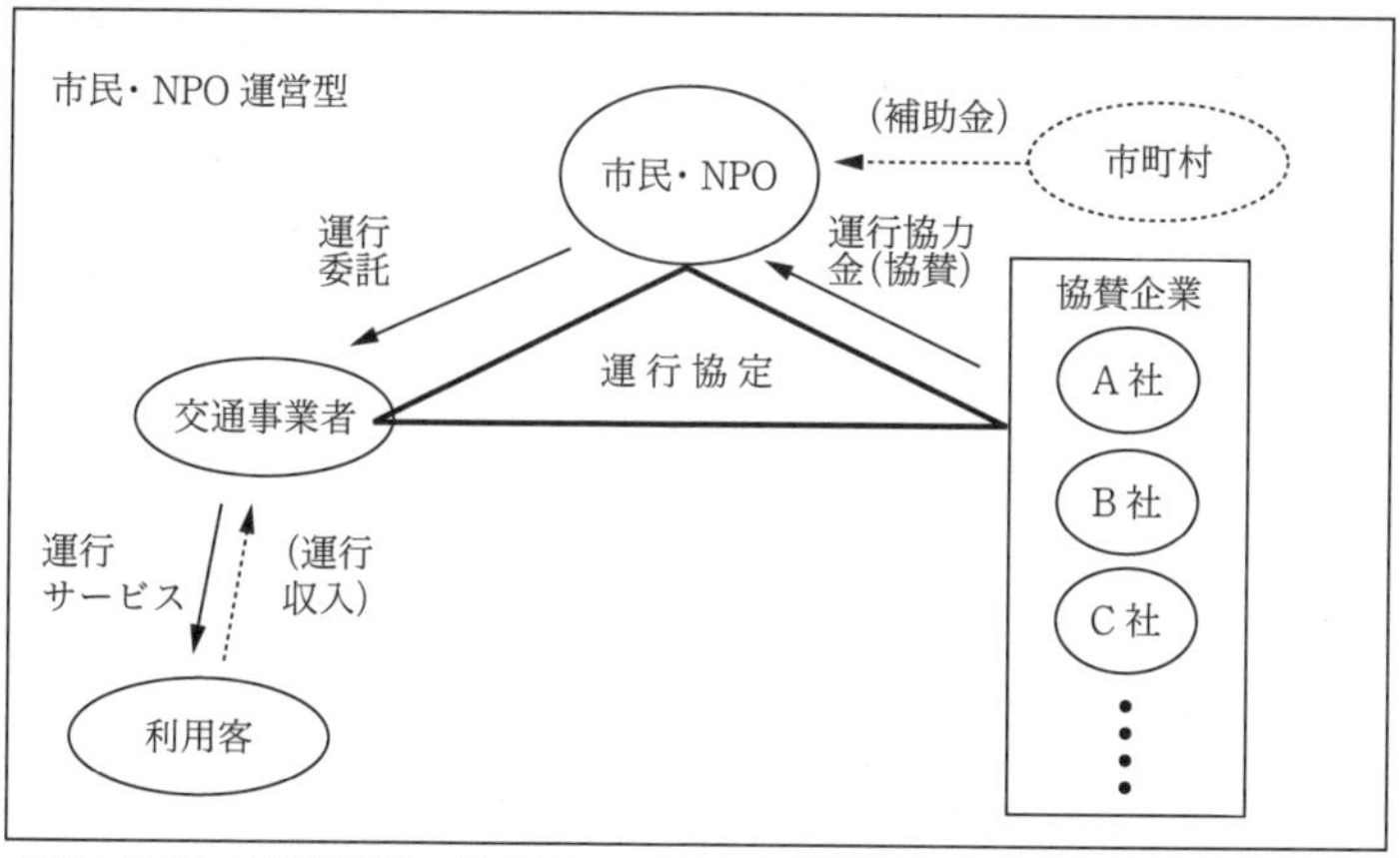

❼地域交通の運営形態の概念図

②規制緩和が市民の主体的な取り組み促す

規制緩和は交通事業への市民の主体的な取り組みを促すともいわれる。これまでの「バス事業者が独占的に路線やダイヤを決めていた時代から、誰もがアイデアを出し合うことのできる状況へと変化したことによって、市民の側に大きな可能性とそれに伴う責任が課せられるようになっている」（中川助教授）のである。

運行協力金という新たな運行財源を取り入れる動きは大都市の都心地区にも地方都市とは異なる背景から出てきた。東京の臨海地区に続き、大手町・丸の内・有楽町地区（大丸有地区）や日本橋地区でも様々な業種の立地企業が地域の回遊性を高め、一層のにぎわいを創出するための無料巡回バスシステムを導入したが、これは品川や六本木など他地区との競争力を付けるためのエリア・マーケティング手法のひとつである。

両地区はいずれも地下鉄や路線バスがきめ細かく整備され、しかもタクシーも洪水のように溢れ返っているが、当該エリアだけのにぎわいを呼び込むより効果的な「集客装置」という視点に立つと、これら交通手段では不十分と映る。より集客性の高い交通手段として、無料でしかもそのエリア内を高頻度運行する地域交通システムが求められたわけだが、重要なのは運賃収入に代わる運行財源の確保である。その結果、回遊性向上によるにぎわい創出の恩恵を受ける受益者として沿線企業に着目したのである。

(2) 新たな財源調達の議論へ向けて

①地域交通は「横に動くエレベーター」

今後のまちづくりにおける公共交通の役割を考えた場合、地域公共交通を「地域を横に動くエレベーター」と見なすと、視界が晴れるかもしれない。「デパートのエレベーターの価値はそれ自体の赤字・黒字で判断されるのではなく、回遊性の向上による売り上げへの貢献などの効果が経費に見合うものであるかどうかで判断される」(中川助教授)が、地域交通にも同じことが言えるのではないだろうか。

地域の公共交通は利用客数の長期低落傾向に直面し、もはや独立採算の原則は幻想に等しい。このままの狭義の独立採算原則を貫こうとすれば、公共交通は崩壊し、まちを再生させるための仕掛けをみすみす失うことになりかねない。つまり、公共交通は直接的な採算性ではなく、地域全体としての存在価値(=「地域を横に動くエレベーター」)で評価されるべきで、沿線企業などを受益者とする新たな地域交通システムはこの「エレベーター理論」で説明できる。

②米国都市では沿線地権者に課税

そこで、注目されるのが米国のLID(Local Improvement District 地域改善地区)と呼ばれる制度である。LIDは当該地区の土地所有者が街路整備など行政サービスの補完業務を手がけるために組織化する米国独自の制度で、土地所有者は業務執行の際、財源として固定資産税の上乗せ分を納める仕組みである。

西海岸都市のポートランド市は二〇〇〇年に開業した市内中心部循環の路面電車(Portland Streetcar)の建設財源として、このLIDを活用した。沿線両側の各2ブロック(奥行きは約一二メートル)以内にLIDを設定することを提案、設定に必要な土地所有者の過半数の承認を得る手続きを踏んだのである。LIDから徴収した固定資産税額は建設費総額の一七%に当たる総額九三〇万ドルで、建設財源としては駐車場基金(市営駐車場の駐車料金の値上げ分が原資)に次ぐ規模である(4)。

沿線企業などからの協賛金を運行財源とする市民・NPO主体の地域交通システム構築の動きは日本で始まったばかりだが、今後の取り組みによってはこうした米国のような税制度も視野に入っていくだろう。

③「公共交通は公共財」、公共の関与は増大

ただ、注意すべきなのは、まちのにぎわいなどに寄与できる公共交通は本来、「公共財」として行政が主体的にコストを負担すべきものであるということである。

市民・NPO主体で企画・運営する地域交通システムにとって最大の課題は運行の継続性を確保することだろう。主要な運営財源のひとつとして協賛金を提供するスポンサー企業との間で運行協定を結んでも、通常は単年度契約で一年ごとに更新される。利用客数を増やすことがスポンサーをつなぎ留める唯一の手立てとはいえ、運行停止の危険性は常につきまとう。それだけに、とりわけ公共交通の利用客数の落ち込みが深刻な地方都市では安全装置として自治体など行政側による運行補助が一定程度は欠かせないだろう。

財政難でこれまで通りの補助金を出しにくくなったことを理由に、日本では国や自治体も従来の交通事業者による直営事業型、自治体補助型に次ぐ第三の運営形態として、市民・NPO運営型に期待を寄せるが、これは本末転倒と言うべきだろう。

路面電車の運行機関に対する欧米の公的補助の状況を見れば、そのことは一目瞭然である。建設財源の実効補助率（国、自治体を合わせた補助率）では日本が五〇％なのに対し、欧米ではほぼ一〇〇％。運営費では日本がゼロに対し、欧米ではおおよそ半分は補助している。先の「エレベーター理論」を考えても、地域交通＝エレベーターの最大の受益者は環境や福祉の問題も考慮に入れれば、都市そのものであり、公共が財政面で主体的に関与するのは当然だろう。

市民が地域交通システムに積極的に参画するのは、まちづくりへの市民意識を高めるとともに、新たな財源調達の道を切り開くことにもつながり効果を持つ。税金のバラマキを防ぐためにも、市民・NPO運営型は今後の方策として検討すべきものだが、それをもって公共が地域交通から退場することになってはならない。

4　交通まちづくりの中長期的な処方箋

(1)　基本法制定と税財源移譲

最後に、交通まちづくりの視点から、今後の地方都市再生へ向けた中長期的な処方箋を提示したい。

まず第一に、国の都市交通政策に関する基本法制定である。ドイツやフランス、さらには米国でも公共交通の整備充実・利用促進を目的にした基本法を持っている。この法制度があって、初めて充実した公共補助や独自の税財源の仕組みが生まれる。日本では二一世紀に入っても、依然として供給者サイドの法制度のままで、利用者本位の制度が構築されていない。

(2) 警察の道路交通規制権限の移譲

地方分権では税財源だけでなく、自治体への権限の移譲も重要であるが、なかでも自治体が統合的な都市交通政策を手がける際に大きな障害になるのは、道路交通法上の警察の権限である。

欧米では交通規制の権限は自治体が握っていることが多いが、日本では先に前橋市の事例で見たように、警察側は「歩行者の安全」や「道路渋滞」を理由に自治体の交通マネジメントを認めようとしない。最近の例では松山市が「交通特区」として中心部において道路の車線削減による歩行者・自転車の専用スペース拡大や、クルマの速度規制などの交通規制を独自に実施できるよう国に求めたが、申請通りには認められなかった。交通特区は最終的に警察をメンバーに含めた地域協議会の設置でお茶を濁された格好になったのである。

(3) 駐車場政策の移管

①付置義務制度も足かせに

第三は駐車場政策の移管である。国の駐車場規制も統合的な交通マネジメントを実行に移す際に支障になるからである。

これまで、全国各地の市町村では駐車場法に基づく駐車場条例を制定、建物の一定の延べ床面積以上を対象に駐車場の付置義務台数を一律的に義務づける「付置義務制度」を導入してきた。付置義務制度は第二次世界大戦後のモータリゼーションの急速な進展に対応するため講じられた制度だったが、近年では公共交通の利便性の高い中心部などでは駐車供給台数が駐車需要台数を上回り、クルマの中心部への過度の流入を促す結果になっている。

駐車場政策の見直しが待ったなしの時期に入った背景には、建物用途や延べ床面積に応じて駐車台数を画一的に定めてきた付置義務制度の限界が露呈してきたことがある。東京や大阪など大都市の都心部では元々、鉄道のターミナル駅があるなど公共交通が発達したところで、クルマの利用が相対的に少ないのに、駐車場供用台数が需要を大きく上回る地区が少なくない。更地の暫定利用として時間貸しの届け出駐車場が増えていることもあるが、収容能力で三〇〇万台を超す全国の駐車場の半分以上を占める付置義務駐車場が実際の需要に比べ多く整備されてきたことが影響している。

延べ床面積当たりの駐車台数を示す付置義務原単位は各自治体が条例により自由に定められるが、実際は国が指針として具体的な駐車台数を示した標準駐車場条例が画一的な運用を助長しているといわれる。

そうした中、ここにきて付置義務特例の動きが出てきた。地区の特性に応じて駐車場の付置義務を緩和する動きが大都市自治体を中心に出てきた。東京都に続き、名古屋市も二〇〇四年一〇月に駐車場条例を改正、福岡市や仙台市なども付置義務の特例制度導入へ向けて条例改正の検討を進めている。中小都市では金沢市が中心部の駐車場の総量規制とも言える駐車政策の見直しに着手した。

これら一連の動きは、国土交通省が最近、公共交通が発達するなど地区の地区に応じて駐車場の付置義務台数を緩和する条例制定を特例として認める緩和策を打ち出したためだが、その契機になったのは国が音頭をとって推進している「規制緩和による都市再生」の流れである。再開発などによる都市再生を促すため、事業者の開発意欲を減退させないよう経済的な負担を軽減しようというものである。

②公共交通など総合的な交通政策との関係づけ必要

東京の大手町・丸の内・有楽町地区はその典型例である。大都市都心部で駐車場が供給過剰にある地区が少なくない現在、付置義務制度の緩和は確かに必要だが、その目的が開発事業者の経済的負担の軽減による開発促進に収斂しまっていいのだろうか。

車の交通量を大きく左右する駐車場は本来、都市交通政策やまちづくり政策と大きくかかわるものである。欧米の都市では付置義務制度とは別に都市交通やまちづくりの観点から駐車場の量・質を決める仕組みを持っているところが少なくない。ドイツのハンブルク市やミュンヘン市などは公共交通の利便性が高い中心部では付置義務は免除されるが、代わりに外縁部でのパーク&ライド駐車場整備など公共交通の利用促進策のための負担金を徴収する制度を持つ。

オランダでは「ABCポリシー」（ABC-Location Policy）と呼ぶ法律（住宅省が所管）で、公共交通へのアクセス度合いなど地区の交通環境を基準に企業など事業所の立地を誘導するため、駐車場の供用台数に制限を加える仕組みを整えている。例えば、公共交通の利便性が高い中心部などでは従業員当たり駐車台数を一〇人に一台と厳しく制限している。

日本でも国交省が公共交通の整備促進などを柱とする総合的な交通政策の一環として駐車政策を実施する交通マネジメント政策についてすでに検討している。付置義務制度の緩和を求める政府の規制改革会議の指摘を受け、同省は二〇〇二年一〇月に「駐車場施策にかかる検討委員会」を設置。付置義務制度を中心に今後の駐車場整備のあり方について検討を進め、先ごろ提言をまとめた。その中で、ドイツの都市のように付置義務駐車場整備の代替として負担金を徴収、公共交通の利用促進などの財源に充てる仕組みづくりを「今後検討すべき課題」に挙げている。

ただ、駐車場の整備促進を目的にしている現行の駐車場法の枠組みではそうした政策を打ち出しにくいようである。「駐車需要を発生させる原因者負担による駐車場整備が法の本旨であり、整備しないで負担金を払うやり方は法の趣旨になじまない」（都市・地域整備局街路課）と国交省はみる。こうした考え方から、日本で今後、駐車場政策を交通マネジメント政策とリンクさせるには、「他の施策・法体系も含めた再整理のうえで、（交通基本法など）新たな法体系が必要」（街路課）と国は認識しているが、そうであるならば、そうしたパラダイムシフトとなる法体系の早急な整備が望まれよう。

(4) 積極的な市民参画の仕組み

処方箋の最後は、地域公共交通の運営に対する市民の積極的な参画を促すような受け皿づくりである。国交省も二〇〇五年度から路面電車の普及を目指し、自治体や警察、住民などをメンバーとする地域協議会を立ち上げる方針を打ち出しているが、遅きに失した感がある。

その際、地域協議会が主体になり、ローカル・ルールとして土地利用と交通の関係付け、駐車場配置、さらには米国の都市のように住民投票に基づき、公共交通整備・運営の特定財源として課す地方税の上乗せ負担を認めるかどうかが決めることが可能な規定を持つ「交通まちづくり条例」を制定できることが望まれる。

注

(1) R・ブランビラ/G・ロンゴ『歩行者空間の計画と運営——欧米20都市の実例』鹿島出版会、一九七九年、序章四~五ページ。
(2) 同書、一一~一二ページ。
(3) 村上弘『日本の地方自治と都市政策——ドイツ・スイスとの比較』法律文化社、二〇〇三年、一九六~一九八ページ。
(4) 市川嘉一『交通まちづくりの時代——魅力的な公共交通創造と都市再生戦略』ぎょうせい、二〇〇二年、一一四~一一七ページ。

三　宇部市中心市街地再生に向けて——日本型アーバンビレッジの誕生

藤本昌也

1　宇部プロジェクトとの出会い

平成八年、山口県宇部市にある山口大学工学部に「感性デザイン工学科」と名付けられた建築教育を中心とした学科が新設された。翌九年四月から三年間、私はこの学科の建築計画・都市計画の分野を担当する教授として教鞭を取ることになった。長年運営してきた民間の研究所（現代計画研究所）を一時退任しての奉職となった。

実は、この山口大学と私との関わりが、これから紹介する「宇部市中心市街地再生事業」と私との関わりにも繋がることになった。私が就任した当時の宇部市は、多くの全国地方都市の中心市街地と同様、商店街の衰退、所謂「シャッター通り」の問題を抱え、地元商店街、行政をあげて懸命にその打開策を探っているところであった。ことに、第一期当選の宇部市長（藤田忠夫）にとっては、街なかの再生は重点公約のひとつであり、行政の側からも速やかに具体的な施策を打ち出す必要があった。

これからの大学の地域貢献の役割に着目されていた市長は、山口大学の学科新設、研究室整備に合わせて、この街なか再生事業に対する大学の支援を要請された。そこで専門領域として一番関係の深い私のところで専門家の立場から、事業推進の統括的役割をお引き受けすることになったのである。

平成一一年の春から本格的な取り組みが始まり、地元関係者、行政、専門家の素晴らしい連携のおかげで事業は順調に進み、六年目に当たる来年（平成一七年）度には通称第一地区と呼ばれる街なか再生事業のほぼ全容が、市民の前に姿を表わすことになった。

私はこのような姿をした街のかたちを近年の欧米のまちづくりの動向もにらんで「日本型アーバンビレッジ」と呼びたいと考えている。本稿では、このビレッジ誕生に向けての中間報告ということで、主としてハードの視点から街なか再生に対する基本的な考え方をはじめ、計画や事業手法の概要、地元関係者・行政・専門家のコラボレーションの実態等について、以下時系列的に取り纏めてみた。

2　宇部市中心市街地の街づくりの現状

(1)　宇部市中心市街地及び中央町三丁目地区の概要

宇部市は、山口県の南西部に位置する瀬戸内海に面した気候温暖な都市であり、人口約一七万人で山口県において人口規模が下関市に次いで第二位となっている。かつては炭鉱の町として始まり、その後に重化学工業に転換し、臨海工業都市として高度経済成長期には目覚しい発展を遂げた典型的な企業城下町である。しかし、全国の地方都市に漏れず宇部市の中心市街地も近年は衰退が進んでおり、定住人口も平成七年には、最盛期であった昭和四五年の約半分以下の六千人弱となって減少の一途を辿っており空洞化が進んでいる。

今回御紹介する街なか再生事業の事業地区である中央町三丁目地区（以下、第一地区と称す）は、その宇部市の中心市街地（約一四〇ヘクタール）の北西の端の一角に位置する約一・二ヘクタールの地区である。古くから商業系、飲食系を中心とした土地利用がされてきたが、近年のモータリゼーションの進展や、郊外型大型ショッピングセンターの立地等が生み出した商業環境等の変化により、大型店二店の撤退を始めとして空店舗が増加し、全国でも名立たるシャッター通りとなっている❶。また、本地区周辺は戦災を逃れた経緯から、依然として都市基盤施設が脆弱なままであり、道路幅員が狭く（地区内を東西に走る二本の平行した市道は共に四メートル程度）、老朽化した建物が密集しているため、防災性の向上と併せて街の再生を行う面的整備が重要な課題となっていた。

❶従前の商店街

(2) 「第一地区街なか再生事業」の概要

この「第一地区街なか再生事業」という名称は、宇部市施行による基盤整備事業である「宇部市都市計画事業　第一地区土地区画整理事業」と、それに併せて行われる民間の建替事業及び商店街で行われるソフト事業等を含めた総合的な街づくり事業として位置付けられている❷。地区面積約一・二ヘクタールの地区において、総事業費約二一億円の土地区画整理事業が施行中（平成一六年一二月現在）である。建替えは、宇部市借上型市営住宅制度や優良建築物等整備事業等を用いながら進められており、共同建替え事業が四棟成立し、借上型市営住宅が最終的には七二戸建設される予定である。結果として、従前の約五倍弱の人口となる見込みである。個別の建替えに関しても、地元で作った紳士協定である「街づくり協定」を基に協調的な建替えが進められている。

❷事業概要

宇部市都市計画事業 中央町三丁目土地区画整理事業	
事業制度	都市再生区画整理事業 街なか再生型
施行主体	宇部市
区域面積	約 1.2 ha
事業期間	平成 13～16 年度
総事業費	約 21 億円
公共用地率	従前：約 8%　従後：約 22% （ウチ約 6% が広場）
民間建替え事業（平成 16 年 8 月現在）	
従前建物数	58 棟
従前店舗数	46 軒
従前住戸数	33 戸
整備後建物予定数	27 棟（うち 11 棟が竣工）
共同建替え事業数	4 棟（うち 2 棟が竣工）
借上住宅戸数	5 棟 72 戸（うち 2 棟 54 戸が竣工）
計画人口	従前：66 人　従後：300 人

3　再生街づくり事業の経緯

(1)　街づくりのきっかけ

かつては宇部市一番の商店街であった宇部中央銀天街も企業城下町の宿命には勝てず、衰退の一途を辿り、全国でも名立たるシャッター通りとなった。その状況に歯止めを掛けるべく約一〇年近くの間、地元での勉強会や宇部市・商工会議所による様々な調査事業を行ってきたが、結果的には絵に描いた餅のような実現性のない計画で終わるか、あるいは銀天街はもはや手の施しようがないという結論であった。

街づくりの転機は、冒頭に述べたように市長、並びに地元関係者と山口大学との出会いであった。そこで私が提案した中心市街地活性化の方法論は、市長を始め行政の方々、地元リーダーの方々の共感を得ることになり、それ以降、第一地区の事業化検討及び事業推進業務の委託を、宇部市より私の研究室が受け、実務作業は私が主催する現代計画研究所が進めることになった。

(2)　事業化検討とワークショップ

中心市街地活性化のための街づくり事業の事業化検討は平成一一年八月より、中央町地区で三つあった候補地の中から、より街づくりへの要望が大きかった中央町三丁目の第一地区で行われた。その時私たち（宇部市＋山口大学藤本研究室）が取った戦略は、街空間としての理想像をいきなり描き出すのではなく、何より個々の権利

❸ワークショップの様子

者から見て、実現性の高い事業スキームを提示するということであった。それは、これまで第一地区において様々な街づくりへ向けた取り組みがなされてきたにもかかわらず、実を結ばなかったという現実を踏まえての試みであった。手順としては、事前に行った地権者意向調査をベースとして、これならば多くの地権者の賛同が得られるであろうという事業性の検討も十分に踏まえた「街なか再生構想案」を作成した。それまでは地区全体を、全面共同化を前提にした再開発的手法で解き、自分の権利がどの場所へ行くのかさえわからないというような計画を見せられていた権利者から見れば、私たちが提案した「街なか再生構想案」は大方の権利者の方々の理解と共感を得られることになった。特に、二〇〇分の一で詳細に作成した地区全体のイメージ模型は、各権利者が自身の街づくり事業を具体的にイメージする上でその効果は絶大であった。こうした計画立案のプロセスこそが今回の街づくりにおいて、通常密集地区で採用されている合意形成を徐々に図る修復改善型の手法ではなく、土地区画整理事業による全面クリアランス型の手法が採用でき、かつ、それが滞りなく進められた最大の要因になったと言っても過言ではないだろう。もちろん当地区ではこれまでの長いまちづくりの経緯があり、地域の方々のまちづくりに対する学習の成果があがっていたことも忘れてはならない要因であろう❸。計三回のワークショップで、アンケート・ヒアリングによる意向の再調査、それを受けての「街なか再生構想」の修正を繰り返し、非常に短いタイムサイクルの中で計画案をブラッシュアップしていった。そして、平成一一年の一二月には大方の権利者が、私たちがまとめた街なか再生事業に賛同するに至ったのである。

(3)「東京会議」の設置

実は、「街なか再生構想」に私たちが着手する段階で最初に問題となったのは、第一地区の街なか再生事業の基軸となる「街なか再生土地区画整理事業」によって、はたして私たちの想定する計画案が実際に実現できるのかということであった。そこで私たちは旧建設省にご協力頂き、地元の方々との意見交換を始める前に「（宇部市中心市街地再生のための）東京会議」と称するインフォーマルな会合を持つことにした。そこで、様々な特殊性を持った「街なか再生事業構想」の計画手法ひとつひとつが、今回の事業制度によって実現し得るのかという詰めが行われた。迅速な事業推進や事業費の圧縮を考慮したゲリーマンダー的な区画整理区域設定、特殊な蛇玉状の道路形状とそこに作り出される街並みのイメージの是非等、具体的なイメージ模型を基に細部まで議論は多岐に及んだ。会議のメンバーは、旧建設省まづくり推進室及び区画整理課、山口県都市計画課、宇部市都市開発部、そして私たち専門家グループであった。会議は平成一一年六月から一一月まで計四回行われ、私たちにとっては「街なか再生構想」の大前提となる「生活都市としての再生」という基本方針が全面的なご理解を頂けることになったのである。次節で述べる、宇部市がこの事業を都市計画決定するという決断も、この辺りの議論が大きく影響したものと考えている。こうした地元に入る前段階の東京会議は、今考えても事業的リアリティーを確保する上で必要不可欠な手続きであったと確信している。

❹事業化までの流れ

平成 11 年度	第 1 地区事業化検討
平成 12 年 2 月	市施行の議会決定
平成 12 年 3 月	中心市街地活性化基本計画策定
平成 12 年 12 月	都市計画決定
平成 13 年 6 月	事業計画決定の広告

(4) 宇部市施行による事業化の決定

当初宇部市は、組合施行で事業を行うという選択肢も持ちながら、地元がどの程度までまとまれるのかとワークショップの流れに注目していたが、「街なか再生構想」を基に地元が街づくり事業化への強い意欲を表明したことで、「宇部市の都市計画事業として街なか再生事業を行うのであれば、国としても街なか再生土地区画整理事業を採択しやすい」という国の見解を受け、平成一二年二月に土地区画整理事業を宇部市施行で行うことについて議会の了解も得ることができた❹。そしてその一二月には土地区画整理事業の都市計画決定を行い、翌年六月に事業計画決定という運びとなった。平成一三年度に開始した「第一地区土地区画整理事業」は平成一六年一二月現在、事業の最終年度であり、何棟かの建替えを残して区画整理自体は予定通り終了する見込みとなった。

4 街なか再生計画づくりの方法論

(1) 事業化の可能性の高い「部分」から手をつける

中心市街地活性化のための街づくりのアプローチとしては、二通りの方法が考えられた。まずは、その中心市街地全体のマスタープランを計画論的視点から立案し、その俯瞰的立場から整備地区の優先順位を定め事業化へと結び付けていく、いわゆる、「全体」から「部分」へのアプローチ方法。それに対し、合意形成の点で事業化の可能性が高い地区から具体的に計画を立案して事業化に着手し、結果として他地区に事業を連鎖させ、街全体の再生へと繋げていく、いわゆる、「部分」から「全体」へのアプローチ手法。最善の手法として宇部で選んだのは言うまでもなく後者の手法である。

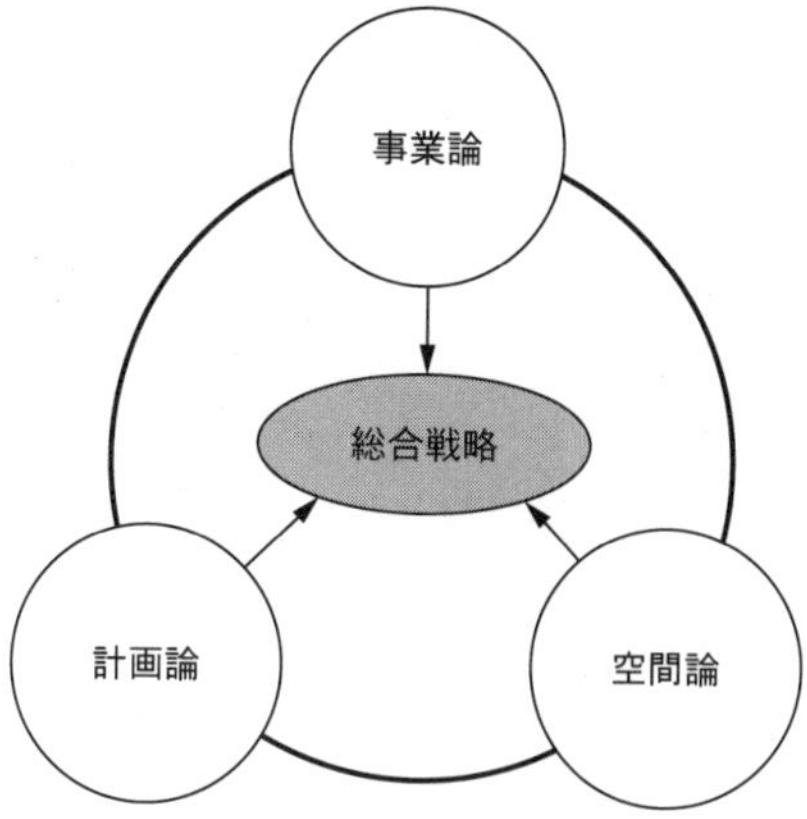

❺総合戦略の見取図

では、その「部分」における街づくり手法とは如何なるものなのか。重要なのは、その手法を探る方法論だと私たちは考えた。商業計画や住宅計画等の「計画論」、その器となる都市空間や建築空間がどうあるべきかという「空間論」、そしてそれらを事業的に成立させる事業手法を論じる「事業論」、この三つの立場からの議論をしっかりと串刺しにし、総合的な街づくり手法を探る以外にないと私たちは考えたのである。

(2) 「計画論」からの論点

「計画論」という視点から見た場合の中心市街地活性化の重要な論点は、空洞化した中心市街地の「人口回復」だと考えた。これまで中心市街地の活性化は、主として商業計画の立場の専門家によって「商店街の活性化」であると短絡的に考えられがちであった。しかし、それ以前に定住人口が半減してしまったのでは活性化も何も無い訳で、商業振興の議論よりもまずは都市住宅供給の議論を先行させるべきであると私たちは考えた。また、商業の在り様にしても、発展する都市の姿を単純に追いかけるような近代化路線を踏襲するのではなく、もっと各々の地域地区に相応しいコミュニティショップやコミュニティビジネス的な商業の在り様も含めて構想されるべきであろう。隆盛を誇ったかつての宇部市の中心商店街の姿を夢想するのではなく、減少した人口を回復させ、人が住まう街としての再生とその生活を支える身の丈に合った商店街、そのような生活都市としての再建を目指すことこそが、宇部市のような地方都市の中心市街地にとっての最適路線のはずである。全国を見渡しても、観光都市として活性化した事例は存在しても、生活都市としての成功例は未だ見当らないのが現状ではないか。商業の立場からの議論と、まちづくりの立場からの議論をしっかりと交錯させることによって新しい街なか再生の姿を浮かび上がらせる以外にないと私たちは考えている。

(3) 「空間論」からの論点

一方、「空間論」という視点に立った場合、街の望ましい〝市街地空間像〟を、地区住民と行政と専門家の三者でしっかりと共有できるかどうかが重要な論点となる。土地区画整理事業的判断だけに頼ると、往々にして整然とした街路や広場さえつくれば良い街はつくれるものと考えられてきた。上物としての建築の在り様も視野に入れ、街全体を魅力ある〝空間〟として捉える議論がされていることは残念ながら非常に少ない。微妙に屈折する街路や路地、適度に散りばめられ街角広場、ヒューマンスケールの都市住宅群、連なる屋根並み等。こうした美しい街並み形成に向けて、きめ細かな配慮をした住まいまちづくりを、基盤整備・上物整備一体となって、この宇部市中心市街地の一角に是非とも実現したいと私たちは考えた。そこで、前述した私たちが企画した学習ワークショップの場に、私たちが描く当地区の〝空間像〟を具体的にあらわす二〇〇分の一のモデルを提示し、議論の叩き台としたのである❻❼。無論、このモデルは単なる建築家が夢想する空間イメージモデルではなく、当地区の計画的、事業的条件を基本的には押さえた実現性の高い空間モデルであった。このモデルの効用は抜群のものがあった。総論賛成でも、各論ではいまひとつ踏み切れなかった多くの地権者の気持ちを一転させ、事業化に向けての合意形成を一挙に加速させる役割を、見事に果たしたのである。

ところで、この空間像こそ冒頭で述べた自称「日本型アーバンビレッジ」の空間像なのである。余り深入りした議論は出来ないが、「アーバンビレッジ」とはイギリスが提唱している街なか再生が目指す近隣居住単位の空間イメージを表わす名称で「人間的尺度や親密さ、そしていきいきとした都市生活を取り戻す」ことを目標としている。

❻連なる屋根並みと街路空間

(4) 「事業論」からの論点

「事業論」の立場からの重要な論点は二つあった。ひとつは、再生事業そのものを、地権者が納得でき、かつ、市民も納得できるような事業として仕立て上げることができるかどうか。補償金を得て自分の建物さえ新築できれば良しとする地権者も少なくないが、それでもまだ建ててくれればよい。最悪なのは建替えもせずにないであろう。

❼街角広場と路地

補償金だけ持って地区外に転出してしまうケースも土地区画整理事業ではままあるのである。しかし、それでは莫大な税金をつぎ込む市にとっての事業の妥当性は失われてしまう。地権者の再投資によってつくろうとしている住まいまちづくりが、良質な社会ストック形成に十分貢献しているのだということを、市民に納得してもらうことが、再生事業成功の大前提となるはずである。そのためには地権者の立場に立って、専門家が住まいまちづくり事業の本質を判り易く説明し、地権者全体の意識改革を図ることが何よりも必要となる。この手続きこそ事業の成否を決定的に左右する程の重要な意味を持つことをわれわれ専門家は十分に認識する必要があろう。もうひとつの論点は「事業採算」の問題である。各地権者がその事業によってどれ程の負担とリスクを背負うのか、また、公共側の負担が費用対効果や事業の公共性といった面で市民の納得できるものとなるのか。そういった事業採算の全体像が具体的に開示されない限り、事業に踏み出す合意形成などはできるはずも

5　魅力的な街づくりのための「骨格形成手法」の提案

(1)　街なか再生土地区画整理事業制度の創設

中心市街地活性化法の制定と共に、建設省は平成一〇年七月に中心市街地の再生を目的とした基盤整備手法として、街なか再生土地区画整理事業制度を創設した。（平成一一年度から都市再生区画整理事業（街なか再生型）に再編される）この新たな事業制度は、従来の土地区画整理事業に比べ、採択要件の緩和や大幅な補助率引き上げを盛り込んだものとなっており、戦災を免れたが故に、基盤整備を含めた抜本的な再生街づくりが求められていた当地区にとっては、正に求められていた事業制度であったと言える。

(2)　魅力的な公共空間の創出

当地区のような商店街は、郊外の大型店と同じ土俵の上で勝負するのではなく、路面店にしかない魅力を追求した地域密着型の商店街として再生を図る必要がある。そのためにも商店街空間には、ウォーカビリティや界隈性の実現と言った、歩行者主体のヒューマンスケールの公共空間（道路や広場）整備が必要となる。それにはまず、従来型の区画整理に見られるような直線的で単調な道路や整形な街区によって作り出される公共空間の骨格とは決定的に異なるものでなければならない。生活都市を支える商店街に相応しい公共空間の創出には、新たな発想が求められているのであり、その具体化の基本方針を私たちは以下のように考えた❽。

①既存の街の骨格（癖）を生かした公共施設整備

原則としてその二筋の通りの拡幅を公共減歩分による土地で賄い、新設する歩行者専用道路及び広場に先行買収分の土地を割り当てることによって、元の道路線形や街区形状を大きく崩さず、既存の癖のある街の骨格を尊

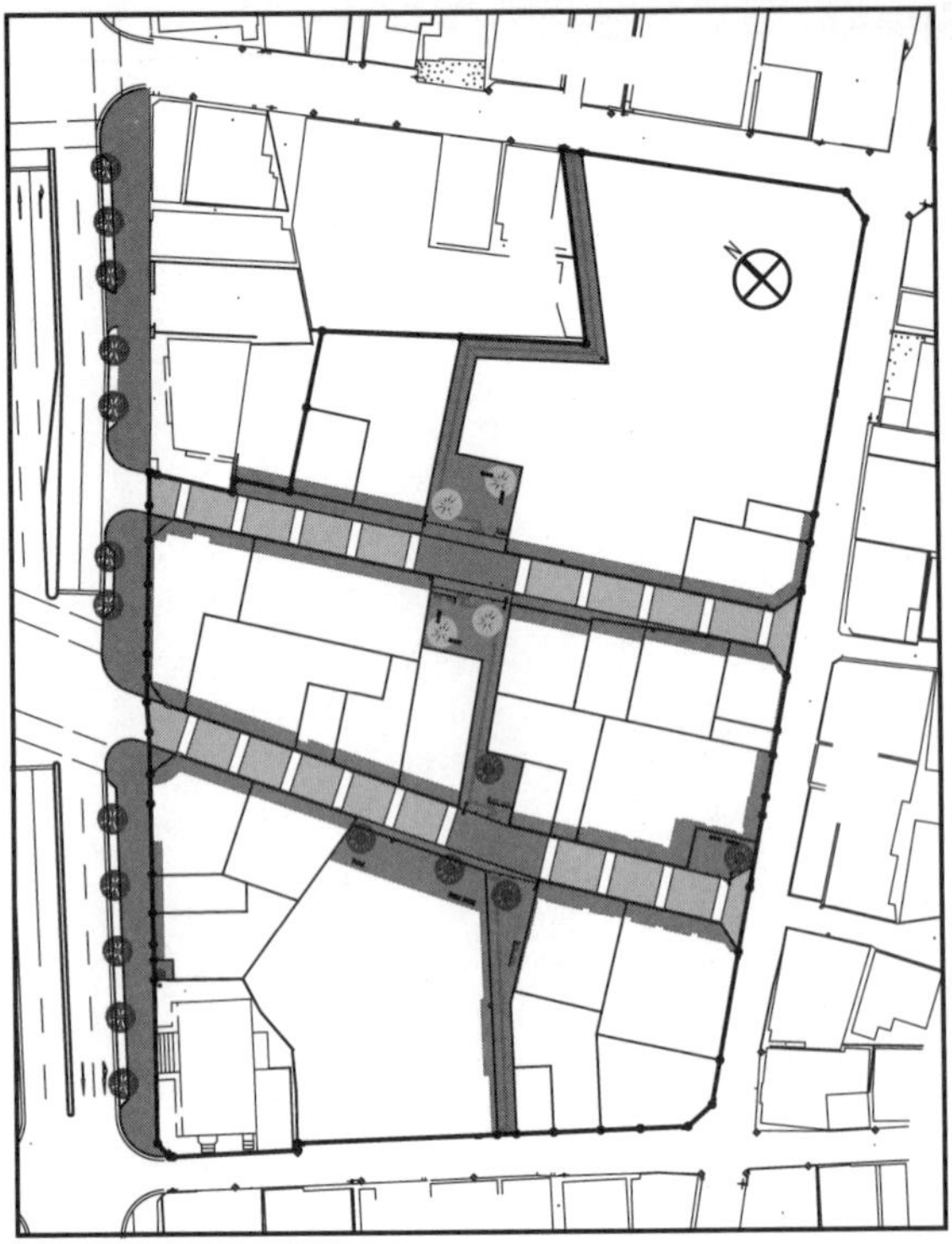

❽公共施設計画図

重した公共施設計画とする。

②蛇玉状道路の容認

減歩により供出する土地を極力各地権者の所有する土地の道路前面に、道路を拡幅する形で配置する。それにより通常は計画の中に埋没してしまう減歩分の土地を、提供者である地権者への（自分の敷地の前が広くなる）実利という形で顕在化させる。またそれによって生じる道路幅員の変化は商店街景観を形成する上での魅力と考える。最小幅員六メートルが確保されていればよいものとする。

③路地空間としての歩行者専用道路と街角広場の創出

二本の平行する既存の商店街である歩車共存道路（自動車は一方通行）に対し、それに直行する三メートルの歩行者専用道路を、そして歩車共存道路と歩行者専用道路のそれぞれの交点に街角広場を創出する。

④セットバックによる公開空地の提供

商店街の界隈性を演出する歩行者専用道路に対し、歩車共存道路となる最低幅員六メートルの通り（自動車は一方通行）を歩行者がより快適に歩ける空間とするため、一階壁面を道路から二メートル以上セットバックするものとし、道路沿いに連続した歩道状の公開空地を設ける。（この取り決めは当然のことながら店舗面積をできるだけ確保したい地権者からは強い抵抗を受けたが、商店街リーダーの方々のねばり強い説得のおかげで、すべての地権者の理解が得られ実現した。画期的なことであると思わねばなるまい。）

(3) 上物整備と連動させた換地手法

従来の土地区画整理事業を見ると、往々にして基盤整備と上物整備が乖離しているために、奇麗な道路と整形な宅地だけを整備して、後はそこをどのようにしようと土地所有者の建築自由となり、結果、街並みは雑多で味気ないものとなりがちである。重要なのはいかに基盤整備だけで終わらず、上物整備までコントロールし続けるのかということである。それは同時に、地権者の建替えに対する意向というものを換地設計の中にいかに反映させるかということでもある。従来の、特に郊外型の土地区画整理事業であれば、宅地は単純にその利用効率を条件に換地設計が進められるわけであるが、中心市街地において行われる街なか再生型のそれは、共同建替えを前提とした土地の集約や、時として商店街のテナントミックスや商業者意向を踏まえた土地移転なども視野に入れなければならない❾。しかし、一方で事業の迅速性という観点に立った時、共同建替えや飛び換地は、合意形成の難しさから事業の足を引っ張る要素となる可能性がある。こうした事業推進上のハードルを十分考慮して、私たちは具体的には以下の三つの方策を

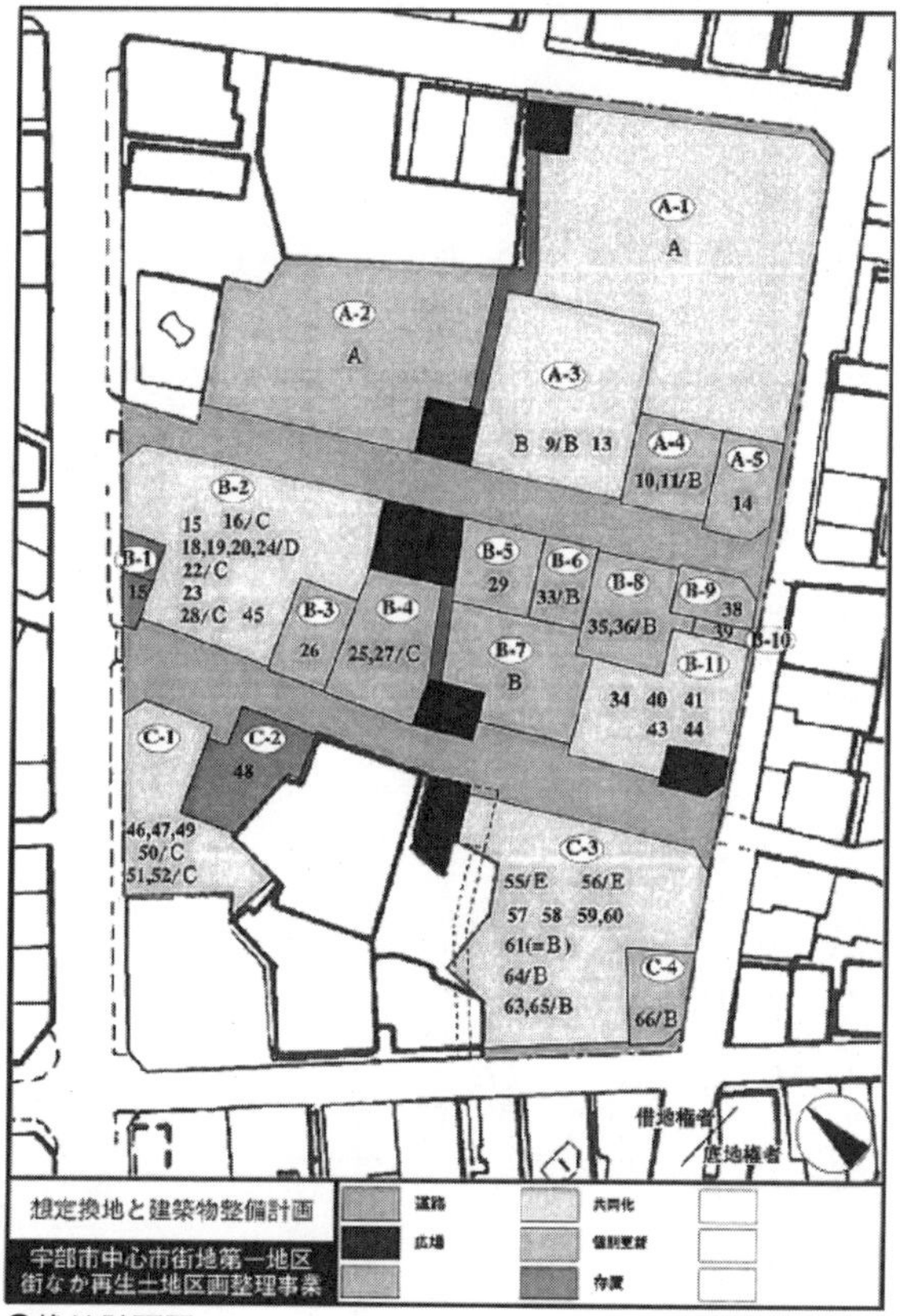

❾換地計画図

打ち出した。

①分節工区の設定

事業を進めていく工区を、従前の街区の中に分節化して設定する手法を採用した。土地の集約換地や飛び換地を行う場合も、原則としてこの工区内に限定した。また、施行者による先行買収地をその工区内の公共施設整備用地として用いる計画とした。つまり、区画整理を行うことで街を大きく改変してしまうのではなく、既存の街をベースとした上で、敷地の整序や公共施設の増設を行うことで、地権者意向などの諸条件の変化に対して計画の修正を容易にするための配慮であった。

②適正規模の共同建替え誘導

共同建替えは権利者の数が増すほど合意形成が難しくなるのは当然のことであり、必要以上に共同建替えの規模を大きくすることは事業リスクを増すことでもある。当地区では、後述する上物整備手法として採用した借上型市営住宅制度と優良建築物等整備事業のそれぞれの敷地規模要件である二五〇平方メートルと五〇〇平方メートルを基準として、地権者の共同化意向を踏まえつつ土地の集約化を進めた。

③上物計画の換地計画への反映

換地計画を敷地整序という区画整理的な視点からだけではなく、上物計画まで視野に入れた計画とすることが基盤整備と上物整備を連動させた街づくりでは重要となる。それには共同建替えなどの地権者の合意形成の段階から、換地計画と上物計画の検討を相互にフィードバックさせ、その内容に反映させていかなければならない。また、合意形成の段階で共同建替えグループが分裂したり、或いは権利者が脱退したりということは想定しうる事態である。時にはそれが仮換地指定後にも起こる場合もあり、仮に共同建替え事業が成立しなかった場合でも個別の敷地利用が可能な換地計画を探ったのである。

6　街の活性化のための「定住人口回復手法」の提案

(1)　宇部市借上型市営住宅制度の採用

定住人口増加には都市型住宅の供給が重要な手立てとなるが、家賃相場が低いため賃貸住宅経営が成り立ちにくい地方都市においてはオーナーへの何らかの支援が必要となる。当地区では、宇部市において平成一〇年度から施行された宇部市借上型市営住宅制度の積極的導入を図った。結果、現在建設中の物件も含め最終的には計五棟、住宅戸数にして七二戸の借上型市営住宅が建設されることになった。中でも、一四階建て（一、二階は店舗、三〜一四階が借上型市営住宅）四八戸の借上型市営住宅は単独オーナーによる建替え事業であり、当地区の定住人口増加に大きな役割を果たすと同時に、ランドマークタワー的な役割をはたすことになった❿。

この制度を運用していくに当っていくつかの問題点も見えてきた。制度上の要件として敷地面積二五〇平方メートル以上、戸数五戸以上という条件が存在するため、細分化された敷地の多い当地区においては、敷地や建物の共同化が必要となり、その分ハードルの高い手法となってしまっている。また、都市型住宅供給手法として非常に効果的である反面、宇部市に重く圧し掛かる財政負担のため際限無く使える手法ではないこと、そして、公営住宅階層だけで人口を増加させても、

❿借上住宅と共同建替えの事例

本当の意味での街の活性化にはなかなか繋がり難いという問題点もある。

(2) 共同建替え事業促進のための補助事業制度の活用

共同建替え事業⓫を推進するにあたり、設計費等だけではなく建設費までもが補助対象となる優良建築物等整備事業、及び二一世紀都市居住緊急促進事業の二制度は、権利者に対して非常に効果的なインセンティブとなった。右記二制度による補助金のトータルはいずれのプロジェクトにおいても総事業費の約二割程度となっている。

優良建築物等整備事業を用いる上での最大のハードルは空地率であった。優良建築物等整備事業上、建ぺい率が八〇％と指定されている当地区では、敷地面積の四〇％の空地（絶対空地と公開空地の合計）を確保しなければならない。安全性の高い市街地環境の形成を目的としたこの要件も、通常の住宅市街地であればさほど問題とはならないが、商業地として一階の床を有効利用し、商店街再生に資する必要のある当地区では非常に厳しい条件となる。当地区ではその解決方策として、後述する「街づくり協定」に定められた道路沿いのセットバック空間を、歩道状公開空地とすることで効率的な空地率の確保を図った。

⓫共同建替え事業概要

地区名		C-3	C-5	B-2	B-11
権利者数		2	1	3	4
構造		RC造	RC造	RC造	RC造
階数		5階	14階	4階	4階
述べ床面積		約860m²	約6,000m²	約850m²	約850m²
用途	店舗	3軒	約1,000m²	5軒	2軒
	借上住宅	6戸	48戸	6戸	6戸
	オーナー住宅	2戸	—	2戸	1戸
状況		竣工済	竣工済	建設中	建設中

(3) 共同建替えの合意形成の課題

第一地区では、最終的に計四棟の共同建替えが成立した。当然のことながら容易な道程ではなかった。第一号棟では、計画当初七人の権利者で検討をスタートしたが、途中で二人の権利者が抜け、最終的にはそれぞれ二人と三人の地権者による共同建替えへと分裂した。第三号棟では四人の地権者による事業で、実施設計も終わり建設業者を決める直前という段階まで行ったが、そこで一人の権利者が抜けて大幅な変更を余儀なくされた。原因は、権利者同士のちょっとしたボタンの掛け違いとでも言うべきものもあれば、最終的には共同化という仕組みが受け入れられない権利者の存在による場合もあった。魅力的な空間像、利点の多い事業計画を提示すれば多くの権利者が共同建替え事業に賛同してもらえると考えがちである。しかし、共同化のメリットは理解してはいても、根っこの部分では区分所有建物という仕組みが感覚的に受け入れられないということがある。しかも悪いことに、それが顕在化するのが合意形成がある程度進んでからなのである。それは計画当初の段階から専門家側が細心の注意を払いながら進めたとしても変わらないであろう。

⓬協調建替え

(4)　街なみ協調型個別建替え

共同建替えは目的ではなく、あくまでも生活再建や、定住人口回復のための手法である。前節で述べたように、共同建替え事業は一般的に非常に困難なものであり、一定のリスクを背負う物である。したがって、すべての権利者に対し共同建替えを最良の解とするのではなく、基本は街なみ協調型の個別建替えを主体として、民間の建替え事業を推進するのがベターと考えるべきなのであろう。共同化せずとも個々の建物が協調的なデザインで並べば、十分に良好な景観が作り出せるのである⓬。

優良建築等整備事業では協調型タイプも補助対象としているが、そこでもやはり空地率や階数といった採択要件が足枷となる。小規模敷地の集合による協調型で採択を受けようとした場合、一棟型と同じ空地率では条件的にあまりに厳しく、計画が成り立ちにくくなる。また、共用部分に対する補助制度も、現実には協調型の建物では共用部分はほとんど存在しないため、効果的なインセンティブとはなりにくい。しかし協調型建替えも十分に街づくりに資するものであり、一般的な中心市街地において共同化よりはむしろ協調型が主体とならざるを得ないことを考えると、それらを推進するための強力なインセンティブとなりうる緩やかな助成制度の創設が望まれるところである。

7　魅力ある街なみづくりのための「協調的な景観形成手法」の提案

(1)　街づくり協定

中心市街地に多くの公的資金を集中化させる大義名分として、宇部市は景観協調を事業のひとつの大きなハードルと位置付けた。景観協調に関しては全国でも様々な取り組みが試みられているが、描き出した景観像を如何に担保していくかというところには難しい問題が含まれている。街並みのルールの拘束力を強くすれば合意形成が難しくなり、拘束力を弱めれば目標とする街並みの実現が難しくなる。第一地区においても街並みのルールとして、地区計画や建築協定なども検討されたが、地元住民の意識やハード整備のタイミングを含めた事業の迅速性等を考慮すると、当地区の街並み協調のルールをそこまで法的拘束力を持ったものとして定めるのは難しいであろうという結論に辿り着いた。

そのため、当地区における街並み協調のためのルール、「街づくり協定」は紳士協定レベルのものとなった⓭。その内容は、景観ガイドラインとも言うべき建物の形態規制を設計指針三カ条としてとりまとめ、一方、その設計指針三カ条にに適合したものとなるための設計体制の在り様を設計体制三カ条として定めた。紳士協定である設計指針自体は基本的なものに止め、次節で説明する「街づくり相談室」において、具体的な内容までキメ細かくサポートしていく体制を採ったのである。

中央町三丁目地区再生のための《街づくり協定》
（要約抜粋）

●設計指針３カ条
(1)屋根
・街並み共通素材として石州の窯変瓦を用いる．
・形北下がりの 3.5 寸勾配の片流れ屋根を基本とする．
(2)外壁
・外壁色は土系の色（アースカラー）を基調とする．
(3) 1 階建物周り
・前面道路に面する部分を 2m 以上セットバックする．
・歩行者専用道路沿いは 0.5m 以上セットバックする．
・セットバック空間の舗装材はレンガを基本とする．
●設計体制３カ条
(1)街づくり相談室
・建替えを計画するに当たっては「街づくり相談室」でアドバイスを受ける．
(2)建設部会での設計内容報告
・中央町再開発協議会の建設部会で最終的な設計内容に関して承認を受ける．
(3)設計者の選定
・設計者は出来る限り宇部市内で建築士事務所登録をしている設計業者から選定する．

(2) 街づくり相談室

法的拘束力のないルールだけでは街並みの協調はなかなか達成されない。第一地区では民間の建替え計画が街づくり協定に則った形になっているかをチェックする場として、宇部市が「街づくり相談室」を設置し、コンサルタント派遣という形で街並み誘導を行うことになった。そして、そのコンサルタントの役割を今回は、私と私の主催する現代計画研究所のスタッフが当たることになった。私たちはまず、施主の方に「街づくり協定」の趣旨から説明し、設計事務所や建設会社等が未定な施主に対しては、基本計画レベルの建替え提案を行ってきた。設計者が決まると、具体的な設計案について隣地の計画との関係も含めたデザイン調整を繰り返す。このようなキメ細かいコントロールがあって始めて、街並み協調が達成されると言える。

どの程度の協力が得られるかは、施主の理解度や街づくりに対する意識、設計者と施主の関係等によって差が出てきている。特に設計施工が一体の建設会社やハウスメーカーなどの業者が参画してきた場合に、建設費の部分がブラックボックスになってしまい、街並みの共通素材の使用などの調整が難航することがあった。

(3) 宇部設計連合

右のような問題をクリアし、質の高い建替えを行うためには、やはりできる限り設計と施工を分離し、街づくりへの理解が深く、かつ地域に密着できる設計者の登場が必要であった。そのため、山口県建築士事務所協会に加盟し、かつ宇部市に事務所登録している一級建築士事務所のうち街づくりにも協力頂ける有志によって宇部設計連合を組織してもらった。設計事務所に建物の設計を依頼すること自体が少ないこの地域において、個別建替えの施主にまで設計事務所に委託することお願いすることは難しい問題ではあったが、公共の補助金が投入される共同建替え事業や借上型市営住宅制度を用いる建物に関しては、原則として、宇部設計連合に加盟する設計事務所の中から設計者を選定していただくよう、商店街のリーダーの方々のバックアップも得て、施主の方々の協力を仰いできた。幸い共同建築四棟はすべてこの形で設計が進められ一定の成果を挙げることが出来たものと考えている。

(4) 成果と課題

現在までのところ、道路境界から二メートル以上のセットバックに関してはほぼ一〇〇%、セットバック空間の舗装材と屋根材の統一に関しては八〇%程度の協力が得られている。一坪でも大きく店舗面積を確保したいこの商業地にあって公共空間のゆとりのために行うセットバックにここまでの協力を得られたということは大きな成果といえよう。また、街並みの共通素材に関しては、施主や建設会社の協力はもちろんのこと、メーカーの努力に負うところも大きい。街並み協調に関して総論は賛成であっても、やはり具体的なコストアップとなるとなかなか協力が得られないのが現実であり、その辺を顕在化させない仕組みが必要となってくる。当然、地権者には「公共から手厚い補助を受ける故に、地権者には良好な景観形成を図る責務があること」「良好な景観が街の価値に繋がり、最終的にはそれが自身の資産価値の向上に繋がるということ」を理解し協力して頂く必要がある。しかし、一方でやはり景観協調のためのインセンティブも不可欠であり、今後波及していく地区に関しては、民間建築の修景のための工事費が補助対象となっている「街並み環境整備事業」の実施なども視野に入れなければならないだろう⓮。

ともかくも今回の街なか再生事業の成果をハードの視点から一言で要約すれば、基盤整備と上物整備が見事に連携して計画立案できたこと。その流れの中で普通の街では見られない魅力的な街なみづくりが実現できたことであろう。この成果をきっかけにして、地元、行政、商工会議所は無論のこと、一般市民の協力も得てこの街がさらにブラッシュアップされることを期待して止まない。

冒頭にお断りしたように、本稿は主としてハードの部分に焦点を合わせての中間報告となっており、ソフトとしての商業再生の問題については、地元関係者の精力的な働きによって十分な成果が期待されているところだが、今回はもう少し経緯を見守る必要があるということもあって、商業サイドからの改めての御報告とせざるを得なかった。また行政サイドの公共投資効果といった事業成果の総合評価も極めて大切な情報として整理すべき事柄だが、この問題も事業の完結を待つ以外にないと判断され、同じく改めての御報告とさせて頂きたい。

⓮街並みのイメージ模型写真

四　長岡市の中心市街地再生への取り組み

樋口　秀

1　商圏人口七〇万人の中心市街地

(1)　長岡市の概要

新潟県のほぼ中央に位置し、県内第二番目の人口規模（二〇〇〇年国勢調査人口一九万三千人）を有する長岡市は、上越新幹線、北陸・関越自動車道、信越本線・上越線、国道八号・一七号といった高速交通体系と主要幹線が交差する交通の要所となっている。市の中央部を南北に大河信濃川が流れていることにより、市街地が東西に二分されていることにも特徴がある。長岡駅がある信濃川より東側（以下、川東）に中心市街地があり、中心市街地とその周辺部は戦災復興土地区画整理事業（三一二・七ヘクタール）によって都市基盤が築かれている。明治期に発見された東山油田によって関連する機械、化学工業が発達し、現在でも機械関連の比重は高い。一方、中越地方の中心として約七〇万人の商圏人口を抱える商業核でもある。

(2)　中心市街地の変遷

❶長岡市内の大型店舗（出典：中心市街地構造改革研究調査報告書：2004.3，長岡市．以下の図表も同様）

まず、長岡市の中心市街地の変化を戦後の動きから概観したい。戦災復興土地区画整理事業によって整備された大手通沿いには、昭和二〇年代後半から三〇年代前半にかけて百貨店が四店出店するなど人口規模に比して隆盛を極めていた（現在でも営業しているのは一店のみ）。その後昭和五七年に上越新幹線の開通もあり、それに合わせた駅舎（昭和五五年）、駅前整備（昭和六〇年）も進んだ。しかし、昭和三五年以降の急激な人口増加に伴って進められた郊外部の土地区画整理事業の効果もあり、人口と都市機能の郊外化が進み中心市街地の衰退は徐々に進行した。このような状況の中で都市計画の側からは、昭和六二年に地方都市中心市街地活性化計画（シェイプアップ・マイタウン計画）が取りまとめられ、旧建設省から全国二六都市の一つとして認定されている。しかしこの計画に位置付けられ実現した主要な事業は、駅前広場と中心市街地の外側で行われた市立図書館、市民体育館と数カ所の河川整備にとどまり、衰退を抜本的に解決するまでには至らなかった。平成にはいると、川の西側（以下、川西）を中心として、郊外部で大型店舗の出店が激増している❶。平成五年の地方拠点都市法の第一次指定を受けて、長岡地方拠点都市地域整備基本計画が策定され中心市街地には後述する「地下駐車場」の整備が計画されているが、一方で、広域都市圏の中心都市として郊外部には大規模な道路整備と「千秋が原地区」の開発が位置付けられている。その後現在まで、中心市街地の活性化と市全体の活性化をにらんだ郊外部の開発が同時並行する状態が継続している。

本稿では、中心市街地の衰退に対して行政担当者、商工会議所、商店街の協力の下、長岡市で実際に行われている多彩な取り組みを紹介し、その効果・実績を通して活性化策の課題と限界を探りたい。さらに、これらを踏まえて今後の地方都市の中心市街地活性化について必要な視点を提示したい。

2　三点セットの完成から市民センター開設へ

現在長岡市で取り組まれている施策について、最初に都市計画部局を中心とした市街地整備事業、次に商工部局を中心としたソフト施策を紹介する。

(1)　市街地整備事業としての三点セットの完成

前述の長岡地方拠点都市地域整備基本計画では、中心市街地衰退への対応として複合型新都心の形成が必要とされ、中心商店街に隣接する「操車場跡地地区」の整備が位置付けられた。都心地区にはこれと連動する形で「地下駐車場（特定交通安全施設等整備事業）」が記述されている。しかし、これ以外に都心地区への具体的な事業は書き込まれておらず、別途、平成六年に「都心地区総合整備計画」が策定されている。ここでは、段階的な整備が謳われており、第一ステップには、「シンボルロードの整備」、「大手通地下駐車場の建設」、「アーケードの建て替え❷」が活性化の起爆剤（三点セット）に位置付けられた。その後、この三点セットは総事業費約百億円をかけて実施され平成九年にすべてが完成している。地下駐車場❸は計二百台ではあるが雨雪に晒されずに商

❷大手通3点セット

	長岡駅前大手通地下駐車場整備事業	アーケード建替事業	長岡シンボルロード整備事業
事業名	特定交通安全施設等整備事業（建設省補助事業）	商業環境施設整備事業（通産省補助事業）	ふるさとまちづくり街路事業（県単事業＋市単独費）
事業主体	新潟県	大手通1丁目，2丁目商店街協同組合，東坂之上町1丁目商店街振興組合	新潟県，長岡市
事業概要	○200台（うち身障害者2台，ハイフール車対応66台） ○地下1階3層自走・機械式 ○出入り口：センターランプ方式 ○道路幅員：6.75 m（車路3.75 m，歩道3 m）	○歩道延長：1,304 m ○屋根幅：5.75 m ○天井高：6.1 m	○車道：4車線，幅員20 m（植栽帯部），24 m（停車帯部） ○歩道延長：約1,000 m ○歩道幅員：8 m（植栽帯部），6 m（停車帯部） ○植栽：ケヤキ（主要交差点部のシンボルツリー），ハナミズキ（歩道の列植樹），ほか地被類
総事業費	約66.9億円	約27.1億	約5.6億円
工事期間	平成6～9年（12月完成）	平成8～9年（9月完成）	平成8～9年（12月完成）

店街にアクセスできる魅力を持ち、これまで軒高が低く薄暗かったアーケードも一新し、さらにシンボルロードの整備により歩道の舗装も統一されて歩行環境も格段に改善されたのである。長岡市の中心市街地は、幅員四メートル未満の道路は総延長で七・七％に過ぎず道路基盤が整備されていること、[1]民地以外の公共空間の整備が七年前に完了していることに特徴がある。

三点セットの効果はどのように現れたのだろうか。これを測定するために平成一〇年一〇月、歩行者通行量調査（午前七時～午後八時、全三二地点、中学生以上の歩行者）が中心市街地全域を対象に

❸大手通地下駐車場（筆者撮影．以下の写真も同様）

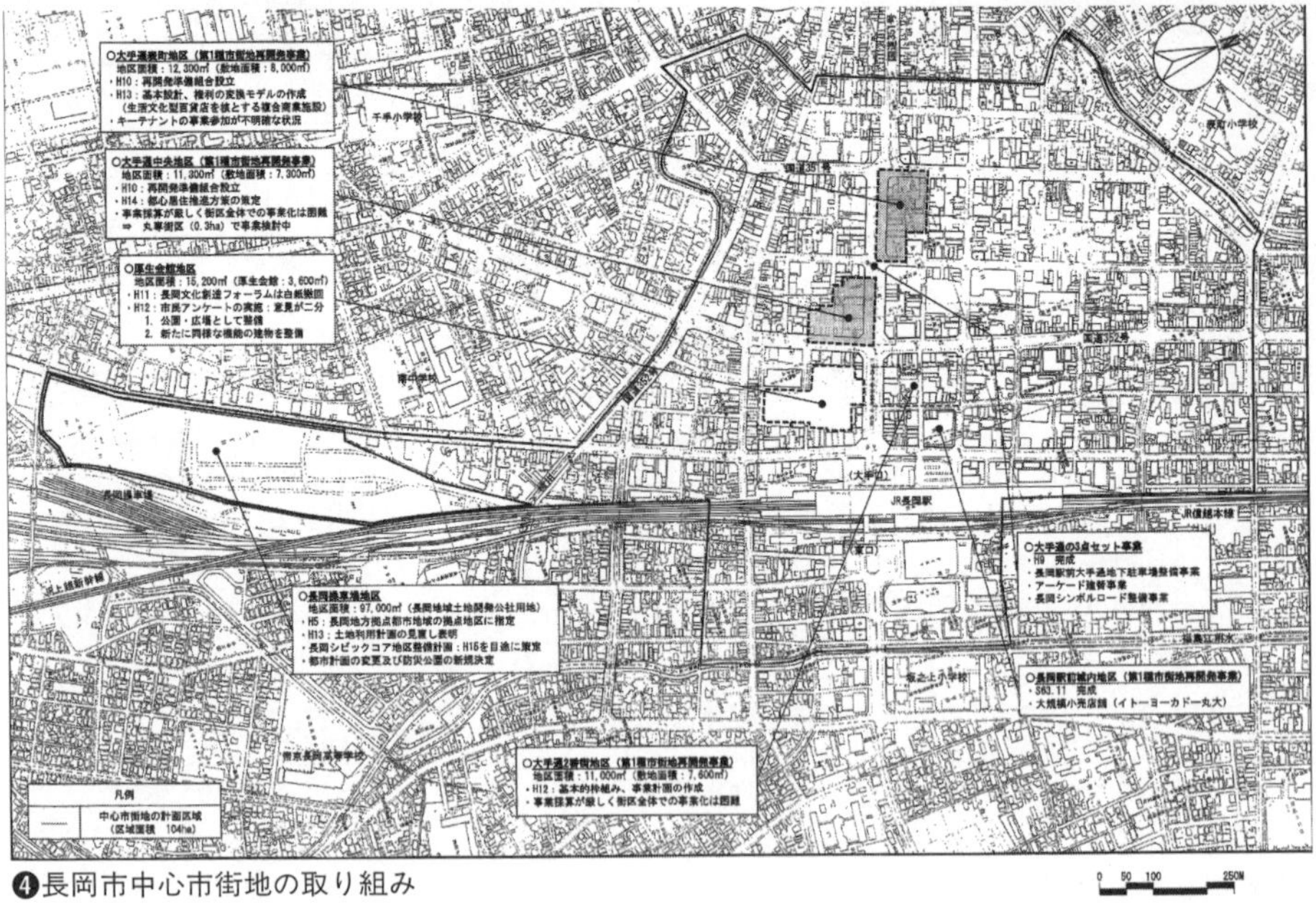

❹長岡市中心市街地の取り組み

商工会議所主催で行われている。結果として前回調査の平成五年と比較すると、平日では一二・三%減となっている。もう少しさかのぼってデータをみると、昭和六〇年から平成元年は一五・二%の増加、平成元年から平成五年は一六・二%の減少であったことから、減少幅が小さくなったとも考えられる。しかし直近のデータである平成一〇年から一五年にはほぼ同様に一二・六%減と減少傾向は変わっていない。さらに、休日をみると、元年から五年は天候の影響はあるものの三五・一%減、五年から一〇年が一一・二%減、一〇年から一五年が二四・七%減であり平日より減少幅が大きい。三点セットに来街者を増加させるほどの効果はなかったと判断されよう。外見（公共部分）はきれいに整ったが、中身（民地部分）の変化が対応し切れていないのである。

衰退状況を打開するため法律の制定に伴って平成一一年三月、中心市街地活性化基本計画が策定されている。これは、これまで何度も計画で位置付けられながら動かなかった三カ所の第一種再開発事業と厚生会館地区、長岡操車場地区の整備を謳い、都市機能の更新を図ろうとしたものであった❹。しかし、残念ながら現在までに実現した事業はない。

❺長岡市の中心市街地活性化ソフト施策

施策名称	開始年度	事業内容
チャレンジショップ運営事業	平成 12 年度	小区画で低賃金の売り場スペースを提供し，他の空き店舗への本格的な出店を促進
長岡市新規出店者育成支援事業	平成 15 年度	空き店舗に出店する商業者に対し，店舗改装費及び家賃補助を実施
一店逸品運動事業	平成 10 年度	他にない商店やサービスを PR し，地道なファンづくりを進める運動として実施
共通駐車券及びお買物バス券の発行	平成 7 年度	商店街振興組合連合会が実施
市内循環バス運行補助事業	平成 9 年 9 月	超低床式バスで運行開始
SOHO 起業家育成支援事業	平成 14 年度	インキュベーションオフィスを低賃料で提供し，企業活動を育成・支援
長岡市中心市街地事務所集積促進事業	平成 15 年度	空き事務所に進出する事業者に対し，家賃補助を実施
長岡市中心市街地産業集積促進資金	平成 15 年度	中小企業者に低利で貸し付け
中心市街地歩行者天国イベント	平成 9 年度	大手通 2 丁目を中心に「自由広場ながおかホコ天」を開催

(2) 豊富な活性化ソフト事業

市街地整備が進められる一方で、商業振興の観点からも現時点で様々な事業が展開されている。ここではソフト事業について、目的別に分類し、「商業機能の充実・強化策」、「来街者のアクセス強化施策」、「昼間人口の増加施策」、「魅力の増加と機能複合化策」の順にみていこう❺。

(1) 商業機能の充実・強化策

中心市街地の魅力を決定する要素として最も重要なものは商業機能である。中心市街地の商業機能の衰退への歯止めとして三事業が実施されている。

①チャレンジショップ運営事業（平成一二年度創設）

富山市で平成九年に始まったチャレンジショップ「フリークポケット」と比べると店舗数は少ないものの、長岡市でも平成一二年度より空き店舗（旧文具店）を借り上げて中心市街地に出店を希望する意欲的な商業者に、小区画で低廉な売り場スペースを提供している。事業主体は長岡商工会議所であり、市は事業費の一部（約六割）を補助している。店舗名は「リード・ブロー（ボクシングの打ち合いの中で最初の有効な打撃。この攻撃で主導権を握るという意味）であり、店舗面積は全体で約一八坪を四区画（一区画二から三坪）に分割し、出店料は月額二万円（出店料、共益費各一万円）で毎年六月下旬からの一年間について出店者を募集している。これまでに一七店舗が卒業し、平成一六年九月現在は五期生である二店舗が営業している。

出店者に対しては、新規店舗等誘致委員会(2)の中に設置された「ワーキング部会」が開催する営業報告会で各店舗の営業状況に応じた経営指導が行われるとともに、接客作法やポップ・チラシの作り方、必要資金の調達方法など直接経営に欠かせないものを学ぶ出店者研修会も開催されている。さらに、後述する新規出店者育成支援事業でもチャレンジショップ卒業者に限り、二階以上の出店に対しても補助対象とし補助期間も二年間とするなど厚遇されている。

この事業の効果を判断する指標は、新規出店による商店街全体への来客者数の変化と、卒業生による空き店舗への出店数の二つが考えられる。前者については、間接的ではあるがチャレンジショップ前に調査地点が設定されている歩行者通行量調査の数値から考察したい。事業実施前の平成一〇年と実施後の一五年を比較すると、平日が二%減（三六五八人）、休日が一三%減（二一七八人）であった。数値的には減少しているが、中心市街地全体で平日が一二・六%減、休日が二四・七%減であったことを考慮すると十分に健闘しているとも考えられる。後者については、卒業後の出店と、現在の営業継続状況を合わせて見る必要がある。平成一六年六月に卒業した第四期生までの一七件中、卒業後の出店は一二（うち中心市街地が九）であり、現在の営業継続者は八（同六）である。廃業者もみられるが、確実に新たな芽が芽生えているといえよう。

②長岡市新規出店者育成支事業（平成一五年度創設）

平成一〇年度に創設された空き店舗・空き地活用事業補助制度を拡充し、商業集積地の空き店舗（道路に面している一階部分）に出店を希望する商業者に対して賃料（月額家賃の二分の一（一〇万円限度）を一年間）と、特に中心市街地への出店については別途改装費（一出店者につき二分の一以内、五〇万円限度）を補助している。平成一〇年度から一六年度までに新規合計三二件の助成を行っており、すべて中心市街地内に立地している（チャレンジショップ卒業生四件含む）。補助実績からみると、着実に空き店舗が解消していると判断される。しかし事業の対象が、一階部分の空き店舗とされているため賃料の安い上層階への出店が対象外であること、賃料を直接補助するため賃料相場を高止まりさせる恐れがあること、二年目からの家賃支払いが急騰することといった問題も存在する。ただし、チャレンジショップ卒業生は二年目も家賃四分の一（五万円限度）、二階部分への出店も補助対象とされている。

③一店逸品運動事業

空き店舗の解消を目指した事業とともに、既存店舗の魅力を高める事業も行われている。中心商店街の個店が他にない商品やサービスをPRし、地道なファン作りを進める運動として平成九年度に試験的に実施したものを一〇年度より本格的に継続実施している。事業主体は商店街振興組合連合会であり、新商品・新サービスの提案開発、チラシ・カタログの製作、イベントに合わせた一店逸品フェア等のPR活動が行われている。平成一一年度からは女性の視点で活動する長岡逸品ファンクラブと連携し、参加店舗をめぐる「お買い物ガイドツアー」も実施されている。一般的に入りづらい、入ったことがないといった顧客のバリアを取り除き、個店との結びつきのきっかけを作り出すという試みである。残念ながら参加店舗数が平成一〇年の八九店舗をピークに、平一五年度は六一店舗に減少しており、工夫も求められている。

（2）　来街者のアクセス強化施策

中心市街地への来街者数を増やすには、市街地整備側からのアプローチとしてアクセス道路や駐車場を新たに整備することも考えられるが、長岡市の場合は都市施設としての基盤は整っているため現状ではソフト施策が重要となっている。

①共通駐車券及びお買い物バス券の発行

消費者の利便性向上と、中心市街地への来街促進を目的に、商店街連合会を事業主体として平成七年七月より共通駐車券、平成八年三月からお買い物バス券の発行が行われている。これらの事業に対し、平成八、九年度は一部市からの補助があったが、それ以降の補助はない。共通駐車券事業の概要は、平成一六年現在、契約駐車場は二二カ所、駐車台数は約二千五百台であり、参加店は約三〇〇である。原則として二千円以上の買い物で三〇

❻お買い物バス券

分の無料駐車券を進呈している。利用実績として回収数をみると平成一〇年度の約一〇三万枚をピークとして、平成一五年度は約七三万枚である。回収実績は漸減しており、消費者の中心市街地離れが進んでいるとも考えられる。

お買い物バス券❻は、県内で初めて、全国でも三番目にスタートしている。参加店数は二〇〇であり、参加店で二千円以上の買い物をした場合、初乗り相当額（一五〇円）の乗車券を進呈している。発行数は平成一一年度に約二二万枚に達したものの、一二年二月に大型店二店が事業から離脱したため一二年度は二万枚、一五年度は一万枚に激減している(3)。

②土日祝日臨時駐車場

消費者は目的地により近い駐車場を志向する傾向にある。そこで商店街振興組合連合会は独自に、長岡市に本店を置く銀行の好意もあり専用駐車場（六四台）を借り上げて、銀行が閉店している土・日・祝日に午前八時から午後九時まで三〇分一五〇円（共通駐車券使用可）で運営している。空間の有効利用という意味からは非常に興味深い実践である。

③市内循環バス「くるりん」運行補助事業

中心市街地にほど近い位置にあった総合病院が平成九年九月に信濃川の対岸の千秋が原地区に移転したことを契機として、同年同月より郊外部と中心市街地を結ぶ市内循環バスが運行している❼。車両は超低床式であり、導入時に国の補助金が活用されている。内回り二八本／日、外回り三〇本／日で計五八便が運行し、年間の利用者数は約四万人ある。千秋が原地区には病院以外にも平成三年に新設されたコンベンション施設「ハイブ長岡」や、平成五年新設の「県立近代美術館」、平成八年新設の「リリックホール」が集積しており、循環バスは駅前とこれらの施設を結ぶ足となっている。平成一五年一〇月一日より、川東の南部地域を循環する「南循環バス」が運行を始めたのに伴い、名称が「中央循環バス」に変更されている。運行する越後交通によれば、循環バスの乗客数は順調であるが既存路線からの乗り換えが多く、市内全体の乗客数を押し上げる効果は薄いとのことであった。実際、一般乗合輸送人員数（年間）は、平成五年の一一六五万人から平成八年の一一六三万とほぼ一定であったものが、平成九年に一一三一万人、平成一〇年には一千万人に減少している。ただし、その後は一部持ち直す傾向も見られ始めている。[4]

（3）昼間人口の増加施策

中心市街地は重要な就業地であり、これらの就業者を顧客とする商業機能も存在する。就業者の減少が衰退を加速させているとも考えられ[5]、対策として昼間人入・雇用者を増加させるための施策も行われている。

①SOHO起業家育成支援事業

既存のホテル内に設置されたオフィススペース計五室を借り上げて、意欲的な起業家に低賃料で提供している。企業活動を育成支援することにより、中心市街地の空き事務所への独立開業を促進する事業である。平成一四年九月より事業が開始され、一室約四～八坪、利用料は月額四～五・五万円（回線使用料を含む共益費込み）で最長二年間の支援が行われている。第一期は四件であり、独立開業は一件である。平成一六年現在、第二期の一件と第三期の二件が入居しており、経営に関わる相談等専門家によるアドバイス、定期ミーティングの開催、市内外の事業者との交流会の開催によるネットワークを広げる場の提供といった支援を受けている。

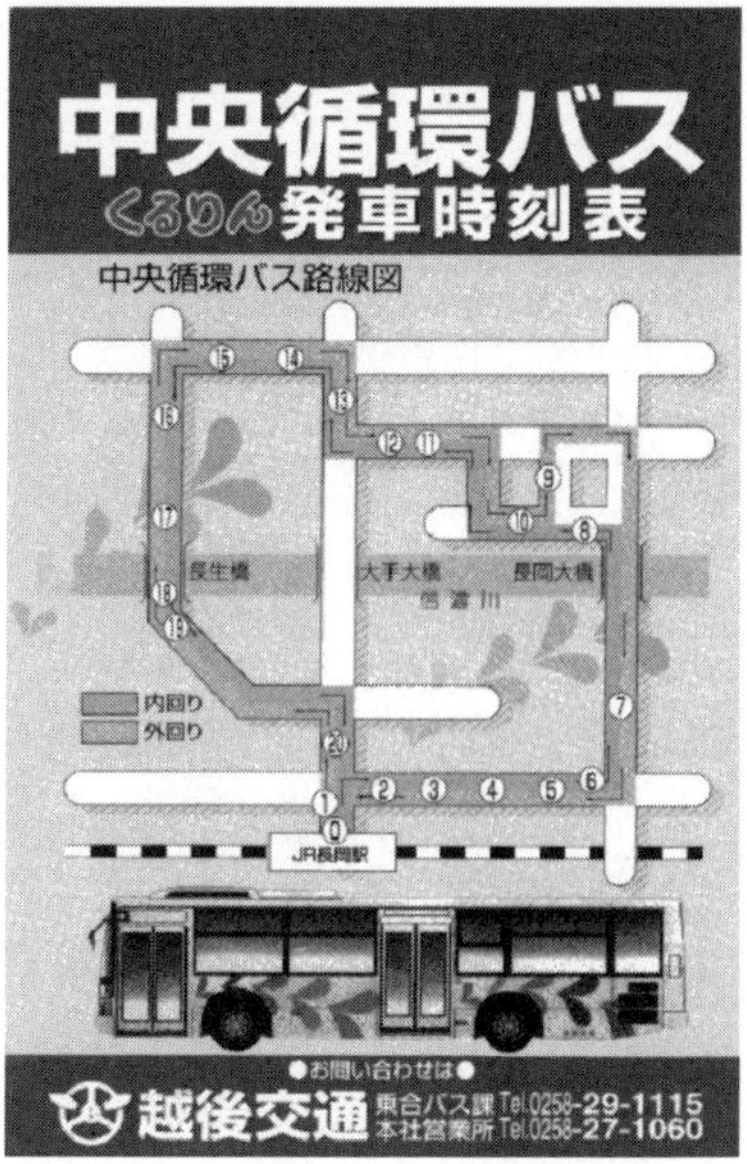

❼循環バス「くるりん」路線図

②長岡市中心市街地事務所集積促進事業

高層階の空き事務所に進出を希望する事業者に対して賃料を助成（月額家賃の二分の一（一〇万円限度）を三年間）することにより、事業所の進出を促進し、雇用の確保と産業集積を図ることを目指している。平成一五年度より実施されており、中心市街地活性化基本計画で規定された中心市街地内で新規店舗等誘致委員会が補助対象物件として認定した物件が対象となる。事業主に対しての条件は、五年以上継続して事業を営むこと、二人以上の長岡市民を雇用することである。実績をみると、平成一五年度は交付決定数五件、雇用者数一七人、平成一六年度（八月末現在）は同六件、三五人（前年度からの継続五件とSOHO事業卒業生の新規一件）となっており、まだ実績数は少ないが、積み重ねることで大きな動きとなろう。

③長岡市中心市街地産業集積促進資金

中心市街地内で事業を開始しようとする中小企業者に対して、一千万円を限度として低利融資を行う事業である。貸付利率は信用保証付きの場合が年一・八％（その他は二・三％）であり、返済期間は七年間である。平成一五年度に創設された制度であるが、現在まで申し込みの実績はない。

（4）魅力の増加と機能複合化策

中心市街地を商業機能のみで再生することは非現実的であり不可能でもある。市民がより身近に中心市街地を捉え、車を利用しない市民への利便性を向上させるためにも商業機能に他の機能を加えて、複合化させることが求められている。

①中心商店街歩行者天国イベント「自由広場ながおかホコ天」

後述する平成九年度のメインストリート整備完成記念イベントで実現した歩行者天国による商店街イベントを継続発展させた事業である。商店街振興組合連合会が事業主体となり、五月（平成一一、一二年度は四月）から一一月まで原則毎月第二土曜日に、商店街が企画するイベントの他、市民、NPO、各行政機関、学校、周辺一三市町村等によるイベントを自由に融合して実施されてる。市民に新しい「ハレ」の場を提供しており、各回二

〜五万人の集客があり、年間では約一五万人が集まる一大イベントとなっている。これまでのところイベントには集客があり、市民にも好評である。しかし、企画関係者の負担が大きいこと、個店では直接売り上げの増加に結びついていないため商店街からその効果や事業継続に対して疑問の声が上がっていること、といった課題も存在している。

②長岡市民センターの開設（平成一三年一〇月）

現在二期目を迎えている現市長が初当選（平成一一年一一月）した際に掲げた公約の一つは、前市長の進めていた厚生会館地区の整備計画[6]を白紙撤回することであった。しかし、公共交通の便が良く、車を運転しない市民にとって中心市街地は立ち寄りやすい場所であり、行政の窓口や相談・打ち合わせの場所が欲しいといった多数の要望もあがっていた。衰退への対応が求められていた市長は、平成一二年八月に閉店した大型店（約八千平方メートル）を借り上げ、平成一三年一〇月、「ながおか市民センター」[7]を開設した❽。市民課および税務関係の各種証明書発行と、住民異動、戸籍、印鑑登録等の受付を行う市民サービスセンターをはじめ、まちの情報コーナー「まちの駅」など様々な記能をもつ「市民の活動と交流、憩いの場」が生み出された❾。市民センターに導入された機能は、同年の六月に設置された「市民委員会」[8]と「企画運営ワーキング」で施設内容や運営方法について、オープンまでに計五回の議論が重ねられた結果となっている。これら二つの会議は現在も継続されており、市民からの要望と合わせて施設内容や運営方法の改良が逐次行われている。この施設には、行政で中心市街地のまちづくりや再開発等を担当する「まちなか活性課」が入居しており、まちづくりとの連携も図られている。施設内の市民サービスセンター、パートバンク、市民活動センター、まちの情報コーナーの利用者数が多く、現在では一日に約

❽ながおか市民センター

❾ながおか市民センター施設概要

主な経緯	施設概要	利用状況
市政サービスの向上の一環として，旧ザ・プライス丸大ビルを賃借し，「ながおか市民サービスセンター」を平成13年10月に開設.	○市民サービスの場 市民サービスセンター(住民票等の発行)，消費生活センター 長岡パートバンク，長岡市高齢者職業相談室 長岡観光・コンベンション協会 市民相談室，園芸相談コーナー，パソコンコーナー，図書返却コーナー ○市民活動・交流の場 国際交流センター「地球広場」 男女平等推進センター「ウィル長岡」 市民活動センター，まちの情報コーナー，市民会議室 市民打合せコーナー，印刷室，学習コーナー，イベント広場，市民掲示板 ファミリーサポートセンター，障害者プラザ ○憩い・やすらぎの場 市民ロビー，市民ギャラリー，ちびっこ広場，図書コーナー まちなか花火ミュージアム	平成13年度 (10月からの6カ月)，約13万人 平成14年度，約34万人 平成15年度，約35万人 (1日平均976人)

千人が訪れるまでに成長している。ちなみに、隣県の長野市には施設の取得方法は異なるが、長岡市を参考とした同様の施設がある。

③まちなか考房の開設（平成一五年七月）

中心市街地活性化に向けて市民主体による実証実験の場（TMOの画策）として平成一五年七月、大手通りの空き店舗を活用したながおかタウンマネージメントセンター「まちなか・考房」が開設された❿。事業企画、管理、運営は「ながおかタウンマネージメント企画運営会議」が行っており、市役所まちなか活性課がこれに協力する形を取っている。この運営会議は市内の建築家を代表として大学、学生、商店街等の関係者で構成され、常勤のスタッフは公募で選ばれた四名（一五年度は三名）である。考房には、長岡造形大学ギャラリー、長岡戦災資料館、まちづくり工房、市町村紹介コーナー、コミュニティスペースなどの施設がある。平成一五年度の主な活動は、地元の長岡野菜に着目した「おかあちゃんのあったか市」、大学生を中心に若者が集まりまちづくりについて暑く議論する「しゃべり場」、車座で講師と話し合う「タウンミーティング」などがある。詳細は同考房のHPを参照して頂きたい(9)。

④市庁舎大手通分室の開設（平成一六年四月）

後述する中心市街地構造改革会議の提言を受け、行政機能のまちなか回帰の一環として、まず商工部が空き店舗を改装して移転している[10]⑪。商工部の移転は市庁舎が大手通にあった昭和三〇年以来五五年ぶりであり、前述のまちなか活性課の市街地整備と商業機能の強化を一体として推進する体制が整ったといえる。成果はこれからであろう。

⑩まちなか考房

⑪市役所大手通分室

3 打開策を探る中心市街地構造改革会議

駐車場やアーケードの整備も終わり、豊富なソフト施策も準備されていながら、歩行者量は減少し地価の下落も歯止めがかかっていない。現市長が中心市街地の活性化に政治生命をかけて取り組むと明言したこともあり、各種の計画はあるものの事業展開が進まない中心市街地に対して、構造そのものを改編する実現性の高い先導的な事業を検討することを目的として平成一五年五月「中心市街地構造改革会議」が立ち上げられた。学識経験者、中心市街地関係者及びアドバイザー、計一〇名で構成され、七回の会議の後、同年度末に市長に提言している。基本理念は「長岡広域市民の「ハレ」の場となる新しい長岡の顔づくり」である。ここでの議論は、事業を前提とせずに今後の中心市街地に求められる機能の検討から行われた。

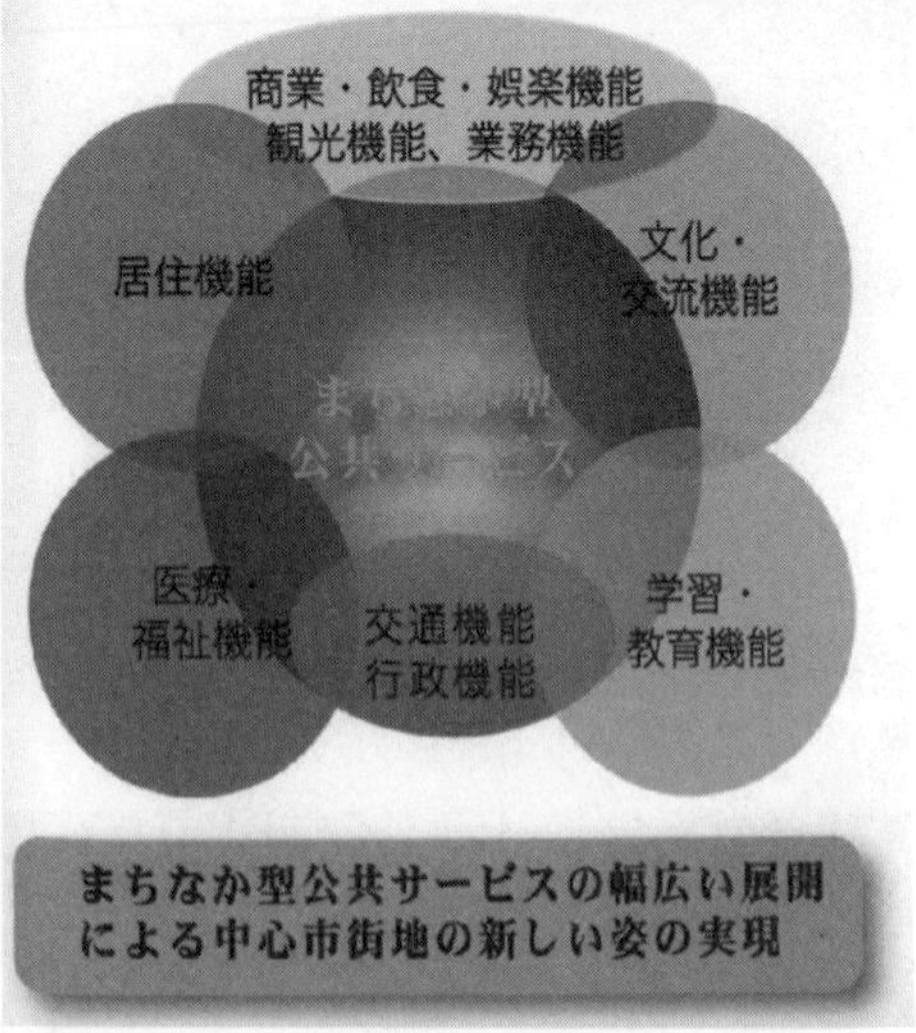

⓬先導的事業地区の導入施設・機能概念図

結果として「まちなか型公共サービス」という概念が生み出されている⓬。これは、多くの人と機能が集まる中心市街地そのものを広い意味で「公の場」と捉え、各機能を効果的に連携させ、人々のふれあいやコミュニケーションを大切にしながら市民の生活や様々な活動に必要な公共の場と機会を提供することと定義された。次に検討されたのは、これらの機能の実現手法であった。公共側が直接整備できるのは市有地である「厚生会館地区」のみであるが、動きの鈍い再開発事業予定地二地区を含め、三地区を先導的事業地区と位置付けた⓭。さらに、この先導的地区について、導入施設と機能⓮が検討され、その実現手法が三つのパターンとして提案された。民間の事業に柔軟に公共サービスを導入することで事業の実現可能性を高めようとする試みである。しかし、再開発事業予定地区はこれまでも度重なる事業検討が行われているにもかかわらず動いておらず、この提案のみで計画が好転するとは考えにくかった。委員からも「市民の求めているのは計画ではなく目に見える事業、または事業が実現するという確証である」との意見もあった。そこで会議では構造改革のプログラムとして展開シナリオを提案している。これは、「三年以内に着手あるいは着手見込みとなる地区を優先し事業化を図る」ことと「再開発事業の事業化が困難と判断される場合には厚生会館地区および中心市街地内の他の場所や空き店舗などへ施設・機能導入を検討する」というシナリオであり、導入施設と機能が三つのパターンまたはそれ以外でも確実に実現することを市民に約束し、民間の再開発事業には最後通告を突きつけることとなったのである。

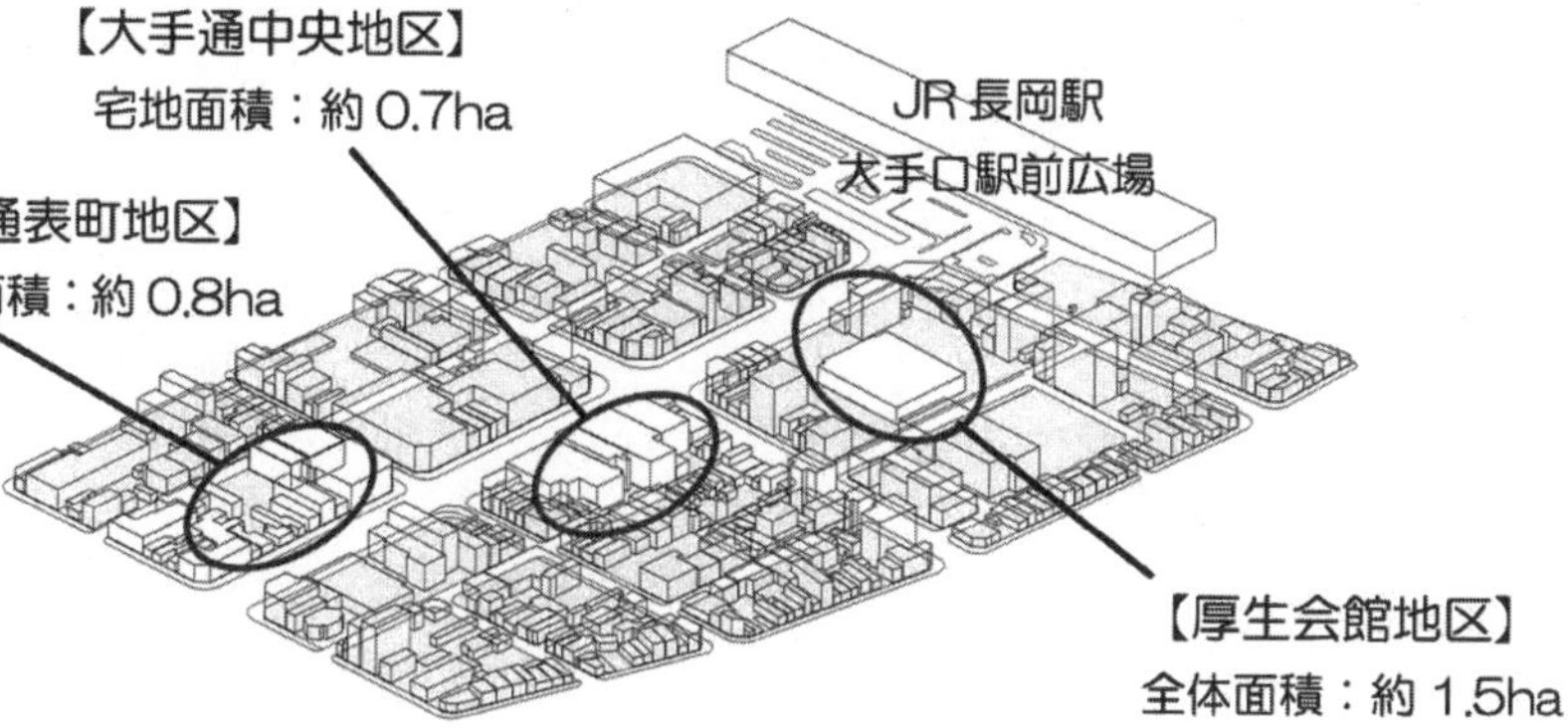

⑬先導的事業導入地区

⑭先導的事業地区の導入施設・機能概念

4　中心市街地の活性化と都市全体の活性化を考える

(1)　中心市街地活性化とは何か

多くの地方都市と同様に長岡市でも商店街、行政担当者をはじめ多くの関係者が必死に活性化に取り組んでいる。観光産業を基盤とした活性化については事例があるが、既存の商業によって全体が活性化した事例は聞かない。では、目的とする「活性化」とは、どのような状態を目指せばよいのだろうか。これまでも検討はされているが[11]、明確な指針は示されてこなかったと思う。しかし、総務省は平成一六年九月、「行政評価・監視」を行い、中心市街地活性化基本計画の成果が上がっていないと判断して、経済産業省、国土交通省など四省へ勧告を行っている[12]。詳細は割愛するが、成果の検討に用いられた指標は人口、商店数、年間商品販売額、事業所数、従業者数であった。中心市街地内の数値と、中心市街地の割合（占有率）が計画策定後およそ五年間でどのように変化したのかが検討されており、ほとんどの都市でこれらの数値が低下していることが示されている。勧告では、基本計画における数値目標設定の有効性及び数値目標として掲げる指標について今後具体的内容を示すように記述されており、担当省庁のみではなく、各都市でも十分に検討しなければならない。また行政評価という制度上、短期での成果を示す必要もあるが、どのような期間で変化をみるのかという視点も必要である。地方都市では将来にわたって人口減少が確実となっており、都市間だけでなく都市内地域間でも宅地需要の奪い合いの状態となっている。中心市街地の数値が短期間に増えることのみを目標としていては将来に向けて良好な市街地を形成することは不可能と考えるがいかがだろうか。

(2) 中心市街地活性化に必要な視点

最後に、今後の施策展開に必要な視点をまとめたい。

まず、中心市街地活性化の問題を中心市街地のみで解こうとするのは間違いである。また、市民の生活が多様化し、車さえあればどこへでも行ける（車がなければどこにも行けない）現在、昭和三、四〇年代に栄えた商店街の範囲のすべてを往事のようによみがえらせることは不可能である。利便性を高め商業機能の充実を図る範囲（中心市街地）は現存する商業地域の範囲よりも狭いはずであり、商業地域の縮小という発想が必要である。さらに、人口、都市機能の拡散を予防する仕組みを作り、その受け皿を中心市街地内、もしくは中心市街地周辺部で作り出すという考え方が必要である。

次に、中心市街地の問題を商店街のみに押しつけるのは間違いである。地域内の土地・建物利用を決定することができるのは、地域内に資産を持ち、税金を納めている地権者である。地権者と直接対話できる環境の整備が必要である。

さらに、都市全域の市街地整備に関するこれまでの計画は、明らかに総花的であったといえる。しかし、もはや二兎を追う体力はないのではないか。長岡市では事業費を規定する税収、特に単独事業を支える市税収入は昨今の景気を反映して想像を超えて減少しており⓯、それに伴って予算に占める投資的経費も大きく減少している⓰。ここ数年でこの状況が劇的に改善するとは考えにくく、ポイントを絞った政策をとらなければ都市の維持管理すらままならない状態になろう。ただし、何もせずに問題を先送りにしても決して良い方向へは向かない。市税収入のうち都市政策を反映する固定資産税収入は大きな割合を占めているが、宅地需要を慎重にコントロールしなければ評価額の減少による税収減は避けられない。税収のコントロールという発想も必要な視点といえる。

最後に、中心市街地活性化は将来を見越した都市全体の再編成だと捉えなければならない。短期での成果を求めるには限界もあるが、中心市街地の外側の住宅地を再編成し、利便性の高い地域の居住人口を増加させること

長岡

市税収入減11億7000万円

03年度見通し　当初見込みの倍に

長岡市は二〇〇三年度の市税収入が前年度決算より十一億七千万円程度落ち込み、二百六十一億五千万円程度になるとの見通しを示した。十七日に開かれた市議会十二月定例会総務委員会で、十一月末現在の見通しとして明らかにした。

市税収入は、当初予算で前年度比六億円の減少を見込んでいたが「厳しい見積もりをさらに上回る落ち込み」（市幹部）となり、全体で当初予算比三億二千万円減る見込み。

税収入の内訳ではいずれも当初予算比で、法人市民税が一億二千万円増加見通しである一方、個人市民税が三億円、固定資産税が一億七千万円それぞれ減少。中でも個人市民税の落ち込みが大きく、市では「給与収入の減少が直結した」と分析する。

地方交付税などの税外収入も同じく前年度比四億円の減少を見込んでいたが、さらに三億二千万円下回る見込み。ただし、年度末収支見通しでは、〇二年度の繰越金を歳入に含めるなどし、最終的に三億円程度の黒字となる見通し。

⓯不可避となった税収の減少（新潟日報，平成15年12月19日）

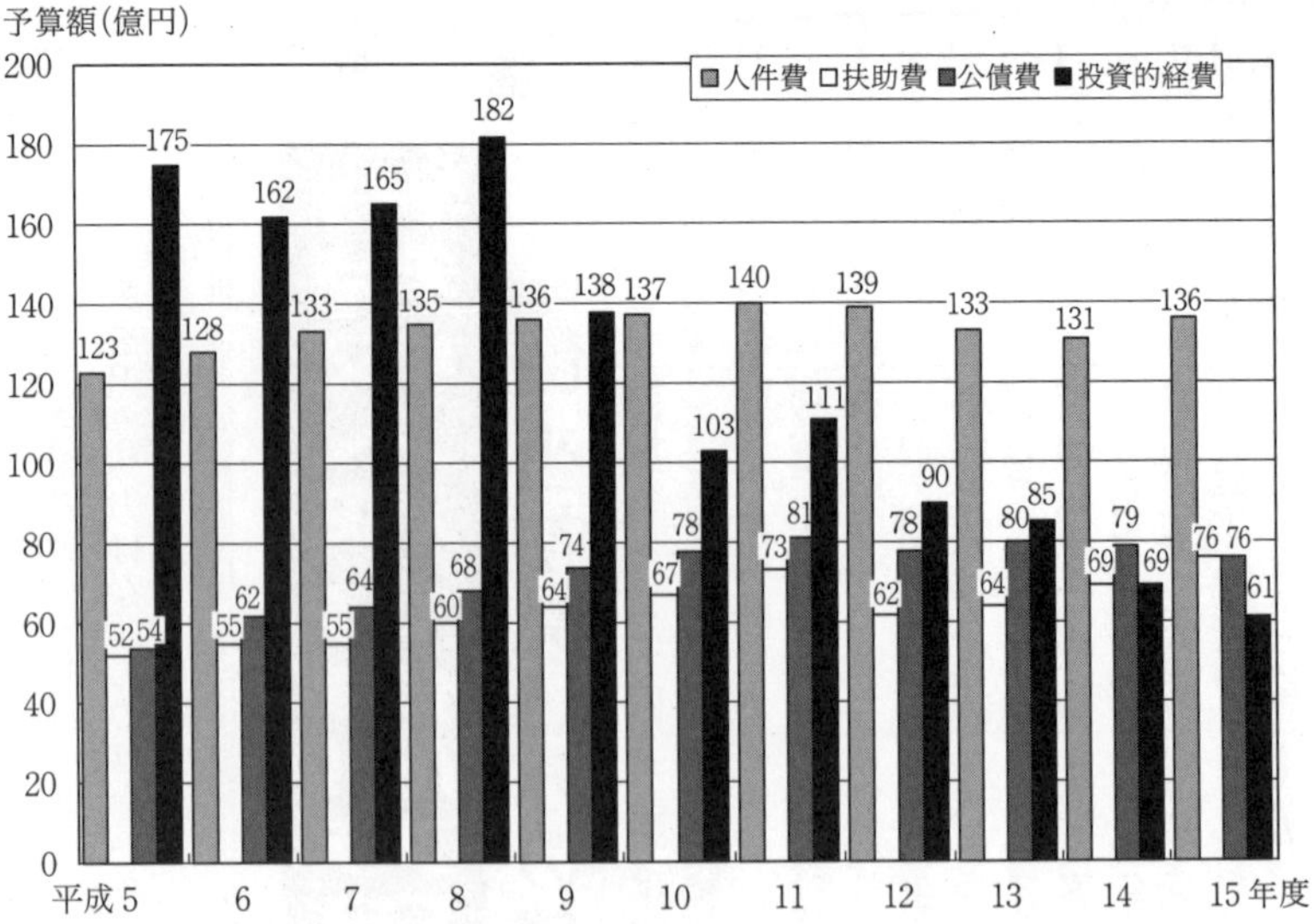

⑯長岡市予算－義務的経費及び投資的経費の推移

こそ遠回りではあるが唯一の安定した中心市街地活性化策だと考える。

注

(1) 平成一四・一五年都市計画基礎調査による。中心市街地に存在する三三町丁目内の道路総延長三万三八三〇メートルに対して幅員四メートル未満の道路延長は二六一〇メートルに過ぎない。逆に一二メートル以上の道路は一万四四〇二メートルで四二・六%を占めている。

(2) 新規出店者の誘致及び育成を目的として商工会議所が設置している組織。商業者、経営者、税理士、不動産関係者、消費者、学生等二一名で構成される。しかし、委員会のメンバーでは誘致活動や家賃交渉は実施困難であり、新規出店者の経営指導が主たる内容となっている。

(3) バス内に設置された引換券を降車時に引き抜き、買い物時に交換する仕組みである。大型店の場合は、サービスカウンターで二千円以上のレシートと引換券で乗車券が発行されるが、客一人に対して一日のうちに複数枚発行することを予防できなかったため発行を中止したようである。

(4) 長岡市統計年鑑による。長岡市ではバスの輸送人員数は近年下げ止まりの傾向が見られる。平成一二年の八四四万人を最低として、平成一四年には八九五万人に増加している。

(5) 中心市街地とほぼ同様の広がりを持つ坂之上地区と表町地区の事業所数と従業者数の推移を見ると、ピークであった昭和五六年の三〇三九、二万七〇八五人から、平成八年には二二九二、一万八三四六人にそれぞれ減少している。

(6) JR長岡駅前の大手通りに面した厚生会館、長岡セントラルパーク、宝田公園など約一万五千平方メートルの市有地に、文化交流施設と公園を造る計画で「文化創造フォーラム」と呼ばれた。地上八階地下一階で、延べ床面積は一万七四九〇平方メートル、最大二千人を収容できる大ホールを持ち、総事業費は約一三〇億円。基本設計は終了しており平成一一年度の着工予定だったが、市は財政事情から一〇年二月に三年程度の先送りを決めていた。

（7）初年度である平成一三年度は一から四階（約五千平方メートル）まで、平成一四年度以降は地下一階から地上五階まで利用している。市民センターの情報は以下のホームページに詳しい。http://www.city.nagaoka.niigata.jp/dpage/s-center/home.htm（平成一六年九月二七日現在）

（8）市民委員会は学識経験者、商工会議所、商店街、教育委員会等の関係者八名で構成され、施設全体の運営調整を担当している。企画運営ワーキングは五名の女性を含む一一名の市民で構成され、市民委員会の下部組織としてイベント企画や運営方法等を検討し、実際の施設づくりに関わっている。

（9）まちなか考房 http://www2.nct9.ne.jp/tmc-nagaoka/（平成一六年九月二七日現在）

（10）移転した人数は、本庁舎から商工部三一人、市民センターからコンベンション協会五人である。

（11）街なか再生研究会「「街なか再生指標」と「街なかの戦略的活性化法策」」『地域開発』平成一三年一〇月号、(財)日本地域開発センター、四七～五三。

（12）「中心市街地の活性化に関する行政評価・監視（評価・監視結果に基づく勧告）」、総務省、平成一六年九月一五日。報告書の中では、中心市街地活性化の状況を、五つの統計指標の基本計画作成前後の動向が把握可能である平成一二年度以前に基本計画を作成した一二一市町について把握・分析している。

［付記］本稿の執筆後、新潟県中越地震が発生した。また、平成一七年四月一日に六市町村で合併し新長岡市が誕生した（平成一八年一月一日にはさらに四市町村の編入が予定されている）。震災後半年が経過した現在、被災地を広範に抱える新市では本格的な復興が始まろうとしている。復興計画では中山間地域の復興が重要な課題となっているものの、震災を機にまちの復興に不可欠として中心市街地の活性化が注目されている。計画の中では、復興のシンボルとして厚生会館地区の整備事業が位置付けられるとともに、仮設住宅の建設用地として利用されている操車場跡地は広域防災拠点（シビックコア）として整備が進められようとしている。復興と復活をかけて、名実ともに広域中心となった地域をどのように活性化させるのかが問われている。

五　和歌山市再生の混迷と希望

大泉英次

1　一地方都市としての和歌山市の「再生」

紀伊半島の西半部に位置する和歌山県、その県庁所在都市が和歌山市である。二〇〇二年の市人口は三八万三五〇〇人で、県人口一〇六万一六〇〇人の三六％が集中する。和歌山県は、近畿二府四県（大阪、京都、兵庫、滋賀、奈良、和歌山）のなかでは就業人口における第一次産業就業者の割合が一〇・六％ときわだって高く、六五歳以上人口比率も二一％を超えて、農業県そして人口高齢化県という性格が比較的強い。和歌山市への人口集中はそうした状況を反映している。

その和歌山市の、一般に知られるイメージはどのようなものか。徳川御三家の一つ紀州藩の城下町というのがおそらく代表的なものであろう。だが実際には、和歌山市は近代に入って綿織物産業を中心とする工業都市として発展し、第二次大戦後の高度成長期には重化学工業の集積が進んで、住友金属和歌山製鉄所の企業城下町という性格を色濃く帯びた。しかし低成長期以降の鉄鋼業や繊維産業の衰退によって、今では工業都市としての活力は失われている。戦前・戦後の和歌山市行政が工業化を最優先の目標として進められてきただけに、産業構造転換のダメージは大きい。

近世城下町として成立した和歌山市の、近代そして現代における都市変容は急激であった。和歌山市が県の北端に位置し、大阪府という大都市圏に隣接する地理的条件も加わって、都市の消費機能や文化機能は拡散していった。それゆえ、和歌山市が都市としてどういう個性をもつかについての市民の認識、そしてこの都市への帰属意識は希薄化するばかりであったように思われる。

和歌山市の「都市再生」は、都市としての個性や求心力を失い、都市間競争の激化で苦境に陥った地方都市の「再生」、その混迷と希望の一つの相を示すものである。個性の発揮を掲げながら実は没個性化の度を強める不動産開発が「都市再生」の混迷を表すとすれば、「都市再生」の希望を表すのは個性的な都市づくりに向かって連携を広げる住民運動の発展であろう。それらが交錯する姿を明らかにしてみたい。

2 和歌の浦景観保全住民訴訟

和歌山市の南西部に位置する和歌浦湾岸には、古代万葉の秀歌に詠まれた景勝地和歌の浦がある。一九八〇年代リゾート開発ブームの最盛期に、和歌山県は人工島「和歌山マリーナシティ」の建設を含む和歌浦湾岸一帯のリゾート開発計画を構想した。和歌の浦もそのなかに組み込まれ、干潟を埋め立てて幹線道路や駐車場、公園などを建設する計画が立てられた。

和歌の浦の歴史的景観を代表するのは、一九世紀半ばに建設されたアーチ型の石橋「不老橋」とその東面に広がる眺望である。リゾート道路計画は、この不老橋のすぐ東側の干潟を横断する「あしべ橋」(計画当初の名称は「新不老橋」)の建設を含むものであった❶。

和歌山県は、一九八八年九月にあしべ橋の建設と和歌浦廻線道路計画の事業実施を発表した。この計画に対し

❶不老橋（手前）とあしべ橋（自動車が通過）

て、地元住民を中心に「和歌浦を考える会」が結成され、あしべ橋建設は和歌の浦の歴史的景観を破壊するものであると反対運動を展開した。あしべ橋建設反対の声は多くの万葉学者や歴史学者、文化人の間にも広がり、同年一二月に提訴された住民訴訟では全国的な支援組織がつくられた。

住民訴訟は、あしべ橋建設工事が「歴史的景観権」を侵害し、文化財保護法、都市計画法に違反するとして、この違法工事に対する公金支出の差し止めを求めるものであった。歴史的景観権は環境権の一部であると同時に、憲法第二五条の文化的生存権、第一三条の幸福を追求する権利、第二三条の学問の自由などによって基本的人権として認められる、文化財の文化的価値を享受しうる権利の一部であると主張された。

「和歌浦を考える会」の活動は、あしべ橋の建設工事が開始されても持続し発展した。会の活動は反対署名や陳情のほか、和歌の浦の景観に関する史料や美術作品の展示会、現地見学会、講座・学習会、コンサートの開催、さらに絵葉書の作成・頒布や研究・解説書の刊行など多彩に展開された。これが、バブル崩壊で和歌の浦でのリゾート開発の動きが収束し、住民訴訟が終わるまでのおよそ七年間にわたって続いたのである。

「和歌浦を考える会」のメンバーであった米田頼司氏はつぎのように論じている。「運動の特筆すべきこうした持続性は、あしべ橋建設に反対する運動が同時に和歌の浦を再発見し復興させる運動として行われたことから得られたものであった。和歌の浦の再発見と復興を目指した運動として行われたが故に、運動体における内的な駆動力が枯渇することなく、また個々の活動においても大きな反響と共感を呼ぶことに成功したのである[1]」。

この優れた運動は大きな成果をあげた。結局あしべ橋は建設されたものの、県のリゾート開発計画は大幅に縮小された。全面的な景観破壊は阻止されたのである。あしべ橋建設計画の公表時には住民の多くが和歌の浦の景観がもつ価値などには無関心だったが、運動の展開は住民意識を大きく変えた。そのなかから、歴史的景観を活かし、祭りや芸能の継承など地域の歴史的文化を活かしたまちづくりへの取り組みが成長しはじめている。

和歌の浦がもつ歴史的景観の価値を再発見し、それをまちづくりに活かす取り組みにおいて住民運動は大きな成果をあげたのであった。だが、都市景観となると事情は異なる。スクラップ&ビルドの開発による変貌を繰り返す日本の都市は、市街地の景観が都市の個性にとって重要な要素であり、それじたい文化的価値をもつという住民意識の成長を著しく阻害してきた。このことは、かつての城下町であり都市の中心に城というシンボルをもつ和歌山市においても当てはまる。最近の県と民間事業者による都心再開発計画が引き起こした景観問題はそのことを露呈させたのである。

3 県立大学移転跡地再開発

一九四五年七月九日の和歌山大空襲で和歌山城は焼失し、市街地は壊滅的な被害を受けた。和歌山城については戦後の一九五八年に天守閣が再建され、その後、城内の庭園や城門の復元、修理などが行われ、今日に至っている。

和歌山城の正門前には、幹線道路をはさんで和歌山県立医科大学と付属病院があったが、一九九九年五月に新キャンパスへ移転した。和歌山県は大学跡地の再開発を民間事業者にゆだねる方針をとっており、二〇〇〇年二月に策定された「大学跡地利用に関する基本方針」では、中心市街地活性化に向けて「にぎわいのある街の創

❷和歌山城と高層ホテル建設工事

出」「潤いのある街の創出」「快適な回遊空間の創出」「魅力的な都市景観の創出」という四つの目標をあげていた。

二〇〇三年二月、大和ハウスグループのダイワロイヤル社と和歌山県が「大学跡地利用基本計画」を発表した。この計画は、県の基本方針に沿うとして「中心市街地活性化の起爆剤となる魅力的な商業施設整備」、「和歌山城に相対する、都市の新たなシンボルを建設することによって、過去と現在の二つのランドマークからなる古都和歌山にふさわしい美しい都市景観を創出」というコンセプトを掲げている。(2)

幹線道路をはさんで、和歌山城に相対する一万三〇〇〇平方メートルの敷地（市立伏虎中学校に隣接）に、高さ八〇メートル、二〇階建てのホテルおよび商業施設、コンベンション施設と駐車場を建設するという計画である。建設工事は着々と進行し、ホテルは二〇〇五年四月にオープンした。

高さ八〇メートルのホテルは天守閣を見下ろすことになる❷。ダイワロイヤル社の「基本計画」は、「ホテル最上階にはＶＩＰルーム及びデラックスルームを設け、市内トップクラスの眺望を確保」とうたっている。

この再開発がいったいどういう都市景観を生み出すことになったのか、異議を唱える市民の声は聞こえない。まちづくりに取り組む市民のなかに疑問の声はある。だが、その声は広がらない。

都市景観をめぐる論議の活発化が難しいことを示す例は過去にもある。一九九四年に、和歌山城の南側を通る「三年坂」の道路拡張とあわせて、天守閣を臨む道路沿いに県立近代美術館が移転、建設された。黒川紀章建設都市設計事務所の設計によるこの建物が、周囲の景観とマッチしていないと地元紙『ニュース和歌山』の論説が問題提起したことがある。しかし、すでに建設されたこの建物について景観論争は広がらなかった。

県立医大跡地再開発計画は「古都和歌山にふさわしい美しい都市景観」なるものを市民に実物で提起することになった。和歌山県は都心の貴重な公有地をみずから活用する政策をもたず、ひたすら民間企業による再開発を追求した。その結果が高層ホテルの建設である。敷地は五〇年の賃貸契約で、賃料の年額は四七六〇万円で、一平方メートル当たり三九〇〇円という破格の条件である。

❸ぶらくり丁商店街

高さ八〇メートルのホテルは周囲の市街地に対しても十分に威圧的である。「跡地利用基本計画」が言う「にぎわい」「潤い」「快適な回遊空間」は、再開発される敷地と建物の内に限られる。その西側数百メートル先には空洞化に苦しむ商業集積地区「ぶらくり丁」がある。再開発空間ではなく、街に「にぎわい」「潤い」「快適な回遊空間」を取り戻すためには、再開発＝「活性化の起爆剤」式の「再生」とは別のアプローチが必要である。

4　中心市街地商店街の空洞化

「ぶらくり丁」地区は、一七〇年の歴史をもつ市内最大の商業集積エリアである。戦後の最盛期には、ぶらくり丁、中ぶらくり丁、東ぶらくり丁、北ぶらくり丁など六つの商店街と明治時代創業の地元老舗デパート丸正百貨店、さらに大丸百貨店和歌山店やスーパー、量販店

❹倒産した丸正百貨店

が展開し、和歌山市だけでなく県内各地そして大阪府南部を商圏におさめて賑わった。「ぶらくり丁」という名称は、昔、商家の軒先から内部まで商品をぶらさげて（「ぶらくる」は「ぶらさげる」の和歌山方言）飾ったことに由来すると言われる❸。

この中心市街地商店街も、郊外における住宅開発や大型小売店、ショッピングセンター出店の影響を受けて急速に衰退していった。荒川武史氏の調査によると、一九八〇年から九九年までの二〇年間に地区内の商業施設および娯楽・レジャー施設はそれぞれ一一％そして一五％減少し（いずれも区画数）、かわりに建物のない区画および駐車場が二七％も増えた。商業集積にとって重要な意味をもつ消費者の回遊行動も、丸正百貨店からぶらくり丁商店街そして専門店商業施設ビブレ（調査時には大丸百貨店はすでに撤退していた）を結ぶごく短いエリアに集中し、他の商店街への来客はほとんど見られない状況であった[3]。

したがって、近年のぶらくり丁地区の集客力はもっぱら丸正百貨店に依存していたのである。ところがその丸正百貨店も、バブル期に建物を全面改築・拡張した設備投資の負担と売上高の低迷があいまって深刻な経営困難に陥り、ついに二〇〇一年二月に倒産してしまった❹。

倒産直前の丸正百貨店の様相は悲劇的であった。有力テナントは見切りをつけて早々と撤退し、客足はいっそう遠のいた。客のなかには手持ちの商品券を使い切るのが目的の人も多く、売上げが現金収入につながらない。仕入れは現金取引に限られるため商品の確保がままならない。最後は売り場を大幅に縮小して商品を並べたものの補充ができず、旧社会主義国のデパートもかくやという状況に陥ってしまった。

長年にわたり市民に親しまれた老舗デパートの閉店ともなれば、それなりの賑わいと一抹の寂しさを漂わせる光景があって当然であろう。しかし、めぼしい商品も尽き客も去ってシャッターが閉じられ、そして二度と開くことはなかった。最後まで営業存続に望みをつないでいた従業員と地元テナントの悔しさはいかばかりだったろうか。

ぶらくり丁は集客力の核を失い決定的な苦境に陥った。丸正倒産の二か月後、集客の最後の核だった商業施設ビブレも撤退してしまった。

ぶらくり丁の再生への途はけわしい。中心市街地活性化法にもとづくＴＭＯ（中心市街地における商業集積整備の運営・管理機関）として「株式会社ぶらくり」が二〇〇〇年三月に設立された。しかし、商店街活性化では総論賛成、各論反対の姿勢が目立つ各商店街事業者組合に対してリーダーシップを発揮することは難しい。沈滞した商店街には新陳代謝が必要である。若手経営者には危機感があり、取り組みへの積極性もある。しかし、これが各商店街あげての大きな動きにはならない。地価の下落が続いているにもかかわらず家賃は割高で、新しいテナントが入れないという問題もある。それでも、ぶらくり丁の周囲には新しい店が現れてはいる。だが商店街組合はそうした新たな経営者を迎え入れて商店街活性化への内発的な動きをつくりだそうとしない。

中心市街地活性化をめぐる市の施策も混迷を深めた。丸正百貨店が倒産した当時の和歌山市長は市立大学の設置構想を掲げていた。この構想を中心市街地活性化に結びつけるため、当初は郊外でのキャンパス建設という計画だったものを変更して、旧丸正ビルを活用する計画に切り替えた。だが少子化時代に新たな大学を設置することじたいの妥当性が問われ、市議会は市の提案を否決し市長の構想は頓挫した。

また、市営の地下駐車場を起点にぶらくり丁地区内を循環する無料バスの運行が行われた。しかし、商店街じたいの魅力を高めることなしにパーク＆ライドの形だけをまねても活性化の効果はない。利用者がほとんどいないまま、商店街循環バスは一年間で廃止された。

破産管財人の管理下にある旧丸正ビルの再生を実現できるかどうかは、中心市街地の活性化にとって決定的な意味をもっている。市は旧丸正ビルに県外企業の誘致をこころみたが、これに応じる企業は現れない。見かねた地元ディベロッパーがビル買収に手をあげ、市も国に規制緩和特区の適用を申請し、これが認められて再生事業の迅速化が可能となった。だが地権者や建物区分所有者との買収交渉は難航した。結局、ディベロッパーは旧丸正の別館についてはは買収にこぎつけたものの、ぶらくり丁地区のシンボルだった本館ビルの買収を断念した。

再生への動きをつくり出せないまま、市民の意識のなかでぶらくり丁の存在感はますます希薄化している。二〇〇三年に和歌山大学の研究グループと株式会社ぶらくり、和歌山社会経済研究所（地元シンクタンク）が共同して行った「ぶらくり丁近隣勤務者の消費行動調査」は、商店主たちにとってショッキングな結果を示した。「ぶらくり丁は和歌山を代表する商店街ですか」という設問に対し、ぶらくり丁の近辺で働くサラリーマン、OL一四七五名の八六・四％が「あまり思わない」「全く思わない」と答えたのである。ぶらくり丁での買物頻度については「年に数回」が二七％、「ほとんど買わない」が五九％であった。

丸正倒産やぶらくり丁の衰退を嘆く市民は少なくないが、かといってそれが市民のマジョリティの声なのではない。むしろ多くの市民が中心市街地空洞化に無関心であるところに問題の深刻さがあるだろう。現実には中心市街地が空洞化しても多くの市民に不都合はないのである。消費のニーズなら電車で一時間程度の大阪市や手近な郊外ショッピングセンターが満たしてくれる。

中心市街地に商業集積やレジャー・娯楽の場としての機能だけを求めても、大都市や郊外の商業施設に対抗するのは困難だし、そういう競争が市民のニーズに合致するわけでもない。中心市街地活性化への掛け声は高いが、そもそも何のための中心市街地か。なぜ中心市街地は活性化されるべきなのか。こうした肝心の問いに答える都市の哲学が貧困なのである。

5　まちづくり市民運動の成長

中心市街地再生への希望はないのか。そうではないだろう。まちづくりに取り組む市民の運動は成長しているし、様々な運動のベクトルはしだいに中心市街地に向かってもいる。そしてそれを一つにまとめあげていこうとする動きも出てきている。

地元のシンクタンク和歌山社会経済研究所は、二〇〇三年度から糀谷昭治研究部長を中心に「まちづくりネットワークの中核を担う」活動を開始している。同研究所が事務局となって、市民組織「和歌山市民アクティブネットワーク」（略称WCAN）が二〇〇三年七月に立ち上げられた。WCANは「和歌山市の中心市街地などを元気にすることを目的に活動をする市民の会」として、「行動する分科会方式」を掲げ、現在一三の分科会が活動中である。立ち上げて一年余りが過ぎ、メンバーは一五〇人を超えた。

分科会にはつぎのようなものがある。「NPOボード」分科会は、各分科会や市民グループが行うイベントやセミナーなどの情報を、インターネットで発信するシステムを運営している。「ぶらっと大隊」分科会は、北ぶらくり丁の空き店舗に開設された「まちづくり工房ぶらっと」の運営に協力している。さらに「和歌山グランドデザイン隊」「路面電車の復活を考える会」などがあり、また和歌浦地区での地域通貨「和歌」の実用化を支援する分科会もある。糀谷氏は行動するリーダーの一人として七分科会で活動している。一〇〇分科会、会員一〇〇〇人をめざすという(4)。

WCANは、他のまちづくり市民団体や研究グループ、行政審議会などとの連携・ネットワークづくりにも乗り出している。そのなかには、和歌山市が設置した和歌山市中心市街地活性化基本計画改定委員会や、和歌山市・和歌山大学・和歌山商工会議所などでつくる和歌山グランドデザイン策定委員会、株式会社ぶらくり戦略会議（TMOの経営方針を立案する組織）なども含まれている。

こうしてWCANは、まちづくり市民運動のなかに連携・交流をつくりだし、この連携のなかに行政や経済団体、大学などを巻き込んでいこうとしている。それによって、住民参加の「新しい和歌山市都市計画ビジョン」「和歌山市再生アクションプラン」の策定とそれにもとづく都市づくりの前進を展望しているのである。

市民主導のまちづくりへの流れをつくり出そうとするリーダーたちが動き出している。そしてそこには若者たちも加わりはじめている。「まちづくり工房ぶらっと」には多数の和歌山大学学生が訪れ、WCANの各分科会に参加しているほか、独自の創意にあふれた活動も展開している。

その一例に、和歌山大学経済学部中村太和ゼミナールの学生たちの活動がある。彼らは、和歌山県南部（紀南）の山間地域にある古座川町で、特産物ゆずの収穫作業体験交流に取り組んでいる。いわゆるボラバイト（ボランティア・アルバイト）の農作業支援、農家との交流である。また、同じ紀南の熊野川町ではNPO「自然食と農地を守る会」と協力して、地域内資源循環システムづくり「菜の花エコプロジェクト」に取り組んでいる。こうした活動のなかから、紀南地域の資源＝モノを和歌山市の中心市街地に持ち込み、そのことで中心市街地にヒトを集めようというアイデアが生み出された。

二〇〇四年一月、北ぶらくり丁の「まちづくり工房ぶらっと」で「古座川・熊野川フェア」というイベントが開催された。ゆずとその加工品や紀南の郷土料理「めはりずし」の販売が人気を集めた。熊野川町の農産物や食品の販売、そして「菜の花エコプロジェクト」によるバイオディーゼル燃料を使用したトラクターや自動車の走行実験も市民の目をひいた❺。

また同じく経済学部足立基浩ゼミナールを中心とする学生たちは、「街と大学を結ぶ情報発信」で中心市街地活性化に貢献することをめざしてUWU（Urban with University）というサークルをつくり、二〇〇三年一二月からインターネットラジオ（http://www.uwu.jp）を開設している。「学生の目線による和歌山大学とぶらくり丁の情報提供」がそのコンセプトである。

こうして中心市街地をステージとして、まちづくり市民運動が多彩に発展しはじめている。ヒト・カネ・モノの集中を競う大都市に対して、地方都市の多くは集中力、求心力を失いつつある。だが、そこでも市民たちがみずからの運動の連携、交流の場を中心市街地に求めようとすることで都市の求心力の再生に取り組んでいるのである。

❺商店街でバイオディーゼル燃料を実験

6　地方都市再生への希望

まちづくりに取り組む市民の目標は彼らの興味、関心に応じて多様である。そのさい、地域的特性を意識したまちづくりの統一的なコンセプト、目標を掲げることは市民の力を一つにまとめあげていくうえで有効であろう。だが、それが都市間競争における商業主義的な差異化を意識した「個性」づくりに傾くとき成功は期待できない。地方都市の多くがぶつかっている壁はそこにある。

地方都市における中心市街地の役割を問い直すことが必要である。地方都市の中心市街地に求められるものは商業的価値であるよりも、むしろ文化的価値ではないだろうか。和歌山市の現状を見れば、中心市街地の活性化をめざす市民まちづくり運動は商店街や地元住民からではなく、むしろ外部の市民たちのなかから生み出されている。それは、市街地のスプロール的拡大、都市機能の拡散で失われた帰属意識を取り戻そうという動きの始まりである。そして帰属意識のよりどころとなるべき中心市街地とは、無個性な消費やレジャーの場ではなく、市民が集い交流し、文化が生み出される場でなければならない。

だが現実には、中心市街地でまちづくり活動に取り組む市民や学生たちと、商店街経営者たちや地元住民との間にある意識のギャップはまだ大きい。現市長は中心市街地活性化を公約に掲げているが、施策の具体的方向はまだ見えてこない。

和歌山県および和歌山市の人口は、一九八〇年代前半をピークとして減少に転じている。人口が増加しているのは大阪府に接する一、二の自治体に限られる。和歌山市の宅地開発や商業開発は農地が広がる北部および北東部でスプロール的に進行してきた。この傾向はいまも続いている。だが市域人口の減少が今後も確実である以上、こうした拡散型都市開発に未来はない。中心市街地の空洞化が進むだけでなく、郊外の新市街地も発展の条件を失い衰退に向かうだろう。スプロールを抑制し既成市街地のインフラ整備に重点をおく、コンパクトな都市づくりへの転換が必要である。

各地の自治体ではまちづくり条例や景観条例の制定による新しい都市計画づくりの動きが広がっており、和歌山市にもそれが求められている。中心市街地では先述した県立医大跡地再開発のほかマンション建設も活発化しているだけに、新しい条例づくり、都市計画づくりを急ぐ必要がある。そうした政策展開のためには思い切った市民参加の仕組みが必要だ。WCANのような動きはその担い手となりうる可能性をもっている。

地方都市再生をめぐる混迷と希望は、困難ではあるが都市が進むべき途を指し示している。都市づくりの方向についての市民合意は一朝一夕にはできないが、希望はたしかにある。都市に意味を与える文化的価値をつくりだすのは市民の力である。市民が文化を消費する主体ではなく文化を創造する主体に成長していくこと、そこに都市再生の希望がある。

二〇〇四年七月、紀伊山地の霊場（吉野・大峯、高野山、熊野三山）と参詣道（三〇七・六キロメートル）がユネスコ世界遺産に登録された。紀伊半島の自然と信仰の歴史が一体となって、人類が後世に継承すべき文化遺産を形成していることが認められたものである。世界遺産登録は和歌山の都市文化とはまったく異なる次元のものだが、県民、市民があらためて地域の個性を考える機縁となるだろう。それが、和歌山市のみならず県内の都市や農山村で成長しはじめている市民まちづくりに力を加えることを期待したい。

注

（1）米田頼司「和歌の浦の景観保全運動」藤本清二郎・山陰加春夫編『和歌山・高野山と紀ノ川』吉川弘文館、二〇〇三年。和歌の浦景観保全運動に関する記述は、この論文に多くを依拠している。また、歴史的景観権については、和歌の浦景観保全訴訟の裁判記録刊行会編『よみがえれ和歌の浦』東方出版、一九九六年、を参照。
（2）ダイワロイヤル株式会社・和歌山県『和歌山県立医科大学跡地利用基本計画』二〇〇三年、を参照。
（3）荒川武史・濱田学昭「回遊性による都市空間の解析、まちの発展性に関する考察―和歌山市ぶらくり丁における事例研究―」平成一二年度日本建築学会近畿支部研究報告集、による。
（4）㈶和歌山社会経済研究所自主研究事業報告書『中心市街地活性化への新たな視点と行動』二〇〇四年、を参照。
（5）入江祥元「古座川・熊野川フェア in ぶらっと」和歌山県地域・自治体問題研究所『わかやま住民と自治』第一五七号、二〇〇四年三月、による。ちなみに「菜の花エコプロジェクト」は、休耕田で菜の花を育て、採取した菜種油の活用、そしてその廃油をバイオディーゼル燃料に精製して自動車やトラクターに使用するという資源循環システムの構築と普及に取り組む活動である。

IV　参加のまちづくりと地域の再生

一　地域福祉計画策定の新しいパラダイム——まちづくりと福祉

中埜　博

1　まちづくりからまち直しへ

二〇〇四年度版大和市地域福祉計画は、住民参加型の計画づくりの実験であった。その特徴は現況の福祉体制の「修復型計画」となっていることである。「修復」とは、「全く新しい考え方」に直すということではない。住民参加型の考え方に立って今までの「福祉」の様々な方策の良いところを守り、悪いところ、不都合なところを修復することである。住民参加型とは「福祉の課題の重要性の判断を下すことのできるのは、その地域に住む日常的生活の専門家＝住民自身しかいない」という、当たり前の考えに基づいている。また「住民参加型」は、計画策定の初期段階から福祉の関係者やその他の多くの人たちを巻き込み、決定に加わるプロセスを含んだ方法である。

特に今回、大和市地区ごとの「住民参加型」での話し合いには、福祉をよく知っている人たちだけでなく、あまり知らない人たちも一緒に加わった。この参加型の話し合いでは、地区の福祉課題を知らない人たちが参加しているからこそ、福祉政策の中だけでは解決できない新しい考え方もでてきた。結論的には今回策定した「地域福祉計画」は、戦略プランに修復型の特徴が一番でている。

この「修復」という考え方が計画の中で一番表れたのは、「少子高齢化」という問題においてであった。「少子高齢化」の解決は年金制度でもなく、福祉の問題でもなく、実は「地域コミュニティ」の修復再生によって解決されるというのが結論である。福祉問題は、ここで「まちづくり」の「コミュニティの修復再生」という形に結びついた。これが「大和市地域福祉計画」の本体でもある。

このまちづくりは、福祉計画からみた、「まちのコミュニティ再生と修復」という形で実現していくので、福祉を通じた「まち直し」と言ってよいだろう。ただその修復が計画内容に止まらず、現況の計画決定プロセスについても修復しなければならない点に特徴がある。これから地域福祉計画を策定していく人たちにとっては、その点を重点的にまとめてみた方が有益だと思われるので、大和市を例として具体的に書くことにする。

2 「地域福祉計画」って何?

(1) 介護保険の導入が福祉の考え方を変えた

「地域福祉計画」とは何か。一つ一つのことばはわかるが一体これは何の話なのだろうか。どうしてこれが今出てきたのか。それがまちづくりにどう関係があるのだろうか。

「地域福祉計画」とは、平成一五年四月に改訂成立した社会福祉法の中で「住民参加」によって市町村で作成すると定義づけられた、しっかりとした公的計画なのだ。この法律が生まれてきたのは、介護保険制度の成立と、それを実現するための「民間による支え合い構造」という深い歴史的背景があるのだ。

この「地域福祉計画」成立条件をまず考えてみよう。

「福祉」という言葉はみんな良く知っているが実体はわかりにくい。福祉とは一体何で、誰が誰に「福祉」を実施しているのだろうか。「福祉」の意味は中国の漢の時代の「易林」という書にあった「天によって授けられた齢を全うして幸せになる」という意味だという。一般的には「社会福祉」といって、社会という言葉をつけて、「社会的に人間の幸せな状態や生活を維持すること」ともいわれる。言葉の定義だけでは「福祉」の実体は良く分からない。人によって社会福祉は低所得者を助けることであったり、障害者のサービスであったり、高齢者の健康安全のためのサービス介護であったりする。

この曖昧な「福祉」の実体に、一つの定義を与えたのが二〇〇〇年四月から施行された介護保険制度(高齢者福祉における、老後の介護を社会全体で支援することを目的とする社会保険制度で、基本的には高齢者対応の福祉制度)なのだ。人間らしい生活を地元で、家で、死ぬまで続けられる「高齢者のための在宅福祉の実現」を制度的に確立しようとした「介護保険制度」の導入が「福祉」を見直すきっかけになった。

「介護保険は『福祉制度』の革命だ」という人さえいる。在宅福祉の実現を裏付ける「介護保険」はなぜ革命的といわれるのだろうか。

介護保険の制度の考え方には四つの国際的源流がある。(1) 一つはドイツの考え方からきた。受益者負担という公的税金を基にしない保険制度としての、高齢者「社会福祉」を成立させること。二つめは北欧からの流れだが、地方自治体が福祉の運営者として分担し、地域の固有性を基に高齢者福祉を実施していくのである。さらに三つめは、英国のケアマネジャー制度にみられるように情報を公開し、民間による高齢者福祉サービスの実現を図る。最後の四つめは米国の考え方からきたそうだが、法人組織(株式会社)例えば、民間福祉組織(株式会社)の参入可能な体制とする、などがある。

「介護保険」は今でも(平成一六年現在)物議を醸しているが、要するに高齢者「福祉」という曖昧なものを地域で、民間で、支え合っていく体制の確立こそこれからの福祉の形である、と提起した点にその「革命性」がある。それまでの「上からの国家による施し」としての福祉ではなく、高齢者たちが「自分たちで福祉サービスを選択する権利」があることを示したのである。「福祉の革命」という意味は「高齢者福祉が『措置』（上からの国家による処理）の時代から『自分たちで選択し、解決をする』時代へ移った」ということなのだ。そして介護に未だ至らないあらゆる人間の幸せを確立すること、それを自分たちで解決しよう、と見直しをする時代になった。

さあ、そこで問題である。では介護保険の対象とならない、圧倒的多数の「高齢者予備軍」や「生活困窮の人々」や、「子育てサービス」の問題、その他の福祉の問題については、誰が看ることになるのだろうか。

ここで大和市の場合を例として考えてみよう。

大和市には二一万人の人がいるが、もし大和市が一〇〇人のまちだとしたら、そのうち四九人は女性で五一人が男性である。大和市を一一の地区社協単位で分けて平均すると、一地区一〇人程度になる。(2)一四人が最大で、四人が最小だ。まち全体は六五歳を超えた人が一二人いる。二〇〇四年には一四人になると予想されている。六五歳を超えた人のうち、一人から二人しか何らかの助けを必要としていない。あとの人はまだ元気で仕事をしている人だ。

一〇〇人の中に、どうしても助けてあげなければいけない一~二人を除いて、四〇歳以上の働き盛りの人が四六人もいる。大和市一〇〇人のまちでは四六人の働き盛りの人が何らかの形で残りの三四人の人を支えている。(3)一〇〇人のまちには四〇の家族がある。四〇の家族の長が全部働いて家族同士が助け合えば、さまざまな支え合いが可能になるのは明解である。社会は昔から四〇%の人々の働きで支えられているのだ。しかし、近年の核家族化傾向の流れのために、家族が自分だけの家族を看る時代から、他人の家族を自分の家族と同じように看る時代へ変化しなければならなくなっている。家族の機能が公共化したことになる。コミュニティ全員が家族として人を助け、支援する時代になったのだ。これが、「新しい社会福祉」という考え方であり、このことが、近年の様々な社会「福祉制度」を動かす一因になっている。

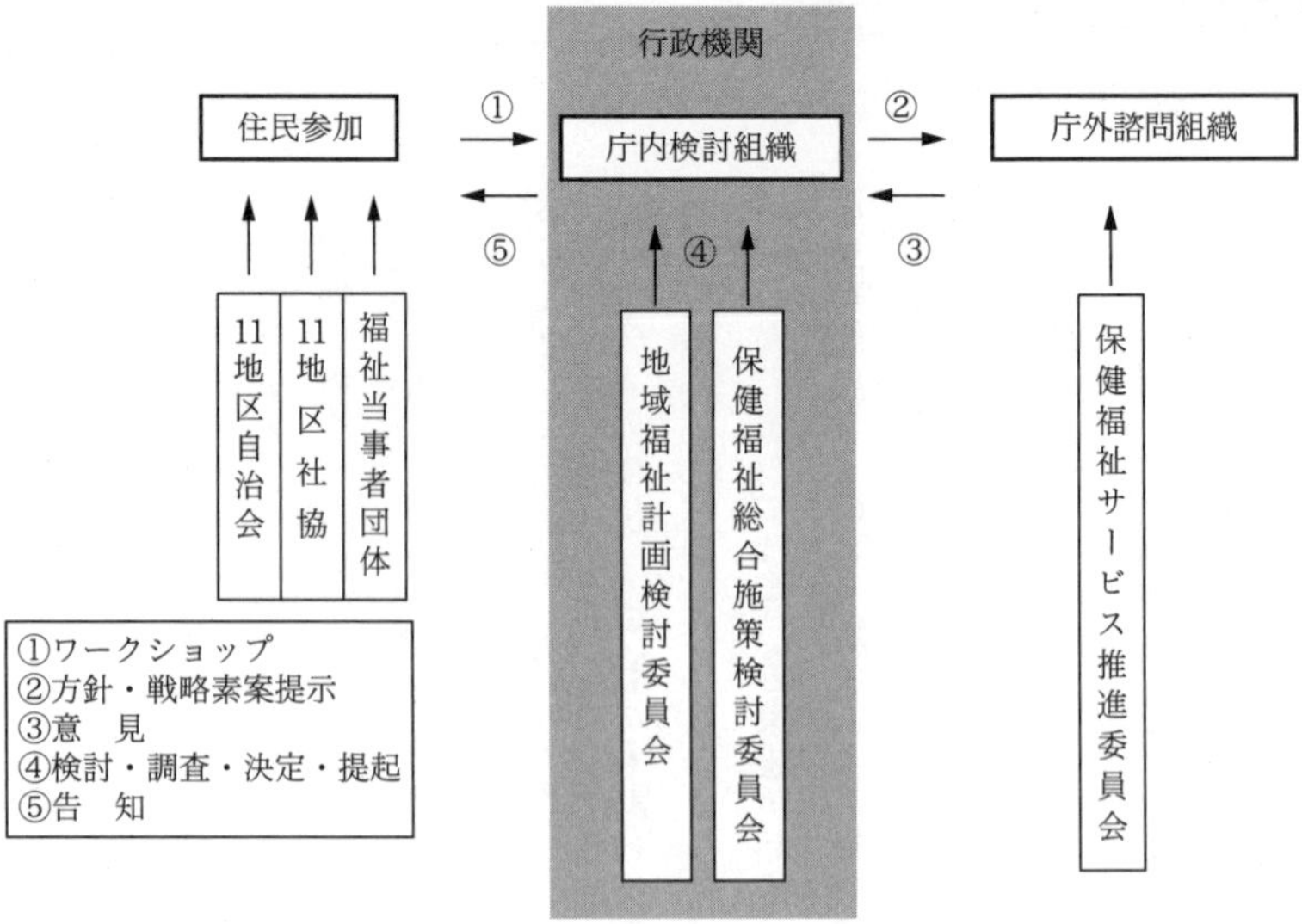

❶大和市地域福祉計画作成の流れ

介護保険は高齢者福祉に取り組んだ制度的解決方法だが、その根本的な四つの源流の考えからみれば、地域として福祉を立て直して地域福祉コミュニティを実現しなければ「在宅福祉」を実現できない、という「まちづくり」の考え方を私たちに初めてつきつけてきたのだ。

(2) 地域福祉計画に「参加型」導入へのチャレンジ

大和市では平成一三年、一四年と二回に分けてワークショップによる「一一地区の声」を聞き地域福祉計画を策定してきた。その流れは❶のようであった。住民参加型のワークショップ（①）を実施し、庁内で検討（④）、庁外の「保健福祉サービス推進会議」（②③）でさらに補足検討し、市で最終的にまとめた。一般的な策定委員会方式は採用しなかった。

先に大和市の地域福祉計画が「修復型」であったことを述べたが、それは以下に示す四つの特色からきている。それを四つの修復のための原理としてまとめた。

第一の原理。ワークショップによる「ボトムアップ方式」——住民参加ワークショップにおける多様な意見は「ボトムアップ方式」で課題解決型のリストによって基本方針をまとめること。

第二の原理。「地域福祉コミュニティ」づくり——「地域福祉コミュニティ」として現在の地区社協単位の一一地区を設定すること。

第三の原理。全体としての「基本方針」と「地域戦略」の二本柱――基本方針に加えて地域戦略プランづくりをすすめ、この戦略プランを「地域福祉」計画の本体とすること。

第四の原理。「策定委員会」に替わる「地域福祉代表者会議」――策定委員会はいらない。地域ごとの代表者会議を設立して、既存の地域福祉グループを中心とした代表者会議を計画設定責任機関とすること。

この四つの原理は、すべてワークショップの結果から出てきたものだが、今までの計画の策定方法を変えていかなければならないことを示している。その意味で既存の方法を「修復」していかなければならない原理を担っている。

以下に続く章で右記の四つの原理についてできるだけ理想形で述べる。これから「地域福祉計画」を立てようとしている行政や住民の参考になるだろう。

3 「参加型地域福祉計画」の原理

(1) 第一の原理――ワークショップによる「ボトムアップ方式」

「ワークショップ」では、一つのテーブルで六人ぐらいまでを単位に話し合いをする。大人数の会議のように、一定の人が、限られた時間で話すのでなく、多くの情報を全員が会話のように早いペースで話すことができる。テーブルには司会進行及び記録係がつくので、参加者は討論に集中できる。

ワークショップは短時間の話し合いで物事を広く、深く、リアルに探る結果を生み出す。参加者の意見（発言）は、現場の当人だから、問題の発見に一番敏感で、かつ正確にとらえていることが多いのだ。また人の意見にその場で反論対案を出すことができて、「なるほど」と学習できて、意見をまとめる「合意形成」の出発点に

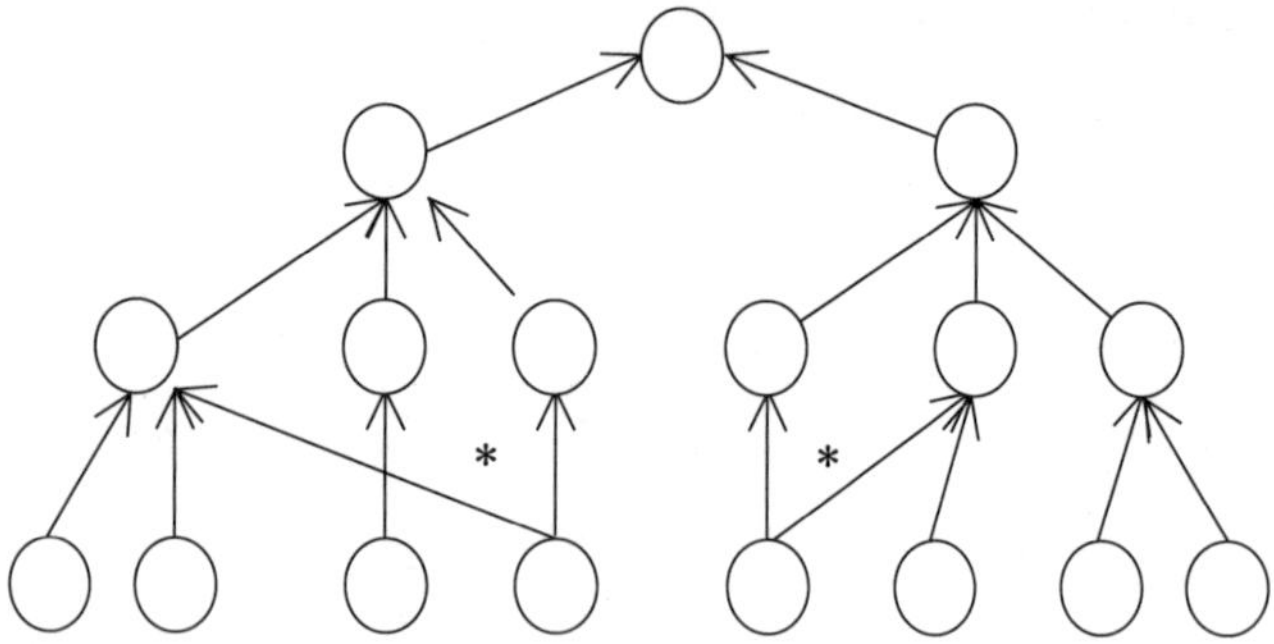

＊注：「ボトムアップ方式」の特徴として，同じ意見が２つの項目にまとめられている場合もある

❷ボトムアップ図

もなる。

参加型ワークショップにはまとめ方に特徴がある。それは「ボトムアップ方式」[4]をとることだ。なぜなら例えば大和市の一一地区で延べ三六〇人もの参加者がおり、その福祉の現場や理想に対する様々な意見やデータを、一つ一つの多様性を守りながらまとめるには「ボトムアップ方式」が最も適している。

「ボトムアップ方式」とは、多様な意見やデータが存在する時、その一つ一つを矛盾なくまとめる方法の一つである。そのためには、似たようなデータや意見を小さく括りながらまとめていく。（単一の独立したデータも許容する）そのまとめを段階ごとに整理を行うことで、一番抽象的な全体像でまとめ上げる。結果は❷のように下のデータが上に行くに従ってまとまる、ちょうど三角形の図式になる。（これと逆の形をとるのが「トップダウン方式」で、トップより下に降ろしていくことで処理する軍隊方式といわれる整理方法である。）参加型の場合の多様性を活かし、少数意見も無視せず残しておくことのできるこの「ボトムアップ方式」のまとめ方は最適である。

さらに「ボトムアップ方式」の特質は、テーマ別の問題点の分類がわかりやすくなることだ。少数者の意見の問題でも、福祉の「解決しなければいけない現実問題」である。大切にしなければいけないからだ。

次に大切なことは、その「解決」である。どのような課題で、内容で、どれだけ緊急で、深刻で、誰が、どれだけ、それに対処することができるのか、というように分類されていく。課題の全体の中での位置づけを知るために、

大きな課題　：市全体に係わる課題（市全体の組織の問題など）

中くらいの課題：ある地域に限定された課題（地域コミュニティの問題）
小さな課題　：個人的レベルに係わる問題（家族の問題）

と、いうように分類する。このように課題の大きさを、その影響する物理的（または空間的）範囲の大きさで分類する。（市、地区、近隣ぐらいである）

異なったサイズの（大中小）の課題に対していくつ解決案ができるか。それがワークショップの二段階目の作業になる。そして、いくつも出てきた解決案のうち、もっとも効果的かつ一般的な解決案を「キーワード」でまとめる。

まとめの作業の過程で、解決方法はいくつかのテーマを同時に解決していることに気づく。例えば「コーディネーター」に関する提案は、ボランティアとネットワークづくりの両方の問題にまたがって解決している。このような両方の問題にまたがっている解決案は、いろいろな課題を同時に解決できる重要な「キーワード」と言える。一つの「キーワード」でいろいろな課題に取り組むことが可能であり、万能かつ一般的に採用されるべきそういう「キーワード」を見つけていく。

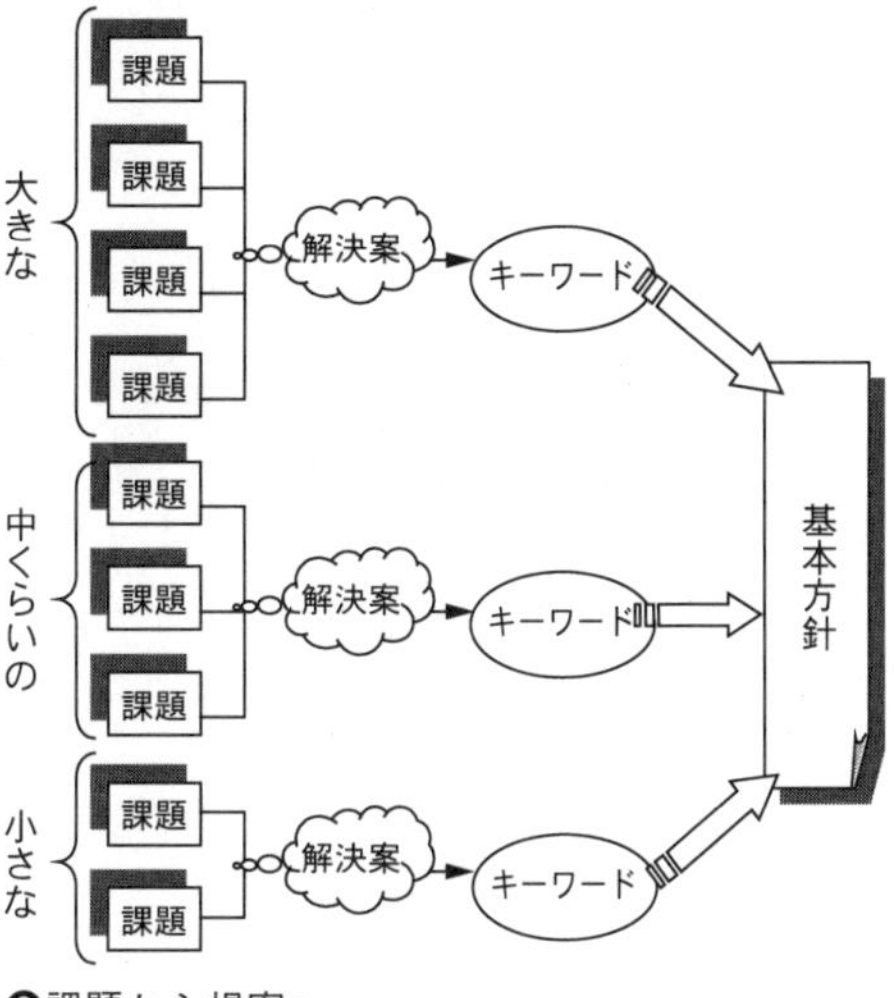

❸課題から提案へ

大和市ではボトムアップで分類した結果、「大きな提案」「中くらいの提案」「小さな提案」は四つのキーワード解決案に集約した。それは、

一、ボランティア（人材）
二、ネットワーク
三、拠点づくり
四、すぐにできる既存事業の工夫や点検

の四つである。

この最終的な四つのキーワードはどんな問題をとりあげた時でも、適

用して考えるプロセスのヒントとして利用できる。この四つのキーワードは一つにまとめたストーリーになっているからである。

「既存の事業の点検と工夫」によって

「ネットワーク」を生み出し、さらにはそれを集約する

「拠点」をつくる。全ての活動を通して

「ボランティア」の協力・人材の育成が大変重要である。

これが住民参加によるボトムアップの最終結果である。問題解決のキーとなるプロセスを示している。これが第三の原理の中で各地区の戦略をチェックする有効な基準となる。

(2) 第二の原理――「地域福祉コミュニティ」づくり

「地域福祉コミュニティ」という言葉は法的にはない。「地域福祉コミュニティ」という言葉は、平成一五年の社会福祉法の改訂によって「市町村に対して地域福祉計画」の策定を促したことから使われるようになった。つまり今までの「措置」という国家による福祉から、在宅福祉サービスなどの「地域における民間福祉」への移行に伴って、福祉を担うコミュニティづくりが問題になってきたからである。そこで「地域」とは、「コミュニティ」とは、「住民参加」とは、一体何なのか?ということを問わねばなない。

「一般的な住民参加」というものはあり得ない。必ず「ある地域のある課題に対して」という「誰がそれに係わるか」が、特定できるのが「住民参加」である。では、そのように特定できる参加者の規模の決定は可能だろうか。

「パタン・ランゲージ(5)」という著作の中でアレギザンダー教授は「七〇〇〇人のコミュニティ」というパタンを提起している。具体的に七〇〇〇人という数字には大変おもしろい根拠がある。

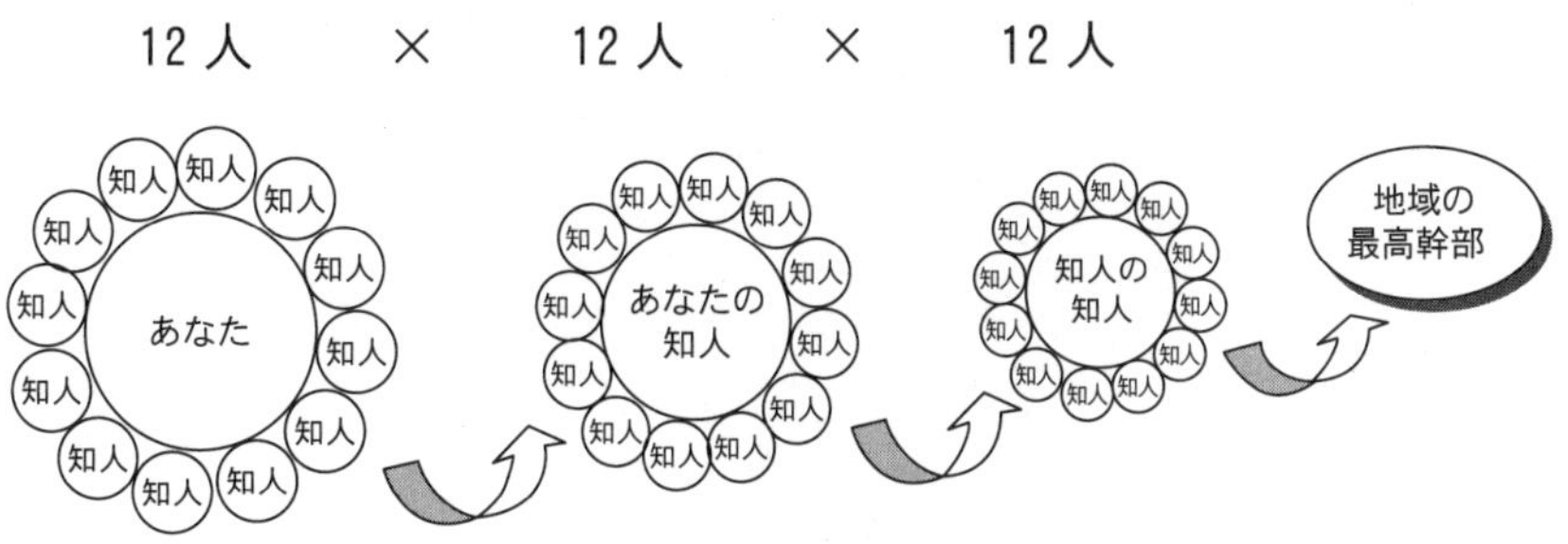

❹理想的なコミュニティ・サイズ

ポイントは二つである。

一、コミュニティの参加の成立には大きさの制限がある

二、コミュニティの人々がすぐに集まることのできる「場」があること

一は当然のことだが、根拠はわかりやすい。「いかなる市民も二人の友人を介すれば地域の最高幹部と接触が可能である人口サイズのこと」を意味している。

例えば地区コミュニティの一人には約一二人の知人がいるとする（一人につき一二世帯の知人）。一二人くらいの知人を介して地域の最高幹部に通じるとすると、このコミュニティのサイズは12×12×12世帯数❹（＝一七二八世帯）、人口で言うと約五一〇〇人（三・二人／世帯とすれば）この数字はスイスの直接民主主義を行う地区の人口六〇〇〇人に近い。（日本は平均三・五人／世帯だからこちらにも近い）何にしても六〇〇〇人～七〇〇〇人くらいのコミュニティの大きさは、仮定としては参考になる。一中学校区くらいだからちょうど在宅介護センターの（全国に一万カ所を予定）数と合う[6]。

二は気軽に集まることの出来る「コミュニティセンター」といえばよいだろう。

「各コミュニティには、中心として小規模で形式ばらない広場や会合所をもった住宅規模のスペースが必要」と「パタン・ランゲージ」では定義している。これも在宅介護センターをコミュニティセンターとして考えていくことも可能かもしれない。要するに七〇〇〇人～一万人のコミュニティという単位の考え方は、まちづくりの視点から見て適度なサイズだ。

大和市の地区社協の区割りである一一地区は少し人口は多いが、平均すれば一万人のコミュニティだから「福祉コミュニティ」の地域ユニットと考え、「地域福祉コミュニティ」

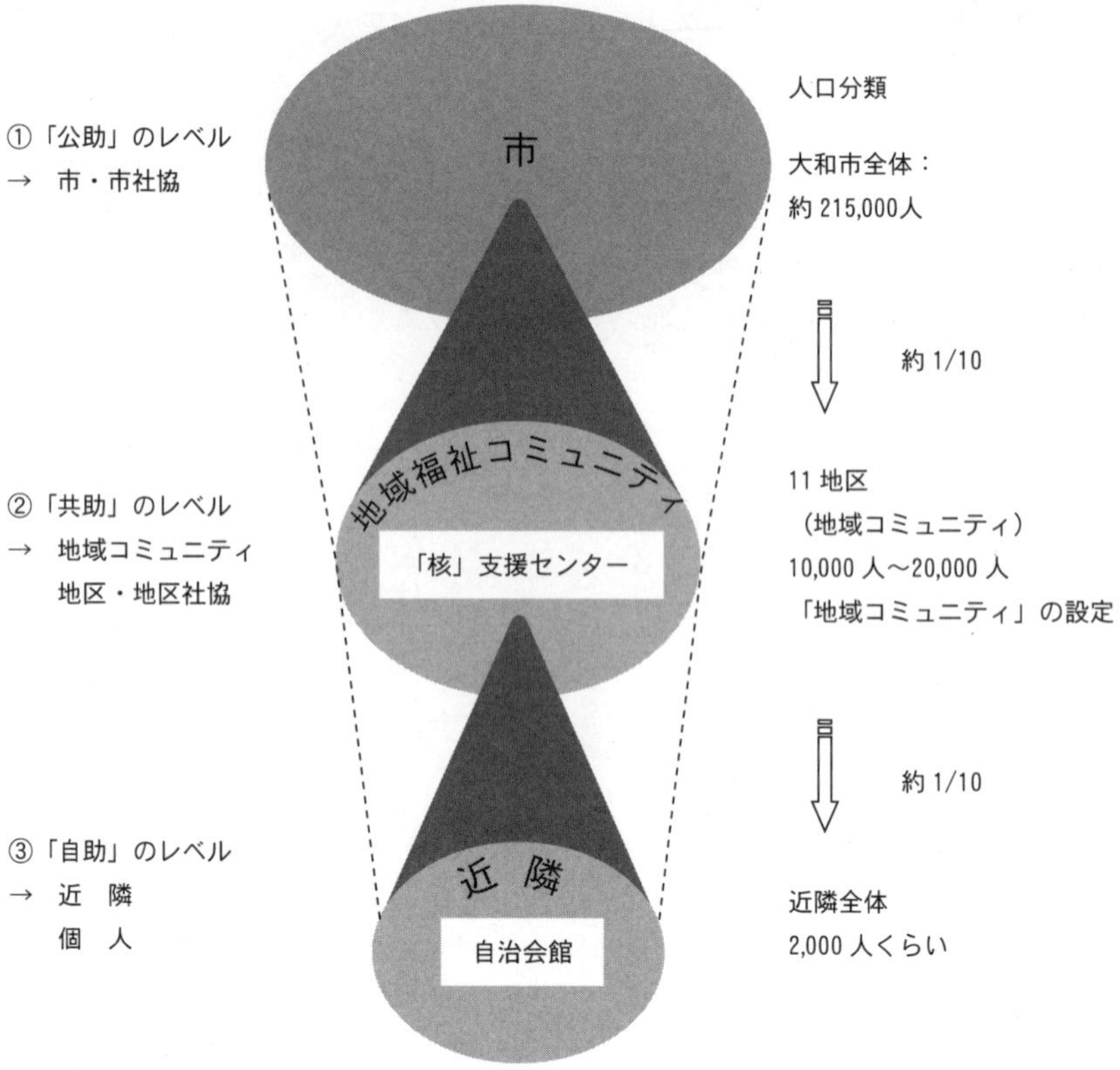

❺「地域福祉コミュニティ」レベル（案）

と考えてよいのではないか、との提案がワークショップの中で出た。日本中の各市町村を見直してみると　ほとんどの自治体が一万人～二万人である。これは「住民参加」という前提と「まちづくり地域福祉」の再構成、という在宅福祉の考え方を重ね合わせて意味を持つ「コミュニティの適正サイズ」といってよいわけである。

　大和市のワークショップはこの前提にたって、市の一一地区で「地域の声を聞く会」を開催した。地域自治会単位でのボランティアコーディネーターの育成、高齢者対応だけではなく地域に幅広く対応できるコーディネート体制への変革、地域単位でのボランティア登録、地区単位の在宅介護センターの強化、と地区ごとの「修復」すべきポイントがでてきた。

　大きな成果だった。住民参加によるボトムアップは、一万人コミュニティの単位の中で考え始めたのだ。

大和市の一一地区の地区社協単位を、一つ一つの「地域福祉コミュニティ」単位として位置づける❺。今までの福祉サービスは市による「措置」という位置づけだったが、これからはその中間に「地域コミュニティ」という中間福祉サービスとその民間参加の単位を設定する。

ところが大和市の行政は、地区社協単位のコミュニティサイズについて正式に合意できなかった。ワークショップ単位として一一地区社協区に分割して実施したとしても、それはあくまで便宜上のことで、ワークショップの結果も一部の意見であり、それが「福祉コミュニティ」というサイズとして適当かどうかは、確定できないというわけだ。それに「在宅支援センターのコーディネーター」がそのコミュニティのコーディネート役も担うというワークショップの結果は、行政の人からみると介護保険に対する越権行為であり「人件費はどうするか？」という反論も聞かれた。これはまとめの方の問題というより「住民参加」による結果を行政がどう受け止めるか、という問題が含まれている。

結局、ワークショップとしては一一地区で実施し、戦略プランも地区ごとにたてたが、このあたりが明らかに決定できなかったことが三つめの原理である「地域福祉計画の二本立て構造」を明解にできなくなる原因となった。この問題点については次で詳しく述べる。

(3) 第三の原理——全体としての「基本方針」と「地域戦略」の二本柱

ここで、住民参加の中で一番重要かつ困難な問題を取り扱う。

「地域福祉計画」は、福祉コミュニティの再生と、住民参加を抜きには考えられないと説明した。地域の多くの人が共に支え合う「福祉コミュニティ」を生み出すことは「福祉の課題」を解決することができるネットワークづくりを進めることで可能になり始めるのである。それには二つの解決しなければならないことがある。

まず一つめは「地域福祉計画」とは「住民の側から見た福祉の課題」を実際に解決すること。二つめは福祉コミュニティ・ネットワークを生み出していく「プロセス」の提起である。

まず第一については「地区戦略プラン」をたてる。これは、地区ごとに取り扱うべき固有の課題とその解決の方法のリストである。

「地域戦略プラン」の目的は、一万人の地域の課題を全体的な方針に基づいて解決して行くこと、それによって「地域福祉コミュニティ形成」していくことなのだ。だから「地域戦略プラン」が、地域福祉計画の本体なのである。「誰が、いつ、どのように、動けば、どんな問題の解決に役立ち、それが全体的な福祉の方針にとってどうプラスとなるか？」これを明解にするのがこの「戦略プラン」なのだから、これを「地域福祉計画」の本体とみなしてよいだろう。
一、「戦略プラン」を、課題解決型のリストとする。
二、市全体基本方針と照らして地域福祉計画の本体として位置づけをする。
三、その提案リストは常にリニューアルしていく。
これが「地域福祉計画」の性格である。地域福祉コミュニティの実体とその戦略計画を決定できる自治権は大きな問題だ。その合意は行政の側からは生まれてこない。地域の人々の活発な活動のプロセスを得て、行政が承認していく事になるのかもしれない。

そこで第二の問題だが、組織を生み出すプロセスはどうやって確立できるのだろうか。これが戦略の客観的裏付けであり、また年ごとの点検基準にもなる。

大和市の「戦略プラン」はワークショップで片っ端から問題を書き上げて解決案を出していく、という試行錯誤型のリストである。大和市の全市的な課題の解決とか、コミュニティ・ネットワークづくりの点検は考えにいれてないようにみえる。このリストに全体的視点からみた一定の秩序を与えるのは、第一の原理のボトムアップの原理で得られた四つの問題解決の基本方針のストーリー化なのである。

この「基本方針」には❻次のようにその問題解決の順番がある。

①既存事業の点検

ここでは既存事業が大切になる。今、地区で何が始まっているか。ボランティア、ミニサロン、ふれあい広場、ふれあい訪問、ＮＰＯの活動……。なんでも、今起こっている諸処の動きを正確に把握すること。ここが出発点である。

②ネットワークづくり

既存事業が助け合って行くことが福祉活動を強化する土台である。そのためには、各事業を実施するグループの連携が必要だ。「共同イベント」「連絡網づくり」「広報、宣伝」「若者と高齢者の会づくり」「自治会等との結びつき」などなど……いろいろある。

③拠点づくり

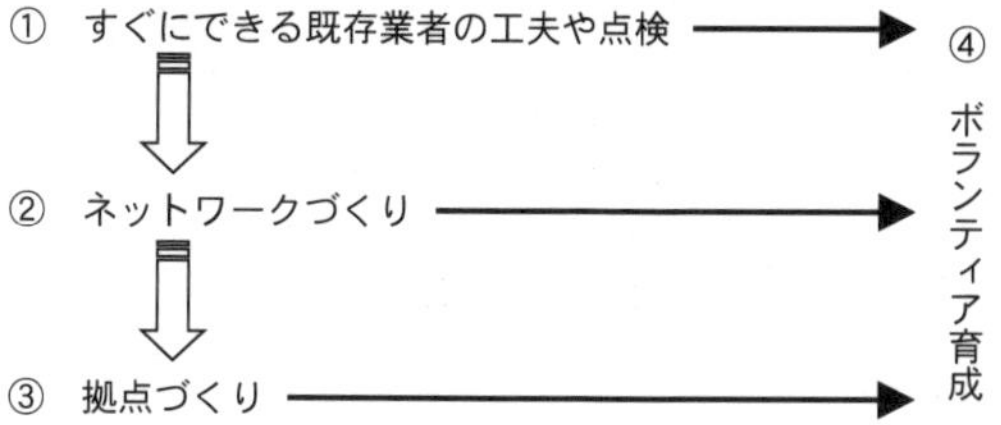

❻問題解決の順序

これが一番難しく、一番大切な目標である。何らかの方法で、人が気軽に集まることが出来る場所（ソフト、ハードとも）を生み出すのだ。誰かの家の空きスペースでも、自治会館の一部でも公園でも工夫して作り出すことが必要である。だんだん、集まる人も、機会も多くなってきたら、もっと本格的な場所に移行していかなければならない。

④ボランティア育成（①から③を支える人材の育成）

これは①から③の方針すべてに係わることだ。誰が、このようなステップを動かしていくリーダーになって行くのか、である。地区社協を初めとする各団体、ボランティア、学生さん、社会福祉士、ケアマネジャー等の専門家、自治会の委員さん、主婦等の中から、この人なら!!　と思えるキーパーソンを探そう。

基本方針を順に並べ替えておくことで、各地区のいろいろな戦略リストに対して、地区のどの

❼ワーキングシート

キーワード	4つの方針から引き出されるチェックポイント	地域独自の福祉戦略プラン	
		関連性	提　案
点　検	1) 既存事業のどこを変えればその地域事業の実現に役立ちますか？	●	
ネットワーク	2) さまざまな活動組織と連携して事業を行っていく工夫がありますか？	●	
拠　点	3) 既存のスペースのどこかに，センターとなる拠点がないでしょうか？	●	
ボランティア	4) ボランティアなど，どんな組織や人材の協力があれば，その地域事業の実現に役立ちますか？	●	

事業がどこまで実現しているかを見わける判断基準ともできるのである。そこで上記をわかりやすくするために、❼のようなワーキングシートを作成した。

例えば、一一地区どこでも取り上げられた「高齢者問題」を取り上げてみよう。

四つの方針は、次のように点検していく。

一、既存事業の点検→現在、高齢者対応の様々な工夫、サービスが、あなたの地区でどのように、どんな風に起こっているのか本当にわかっているだろうか？

二、ネットワークづくり→それは、高齢者問題に限定されないで、他の組織と協力しながら解決の工夫を引き出せないだろうか？

三、拠点づくり→その工夫に沿って誰でも気軽に立ち寄って情報を集めたり、提供したりできる場所や拠点はあるだろうか？

四、一から三を支える人材→それを、全体と絡めてコーディネイト（連絡、組織化）する人は、誰だろうか？

右記のように四つの方針は、今までの地区の問題と事業に対して点検し、新しい解決プロセスを展開するヒントとすることができる。

こうしていくつかの地域戦略を基本方針から得られたストーリーで点検することで各地域の固有の事業を興していき、地域の固有性と全体的な課題とを両立して見る客観性を持つプロセスを確定していくのである。

しかしここでも大和市の地域福祉コミュニティの定義の明解さに対する欠陥が、地域コミュニティにとって何を解決し、誰が、どう計画するべきかを曖昧にしてしまい、その解決の決定権を誰が持つのかも不鮮明にしている。それが四番めの原理「地域福祉代表者会議」の成立をさらにいい加減にしてしまったのだ。

(4) 第四の原理――「策定委員会」に替わる「福祉代表者会議」

『地域福祉』を推進する組織は一体どんな組織が適切だろうか?」これはワークショップの中で一番話題になった。まだ一般的には知られていないが、民間レベルの福祉活動で、市ごとにその中核的役割を担っているのが、まず第一に社会福祉協議会である。また、都市部の生協、農村部の農協なども、同様の地域ネットワーク活動をしている。この他には自治会、町内会も福祉の担い手であろう。地区対応では市社協の下に地区社協という組織もあるが、担当者は三名で(大和市の場合)一一地区を担当していて、とても忙しい(これさえない市も多い)。

さて、この複雑な市の社会福祉組織を本当に地区の核として活動しうる推進体としていくことは、「地域福祉計画」の中で一体どれくらい可能なのだろうか。まず住民参加型のワークショップの結果に基づいて考えるならば次のことは三つの原理から必須要件となる。

①計画策定プロセスに参加型の「ボトムアップ方式」を取り入れること
②「地域福祉コミュニティ」づくりをメインの目標とすること
③住民参加ワークショップで得られた方針によって整理された「地区固有の戦略」リストを計画本体として受け入れること

右の三つの原理を実現していくためには「地域福祉コミュニティ」ごとの福祉関係者(自治会・地区社協・民生委員・県・NPO)の代表者によってこの計画の「決定、運営、維持をしていく組織」を認定することができれば、❽のような流れで計画を決定していくことが必然的となる。

一般的に計画案の策定は、計画の実質を策定する「策定部会」と、民間の各分野の専門家を含めた「策定委員

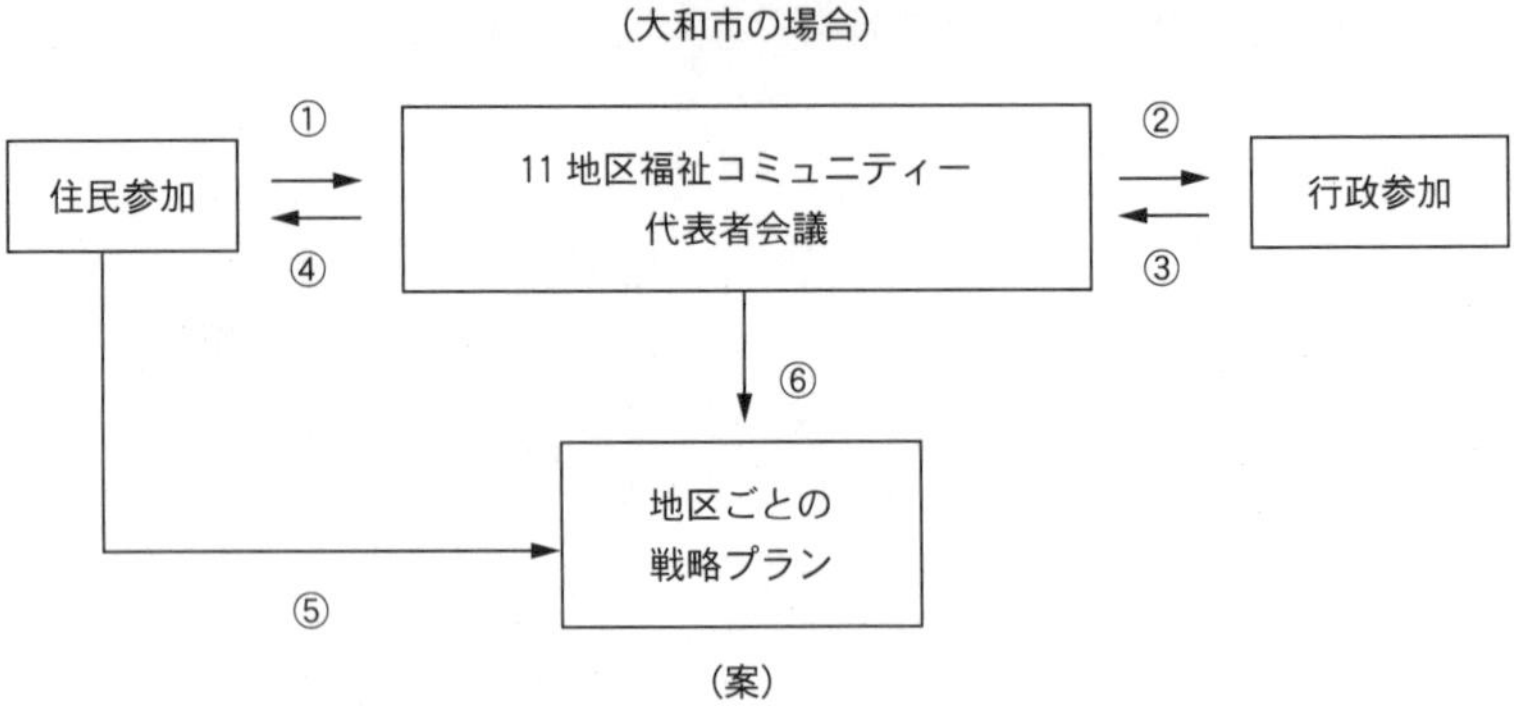

① ワークショップまとめ（課題・解決原案）
② 諮問・各既存体制との調整
③ 支援体制の提起
④「基本方針」の提示
⑤ 戦略プラン（行政と各地区の協力）
⑥ 承認（3 年後には評価委員会となる）

❽住民参加が理想とする計画策定の流れ

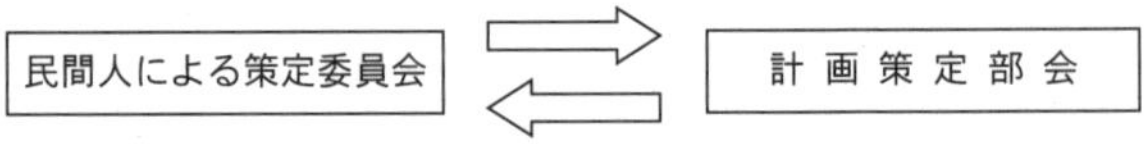

❾民主的な決定

会」を組織して、そこで策定部会のつくった案を検討し承認する、というフローである。この委員会開催の繰り返しが多いほど「民主的な決定」「参加による決定」を行った裏付けになっているようだ。この民間人による策定委員会を仮設的なものではなく実効的な地区の代表者の会議として、計画の承認権を与えるのがベストである。

　現在の社会福祉協議会の活動は、行政サービスの提供に偏っている。本来求められている福祉に関するサービスは、各地区ごとに管理され、市民の代弁者となる責任者が必要である。「福祉に関する議会的能力」つまり、住民にとって必要な「地域福祉計画」の意思決定のできる、むしろ自治能力が求められているのだ。

　「地域福祉代表者会議」は「福祉の専門家」として、また通常の議会や行政のように市民の代弁者として、福祉コミュニティづくりと戦略プランの、唯一責任をとりうる組織でなければならない。そうすれば、地区ごとの戦略プランそのものが「地域福祉計画」の実体となり、かつ、その実施責任者も明解になる。

　この「地区福祉コミュニティ」として、仮に一一地区に分けた区分をそのまま地区代表者の自治区としていくという考え方について、まだ大和市の中では正式な合意は得られていない。そして、その限界が今回の地域福祉計画の曖昧さの原因になっている。それは決定プロセスに、市が明解に一一地区を福祉「コミュニティ」と定義しなかったことと、その福祉代表者による執行機関の設立を促さなかったことに問題がある。

4　地域福祉計画策定の新しいパラダイム

(1)　えんどうまめの話

参加型でつくられるコミュニティの単位はどうやって作り出されるべきか、プロセスの理想モデルを考えてみよう。それは次のような「えんどう豆」の話で話す方がわかりやすいだろう。

福祉活動は、市社協、地区社協、地区民児協、自治体等の既存組織を初め、民間福祉事業者、NPO、ボランティア団体、個人ボランティア、行政等、本当に様々な組織が動いている。

大和市の一一地区でも、いろいろな福祉活動をいろいろな組織が担っている。協働で行えばもっとうまくいく事業、情報を共有すればもっと効率よく活動できる事業等が多いことが、住民参加のワークショップ等からわかった。この一一地区の分け方は、大和市の地区社協区で、一一地区の各地区人口は、一万～二万人程度である。コミュニティの単位は、本当は、もう少し小さい六〇〇〇人から一万人単位が理想である。(第二の原理より)

在宅介護支援センターの設置は、介護保険「ゴールドプラン」の中では日本全国で一万カ所に分けて設置する予定だった。このネットワークの作り方、「地域福祉コミュニティ」をどのように作るか、そのプロセスをストーリーにしてまとめると次のような「えんどうまめ」の話になる。

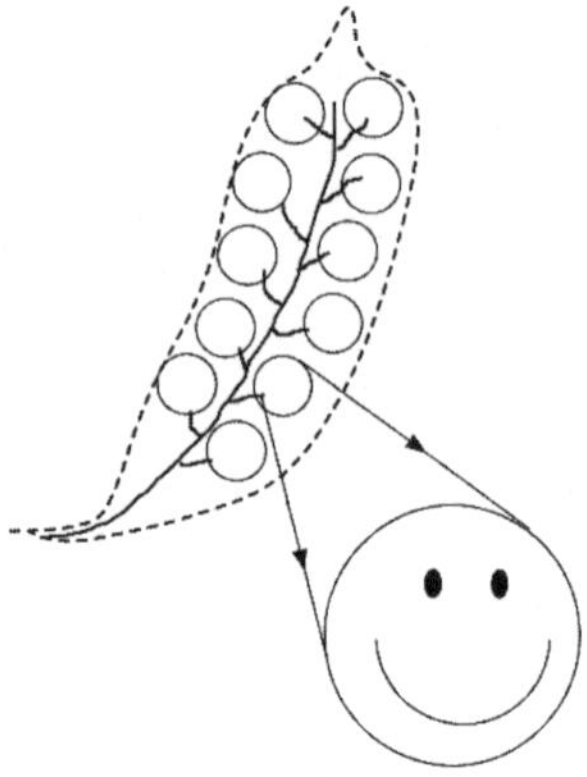

⑩「さやえんどう」の中の豆

「大和市地域福祉コミュニティづくり物語」

大和市地域福祉という「さやえんどう」の中に、一一の豆（地区）が入っている⑩。豆の一粒一粒が十分に育っていて、さやえんどう全体がおいしいことが一番よいのだ。

一一の豆を包むさやは、お母さんである。これを「市」とする。お母さんである「さや（市）」は、豆たちが充実して育つように基本的なことを支援する。

・制度的支援
・事業支援
・専門職員の派遣
・情報の提供

では、一つ一つの豆がどのように育っているのか、じっくり見てみよう。ちゃんと健康に育っているのだろうか。

豆の中では、バラバラに成長活動が起きている。介護が必要な細胞があるようだ。この細胞になんらかのサービスが与えられている。「さや（市）」の制度を利用したサービスである。

・地区社協は様々なミニサロンで
・介護事業者はケアマネジメントで
・NPOは介護支援で

でも、これはまだ、豆の中では本当に一部の動きだ。元気な若いボランティアの人が参加してきた。でもまだ、全体が元気になるには何かが足りない……⑪。

さあ、ここで全く新しい養分が送られてきた。「地域福祉の代表者による会議」という核を行政と民間で作り直す。

核と活発に動き始めても、一見要介護者活動とは別の動きに見える。なぜなら、この輪は要介護者の人たちのための集まりではないから。

・こども会
・老人会
・ミニサロン
・ふれあい広場等、

いろいろな活動を始めている。

さて、この核の地区住民、ボランティアの人たちの中の一部が、要介護細胞に接触するようになった。このボランティアの人たちを活発に指導している「コーディネーター」だ⑫。

「コーディネーター」は、多くの人たちや活動をつなげることができる。「コーディネーター」を通じて、輪の中にいる自治体や市民サークル、老人会といった多くの人たちとつながる。商店街の人や、ＮＰＯとも結びついてくる。

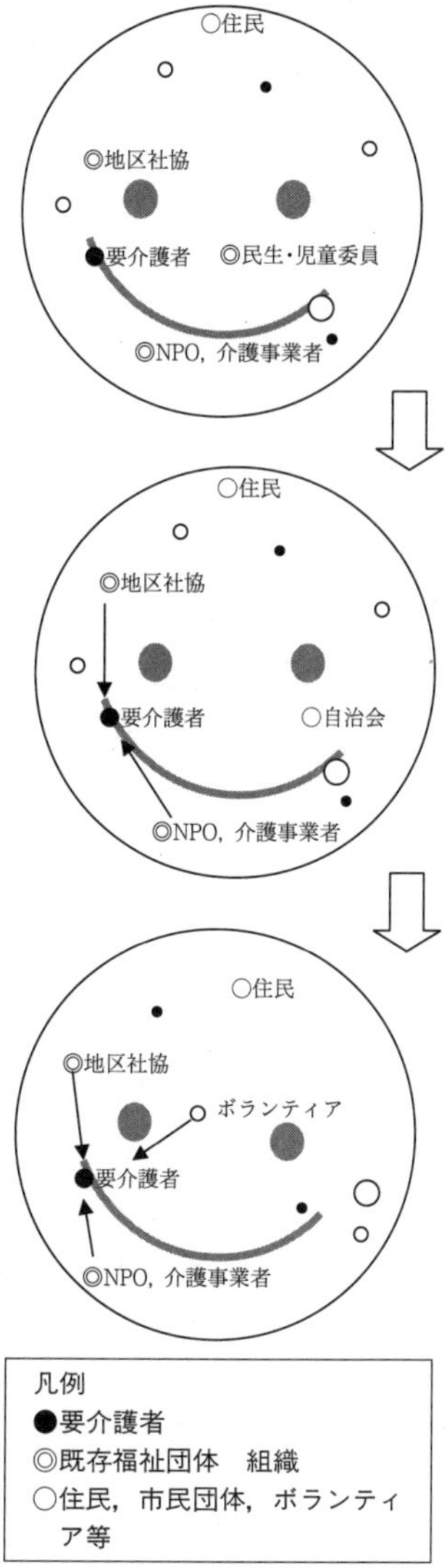

⑪まだ，ばらばらのネットワーク

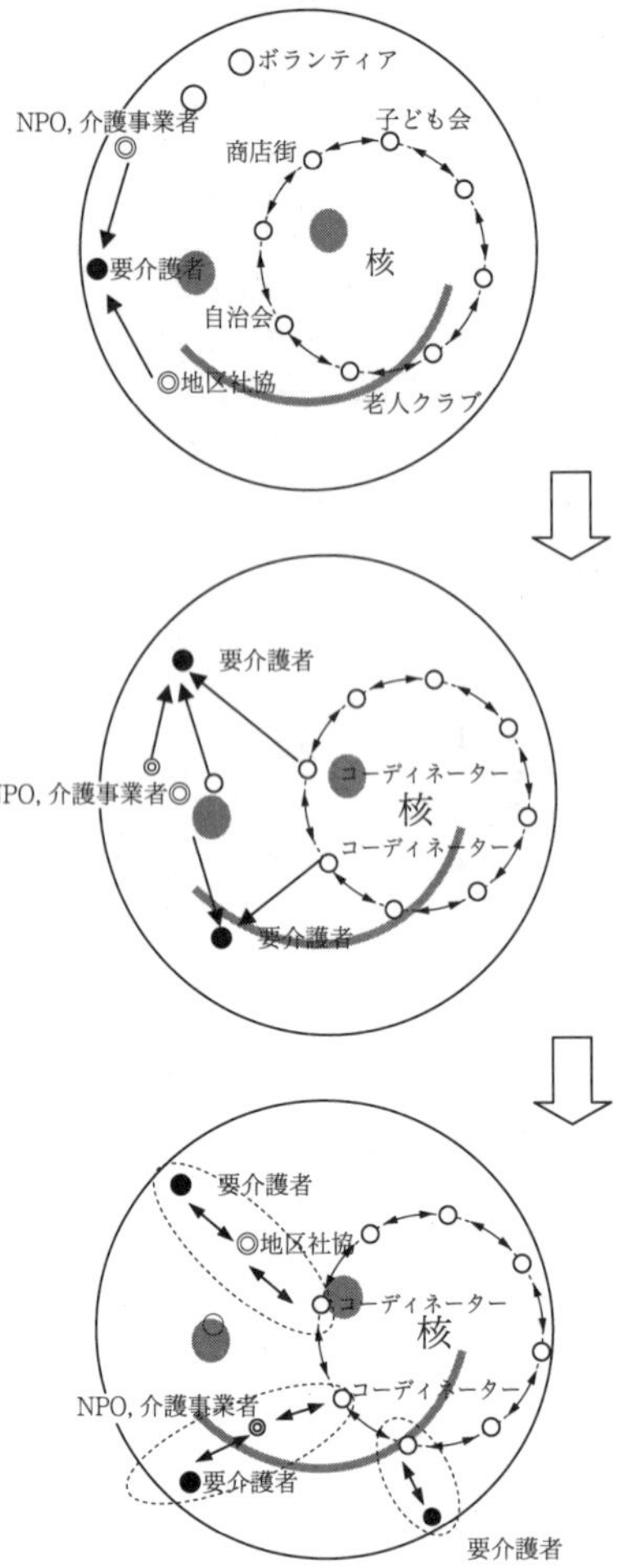

⑫地区コーディネーターの出現

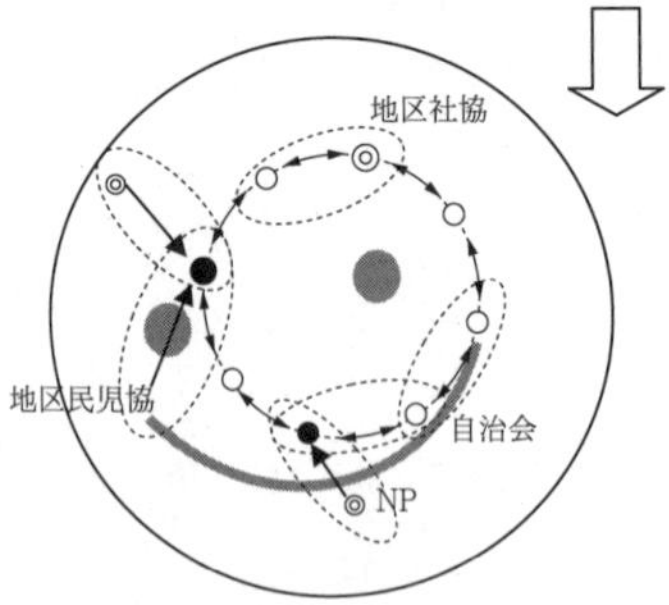

⑬要介護者も一緒の輪に

要介護細胞も、ずいぶん元気になった。別々だった輪も、だんだん一緒の輪になっている。要介護細胞も、みんなの輪に入って元気細胞に助けられながら、自分でもできることをする。輪に参加することで、全体が健康になるのだ。

地域福祉コミュニティの完成はもうすぐだ!!⑬

元気な輪が、一つの輪になる。

・地区社協
・自治体
・地区民児協
・ボランティア
・NPO
・福祉事業者

その他すべての既存の組織がこの輪の一部になってくる⑭。

この自立的な福祉の代表者による核組織が地域福祉コミュニティの中心で、まとめ役である。――粒の豆と、大きなさやで、いきいきとした「さやえんどう」になる。

やがて、この核が正式な「福祉代表者会議」を形成する。地域福祉の物理的な拠点であり、人的、ソフト的な拠点である。

「福祉代表者会議」について少し補足説明をしよう。

地域福祉コミュニティづくりには、各地区に最低一カ所の「福祉代表者会議」があり、そこでは地区社協、地区民児協、自治会、NPO、専門福祉コーディネーターと言った、福祉コミュニティを形成する様々な核が集約されている必要がある。「コーディネーター」は、NPOやボランティアや、介護等の福祉経験が豊富な専門家で、地区の多種多様な援助の依頼を調整する役割を持つ人である。この「コーディネーター」は、地域福祉計画を実施し、管理していく。彼はさらに「代表者会議」を中心にして、在宅介護支援センター、コミュニティセンター等、様々なコミュニティ活動の拠点を母体として生み出していく。

「福祉活動代表者会議」の核組織は、介護保険制度のチェックをしている「第三者評定機関」のような、大和市独自のベンチマーク委員会（評価・見直し委員会）としての計画の進行および質について、四つのキーワードを基にしてチェックする機能も備えていくだろう。

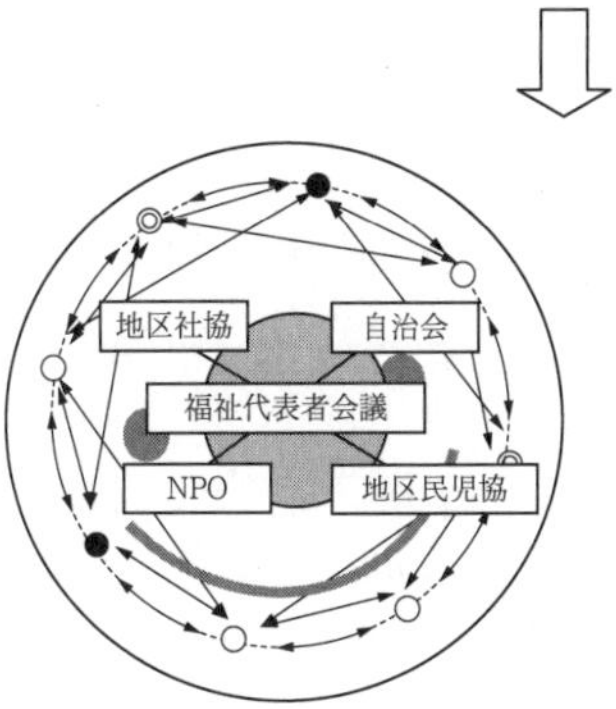

⓮地域福祉コミュニティの完成

(2) 新しい「福祉」のパラダイム

「パラダイム」という言葉を知っているだろうか。動詞の変化形を表す文法表のことだ。

カリフォルニア大学のトマス・クーン教授が「ある問題に対して答を探す時のコ

⑮大和市の地域福祉計画策定方法

	既存の制度策定フロー Aパラダイムの答	住民参加型策定フロー Bパラダイムの答	原　理
決定方式	委員会方式(市民ではない学識経験者など代理人的)	地区直接代表者会議 (地域住民直接)	第4　地域福祉代表者会議
意見のまとめ方	トップダウン(多数決) 最大公約数的抽象的	ボトムアップ(ワークショップ)具体的かつ直接の声	第1　ボトムアップ方式
基本方針	日本中どこでも適用可の共通の方針(一般的方針)	地域の固有な方針(具体的なストーリー)	第2　地域福祉コミュニティづくり 第3　基本方針と地区戦略の二本柱
計　画	一度完成したら見直しまで変化しない「完成した憲法」	仮説として決定し，毎年見直し，常に「未完の憲法」	第1　ボトムアップ方式 第2　地域福祉コミュニティづくり 第3　基本方針と地区戦略の二本柱
行　政	最終決定権 印刷物またはインターネットでの告知	あくまで住民のサポート	第4　地域福祉代表者会議
住民参加	意見の言わせっぱなしアンケート	ボトムアップによるワークショップ	第1　ボトムアップ方式

ミュニケーションのルール[8]」という新定義を与えてから、パラダイムは流行言葉になった。この考え方のおもしろいところは、ある集団の使う言葉の「パラダイム」が別の集団の使う言葉の「パラダイム」と異なっている時、同じ言葉でもお互いの意思疎通が不可能となるところである。

大和市の地域福祉計画の策定方法は、「住民参加」のパラダイムとは異なるパラダイムの上に成立しているのではないか？ と思えてくる。それは⑮で見ればわかる。

パラダイムの考えでは左側の列のキーワードの解釈が、AとBでは全く違ってしまう。例えば住民参加、その『まとめ方』はA・Bでは全く違う。『まとめ方』が違うだけでなく、その『決定権』を誰が持つかも異なる。Aは市という行政集団、Bは市民の代表者会議、だから決定方式も結果も異なるのだ。

『決定方式』に関してはAは三年間は見直さない。Bはできたその瞬間から見直し、修正をしていく。あくまで地域計画は仮説であって本当に役立つものだけを毎年見直していく柔軟性が重要なのだ。『決定内容』も、Aでは「高齢者福祉のみ」と限定して制度を運用するだけで、他の福祉問題には無関係である。

もっと根本的なことがある。Aは介護保険を高齢者福祉のみの制度と考えるが、Bは介護保険を援用して在宅介護支援センターをコミュニティセンターの一部と考え、在宅介護支援コーディネーターの仕事を「地域福祉コミュニティ全般の問題」へ拡張すべきだ、と言う見方である。その解決には住民参加の中で福祉代表者会議を設定し、介護保険と福祉予算の分配方法まで決定することができるような権力を、そこに持たせなければならないとBは主張する。

地方自治体の知事と議会が「地域福祉コミュニティ」のセンターの存在理由を認めて合意することも必要だろう。まずは「新しいパラダイムの原理」を明文化し（例えば前出の表のようなものを地域ニュースで流す）、条例化し、戦略プラン一つ一つを実現していく事が一番の早道であるように思える。「まち直し」は、住民参加を担う一人一人から始まるものなのである。

「パラダイムシフト（＝パラダイム転換）」という言葉がある。これは、Aという考え方のパラダイムがBへ変革される時の現象を言う。ここもクーン教授の指摘のおもしろいところだが、シフトが多数派で決まるということである。決して政治的な優位性で納得させるのではない、と断言している。どういうことかと言うと「どんなに制度として完成しており、理屈がとおっていても、それは説得力にはならない。現実には、「そのパラダイムの考え方が実用的であり『問題を解決する能力が優れている』、という実践的な理由で、そのパラダイムによる考え方で行動していく人が多数派となる」ということで起こるシフトなのだ。

例えば大和市の福祉法人NPOの「想」には優れたコーディネーターがいる。彼らは現在、介護保険の限界を超えて活動している。それは必要であるし、その方がコミュニティにとって便利だからそうしているのである。彼らにとってBパラダイムは当り前のことである。

こうした活動の輪の広がりが自然に多くなることでパラダイムはシフトしていくが、しかし私たちはそうゆっくり待っているわけにはいかない。戦略プランを実現していく支援体制と、工夫して生み出してゆく努力によって、行政の中でも福祉の枠を破って活動を開始して欲しいと切に思う。そして何より福祉は個人の価値観が基本である。

「地域福祉計画」の住民参加による策定は、行政の制度上のパラダイムシフトも必要である。むしろそこまでやる気を持って取り組まねばならない。これからの「地域福祉」はまちづくりと同様、「修復」の視点と、「住民参加」という新しいパラダイムへの転換がつくりあげる、と言っても過言ではない。

注

（1）岡本祐三著『介護保険の教室』ＰＨＰ新書、二〇〇〇年刊、一三三頁、第四章「介護保険が開く新しいサービスの世界」に詳細が書かれている。

（2）大和市社会福祉協議会が大和市全体を便宜的に一一地区に分割して福祉サービスを実施している区分。社会福祉協議会とは、住民が主体的に当該地域の福祉問題や、様々な生活問題と関わって、自らその解決に向かい、住民の福祉向上に努め、支援活動を行っている民間組織で社会福祉法人である。略して市社協と言われている。さらに地区対応の組織として地区社協がある。

（3）古川俊之著『高齢化社会の設計』中央公論社、一九八九年刊、一一四頁「いったい高齢者を何人で養うのか」の中で、資本の再配分の工夫で高齢者は社会の労働人口の四〇％で充分に支えられると論理的に証明している。

（4）これはＫＪ法といった方がわかりやすい。川喜多二郎著『発想法』中央公論社、一九六七年刊。

（5）クリストファー・アレグザンダー他著「パタン・ランゲージ」鹿島出版会、一九八四年、平田翰邦訳。

（6）平成二年「改訂ゴールドプラン」に明記。平成元年一二月、厚生省、大蔵省、自治省の三大臣合意による「高齢保健福祉推進一〇年戦略」が策定された。これをゴールドプランという。

（7）「参加型福祉社会を拓く」出版プロジェクト編著『参加型福祉社会を拓く』風士社、二〇〇〇年、この本の中の一七六頁の「福祉区ケアユニット」と「地区コミュニティ」は同じことを意味している。また一四一頁の「地域福祉委員会」という市民代表による執行方針決定権をもった委員会の考え方は「一一地区福祉コミュニティー代表者会議」と、偶然にも同じ考え方である。

（8）トマス・クーン著『科学革命の構造』みすず書房、一九七一年、中山茂訳。

（9）前掲書『参加型福祉社会を拓く』「第一章―アマチュアが始めた福祉事業」に詳しいが、大和市のワーカーズ・コレク

ティブの始めた家事介護サービス中心のＮＰＯ活動である。介護保険以前から活動を開始している

二　深谷の都市マスタープランと街なか再生

村山顕人
松本博之

1　街なかの姿、その再生に向けた取り組み

(1)　二〇〇〇年の街なかの姿

深谷市は、東京都心から約七五キロメートル、埼玉県北部に位置する、人口約一〇万人、面積約七〇平方キロメートルの地方都市である。江戸時代に宿場町として発展した旧中山道、一八八三年に開業したＪＲ深谷駅を含むその中心市街地は、一九七〇年代まで都市の中心商業業務地として繁栄したが、一九八〇年代に入ると自家用車の普及や郊外開発の進展の影響も受けて衰退し始めた。

都市マスタープランまちづくり協議会中心市街地活性化班（後述）は、二〇〇〇年の街なかの姿を次のように分析している。

○人口と世帯数の減少

深谷市全体の人口は、一九六五年から二〇〇〇年までの三五年間で約九二％増加した一方、中心市街地の人口は、同時期に約五三％減少した。世帯数についても、一九六五年から二〇〇〇年の間に、深谷市全体では約一万一五〇〇世帯（四・六人／世帯）から約三万三九〇〇世帯（三・〇人／世帯）へと三倍弱になっているのに対し、中心市街地では二九一〇世帯（四・二人／世帯）から二八七五世帯（二・七人／世帯）へと微減している。

○商業活動の衰退

中心市街地の商業活動の衰退は、郊外で上柴ショッピング・センターが開発された一九八〇年代前半から深刻になった。一九八八年から一九九一年までは全国的な好景気により回復したが、その後、上柴ショッピング・センターの商業活動に比べて著しく衰退した。上柴ショッピング・センター以外のロード・サイド型店舗の影響も大きいと考えられる。

○土地利用・都市形態

駅前地区では、深谷駅前土地区画整理事業（一九九二年完了）により、幅員六メートル以上の道路で囲まれた比較的大規模な整然とした街区が形成された。しかし、建物の共同化が進まなかったために小規模な建物が多く、建物が建設されずに駐車場として暫定利用されている土地も多くある。このように、土地区画整理事業が実施されたにもかかわらず、土地が有効に利用されていないのが現状である。全体的に商業・業務系の中層建物が多いが、中には一戸建て住宅も見られる。駐車場が多いためか、街並みと呼べるようなものは形成されていない。

旧中山道周辺地区では、東西に走る旧中山道に垂直の南北方向に長い短冊状の敷地が連続している。そして、短冊状の敷地には複数棟の建物が存在する場合が多い。中央土地区画整理事業区域内には、市が買収した土地が多く、現在は、駐車場または空地となっている。建物は、低層の店舗併用住宅が多く、蔵も散在している。旧中山道沿いには町家の統一的な街並みが部分的に形成されているが、街並みと調和しない建物も多く存在する。全体的に、老朽化した建物が多い。特に、四メートル道路に接していない敷地では、建物の建て替えができず、建

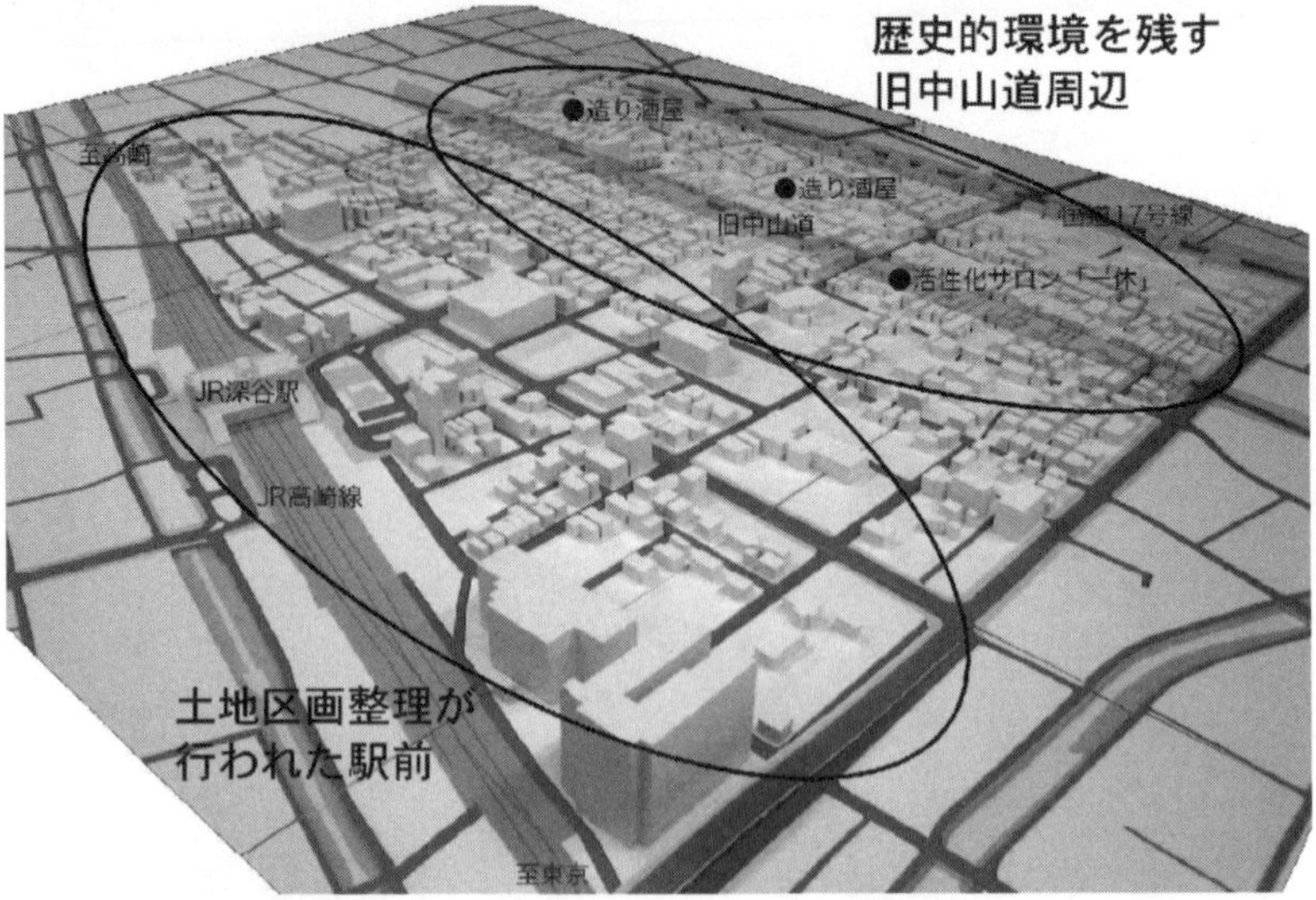

❶旧中山道周辺地区のモデル

物の老朽化が目立つ。

○歴史的資産

駅前地区には、もはや歴史的資源は残っていない。

旧中山道周辺地区には、町家、蔵、造り酒屋、レンガ倉庫、レンガ塀などの歴史的資源が多く残存する。風情のある路地空間も存在する。

○交通アクセス・駐車場・生活道路

駅前地区では、土地区画整理事業により、地区内の道路は整備されているが、そこにつながる周辺の幹線道路が整備されていないため、地区への自動車交通アクセスは必ずしも良いとは言えない。駐車場は、キンカ堂など特定店舗用の大型駐車場や時間貸し駐車場があるが、その他の多くは月極駐車場である。路上駐車スペースはない。歩道は整備されているが、自転車専用レーンなどは整備されていない。

　旧中山道周辺地区では、旧中山道が一方通行のため、地区への自動車交通アクセスは必ずしも良いとは言えない。駐車場は、月極駐車場と各店舗が個別に用意している来客用駐車場のみである。中山道での路上駐車は、空間的には可能である。歩道や自転車専用レーンは整備されておらず、自動車と自転車・歩行者の間で軋轢が生じている。地区内への公共交通アクセスはない。

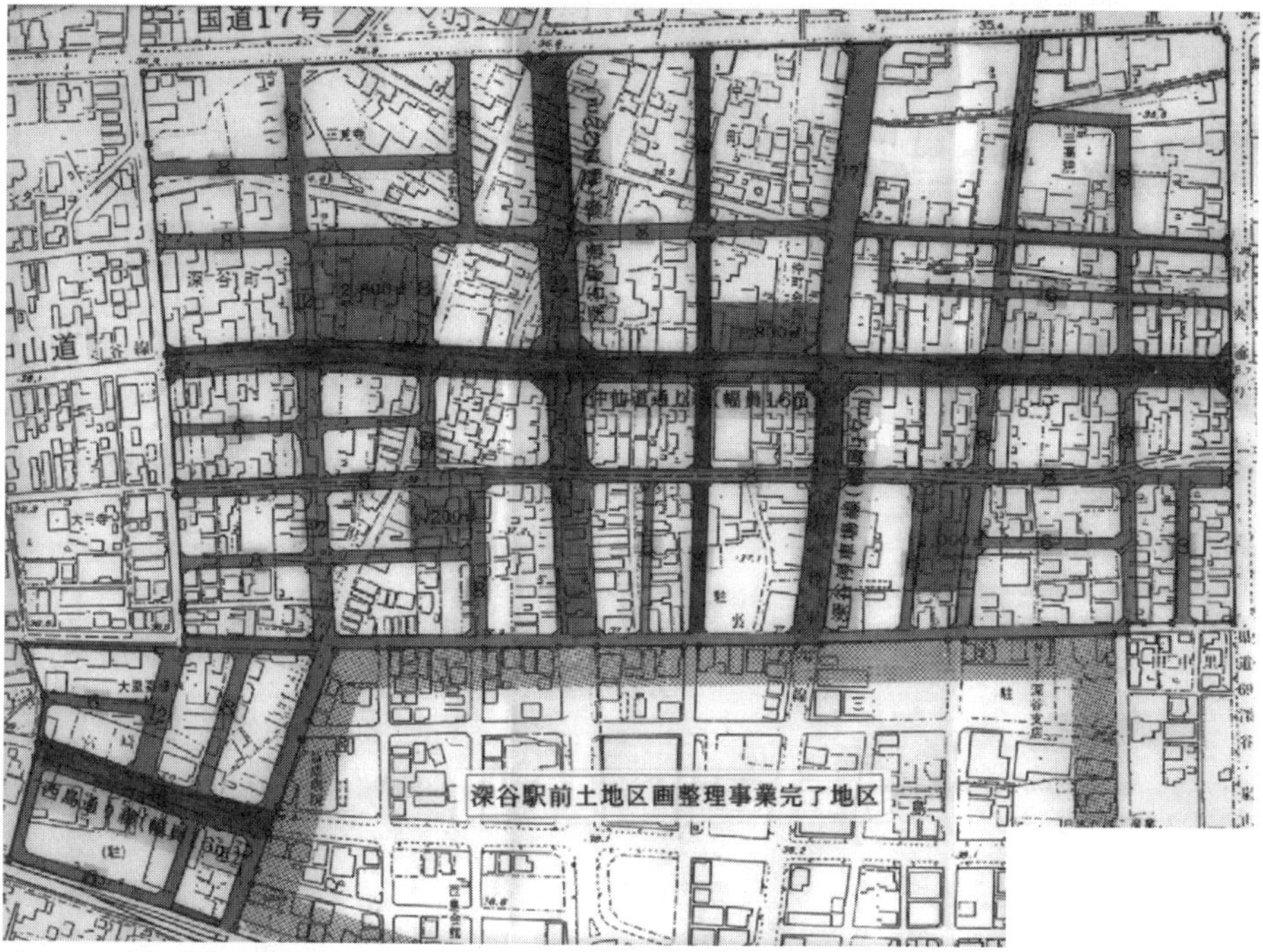

❷中央土地区画整理事業設計図

(2) 深谷市による中央土地区画整理事業

深谷市の街なかは、その形成過程から江戸時代に宿場町として発展し歴史的環境を残す旧中山道周辺地区と一八八三年に開業したJR深谷駅を含み土地区画整理事業実施済みの駅前地区に分けられる❶。近年、駅前地区に続き、深谷市により旧中山道周辺地区の約二三ヘクタールを対象とする中央土地区画整理事業が実施されている。二〇〇四年三月末までに仮換地設計が完了し、約7割の地権者がそれに合意していると言う。

中央土地区画整理事業の設計図は、❷の通りである。幅員約八メートルの旧中山道が幅員一六メートルの都市計画道路・仲仙道通り線として拡幅整備され、深谷駅（南）と市役所（北）を結ぶ幅員二二メートルの都市計画道路・深谷駅通り線がそれと直交する形で新規整備される。そして、これら二本の都市計画道路を軸として格子状の区画道路網が整備され、四カ所に公園が整備される。土地区画整理事業による都市基盤の整備に合わせた地区計画（建物の高さや色・形・デザインなど街並みを揃えるルール）の検討は、二〇〇五年初頭に開始された。

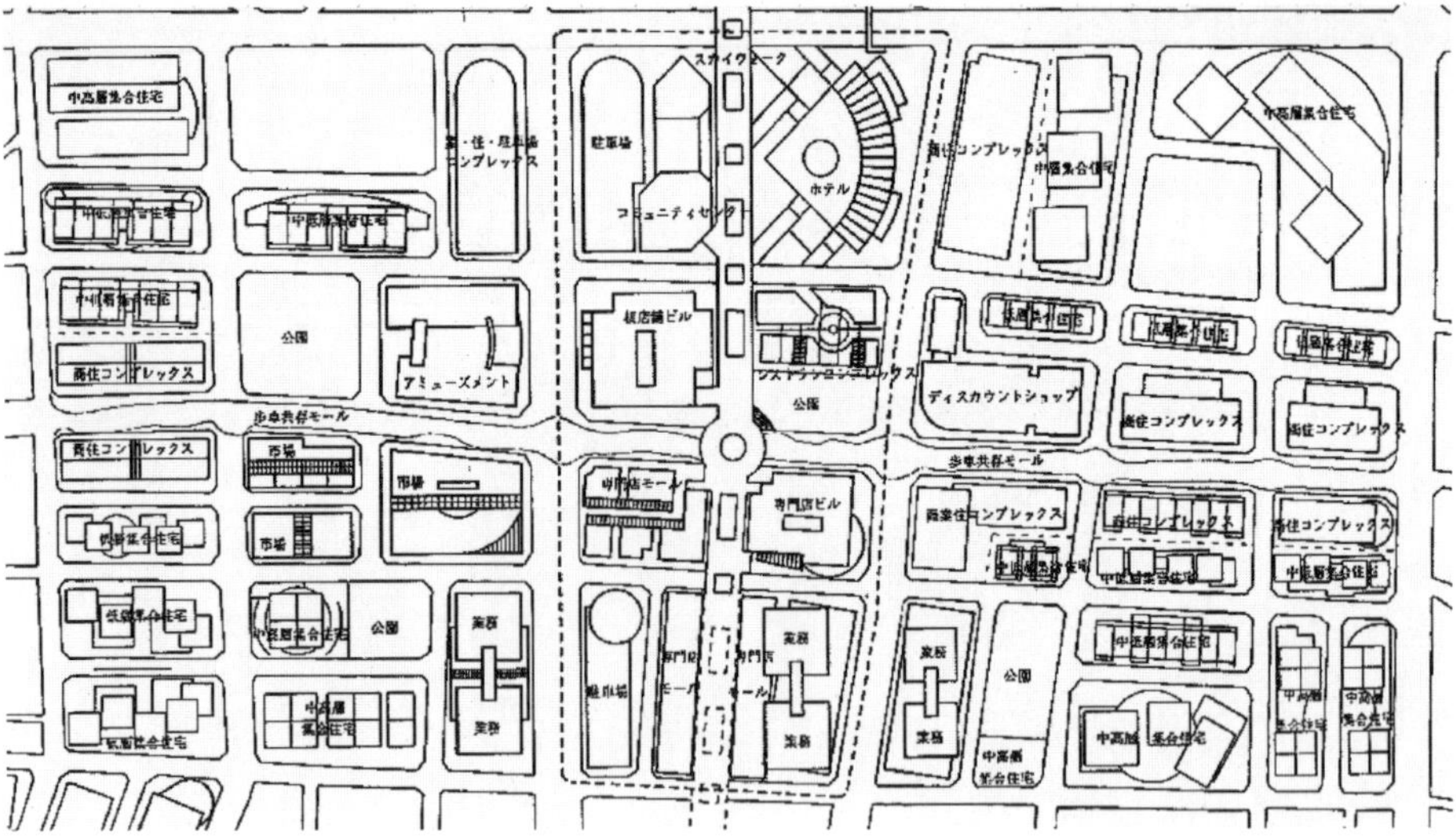

❸ハイアメニティ構想

この中央土地区画整理事業は、一九八〇年代後半に検討されたハイ・アメニティ構想に由来する。宿場町の短冊状の町割りを土地の高度利用を可能とする大街区に再編し、そこにホテルやアミューズメント施設、中高層集合住宅を開発しようとする野心的な（今となっては無謀とも言える!?）計画である❸。この構想を実現する都市基盤整備の手段として、中央土地区画整理事業が決定されたのであった。バブル崩壊によりこうした開発計画は夢に終わったが、中央土地区画整理事業自体は、見直されることなく、生き続けている。

(3) 深谷ＴＭＯによる活性化事業の実施

深谷商工会議所は、二〇〇二年二月にＴＭＯとして認定され、ＴＭＯ計画を策定し、それに基づく様々な活性化事業を展開している。その主な事業には、空き店舗対策事業二件（銀行店舗のミニ・シアター及び地元商業高校経営八百屋への転用、小売り店舗のギャラリー及びミーティング・スペースへの転用）、デッキ広場や公衆トイレの整備、朝市やウォーク・ラリー、ミステリー・ツアーの開催等が含まれる。深谷ＴＭＯのこうした取り組みは、埼玉県内の先進事例として高く評価され、視察団の来訪が絶えない。深谷ＴＭＯ事務局とそれに協力する商業者の尽力の結果であると言える。

衰退した街なかの再生に向けた深谷市及び深谷ＴＭＯ（深谷商工

会議所）の取り組みは、以上の通りであり、深谷市中心市街地活性化基本計画（一九九九年）に基づくものである。これらの取り組みのうち、特に中央土地区画整理事業の内容に一石を投じたのが、以下で紹介する、都市マスタープランの策定を契機とする一連の市民活動である。

2　積極的な市民参加による都市マスタープランの策定

(1)　都市マスタープランの新しい試みとまちづくり協議会

深谷市では、二〇〇一年に積極的な市民参加を特徴とする都市マスタープラン（都市計画法に基づく市町村の都市計画に関する基本的方針、以下「都市ＭＰ」）の策定が開始された。担当の深谷市都市整備部都市計画課をサポートしたのは、パシフィックコンサルタンツ㈱地域計画部（当時）及び東京大学都市計画研究室であった。以上の三者が深谷市都市ＭＰの事務局であった。

都市ＭＰの策定においては、一〇〇人を超える市民で構成されるまちづくり協議会（以下、「協議会」）による提案とその代表性の確保、計画策定段階での評価、計画策定後の進行管理の意識、計画を空間化する技法の開発・適用、計画策定を通じたまちづくり市民層の形成、段階的な情報の収集と提供など、いくつかの新しい試みが行われた。

ここでは、二〇〇一年四月から一二月までの深谷市都市ＭＰ協議会中心市街地活性化班（以下、中活班）の活動と、二〇〇二年一月から三月までの同起草委員会における「中心市街地の再生」に関わる取り組みを報告する。中活班は、市民九人、市区画整理課の職員一人、事務局メンバー三人で構成された。市民メンバーの多くは、中心市街地内の地権者・商業者ではない、中心市街地活性化に興味を持つ市民であった。また、二〇〇一年末に結成された起草委員会には、中活班から事務局も含めて六人が参加した。

前述の通り、深谷市の中心市街地では、都市ＭＰの策定の他に、中心市街地活性化基本計画（一九九九年）に基づく中央土地区画整理事業及びＴＭＯ計画が推進されている。これら三つの取り組みの関係については、特に、都市像・生活像とその実現に向けた各種施策及びそれらの関係を示す都市ＭＰが、区画整理やＴＭＯの個別施策が決定された後に策定されていることが問題となっていた。さらに、中央土地区画整理事業の内容が現在の社会経済状況と必ずしも適合しておらず、また、真の合意が形成されていないにも拘らず修正なく実施されようとしているため、都市ＭＰの取り組みの中でそれらの修正を提案せざるを得なくなったことが、この問題を一層深刻化させた。中活班は、このような状況の下で活動を展開していたため、これから述べる通り、進むべき方向が班内で確認されるまでに、長い期間を必要としたのであった。

(2) 中心市街地の空間形成の方針づくり

二〇〇一年四月から七月には、中活班が結成された第二回協議会（二〇〇一年四月二一日）で決定された中活班の「自主活動の方針」に基づき、次のような多様な自主活動が展開された❹。

❹中活班の多様な自主活動

中心市街地の現状と課題の把握

まち歩きワークショップ（二〇〇一年四月三〇日）には、中活班のメンバー及び中心市街地内の地権者・商業者を含む約三〇人が参加した。参加者は、中心市街地を歩き、街の良いところ、改善したいところ、気になるところを一五〇〇分の一の住宅地図に記録し、成果を発表し合った。そして、第三回協議会（五月二六日）では、まち歩きワークショップで出された合計一二〇を超える意見が、歴史資源、各種施設、自然資源、土地・建物、交通体系、街路空間等の各小テーマに分類され、発表された。

七夕祭イベント（後述）に向けて行った自主活動（六月三〇日）では、中心市街地問題を解説した「中心市街地問題って何?」、既存計画を整理した「中心市街地活性化に向けたこれまでの取り組み」、班の活動を紹介した「中心市街地活性化班の取り組み」、中心市街地の現況を把握するために駐車場、歴史的建築物、公共公益施設、緑、主要道路を一五〇〇分の一の住宅地図上に図示した「こんなにあったぜ駐車場！ふかや中心市街地」の各展示用資料を作成した。

以上の作業を通じて中心市街地の現状と課題が徐々に明らかになるにつれ、既存計画、特に中心市街地内の歴史的資産の多くを消失させる可能性のある中央区画整理事業を修正なく実施することを疑問視する意見が出て来た。

協議会及び中活班の取り組みの広報

中活班のメーリング・リスト（五月二日開設）では、事務連絡及び中心市街地活性化に関する意見・情報交換が行われ、メールは六八〇通を超えた。また、ホームページ（五月一八日開設）には中活班の詳細な活動記録が掲載され、インターネット利用者であれば誰でも最新の情報を入手することが可能とされた。

中心市街地では、深谷ＴＭＯにより、月一回、大型店の駐車場を利用した朝市が開催されている。中活班は、人が集まるこの朝市を七夕祭イベント及びまちづくりフォーラムのチラシ配布の機会として利用した。

深谷七夕祭（七月六～八日）に合わせた協議会のイベントでは、各テーマ別班のそれまでの活動内容を整理した資料が展示され、来場者のまちづくりに関する意見が全市の白図に記入された。夜には、昔の深谷の様子を収めた写真のスライド・ショーと映像の上映会が行われた。これを契機に、中活班のメンバーの間では、深谷の歴史的資産を活かしたまちづくりを進める気運が高まった。なお、この七夕祭イベントは、中活班が発意したものであるが、他班の協力があってこそ実現したものである。なお、第四回協議会（六月一六日）は、他班への企画の説明と展示物作成及び会場手伝いの協力の呼び掛けの場として活用された。

中心市街地活性化に関する学習

まず、活性化に取り組む典型的な二つの地方都市（群馬県高崎市及び前橋市）の中心市街地を見学した（六月一三日）。高崎市では、まちづくりの情報交流拠点として機能している「たかさき活性剤本舗」を訪問し、前橋市では、中止になった市街地再開発事業について担当の設計事務所の方にヒアリングを行った。見学の報告は、第四回協議会（六月一六日）で行われた。

また、まちづくりフォーラム（後述）の後になるが、九月には、中活班の有志が関東経済産業局を訪問してTMOについてヒアリングを行い（九月六日）、また、兵庫県三田市本町商店街のまちづくりについての大学院生による講演を実現した（九月一三日）。一〇月になると、協議会全体の活動として、埼玉県上尾市の都市MPの策定及び中心市街地（中山道沿道愛宕地区）のまちづくりについて、視察を行った。中心市街地に関しては、改造型の区画整理ではない改善・修復型まちづくりの可能性が示唆された。

区画整理及びTMOとの連携に向けた事務局ミーティング

中心市街地活性化に向けた三つの取り組み（区画整理、タウン・マネジメント、都市MP）の連携は、都市MPの策定作業が始まった当初から、大きな課題であった。そして、既に述べた通り、既存計画が修正なく実施されようとしていることを疑問視する中活班のメンバーが出始めていた。このような状況を見た都市MPの事務局である市都市計画課の職員が、三つの取り組みの事務局が集まり中心市街地のまちづくりの進め方について意見交換するミーティングを設定した（七月二〇日）。

ミーティングでは、区画整理、TMO、都市MPの取り組みの進捗状況及びその後の予定に関する情報共有と、その後のまちづくりの進め方に関する意見交換が行われた。都市MPの事務局は、三つの取り組みの連携や既存計画への疑問に関する中活班のメンバーの意見を紹介した上で、中心市街地の都市像・生活像に関する深い議論がないまま区画整理やTMOの個別施策が無批判的に進められていることへの危惧と三つの取り組みの連携の必要性を主張した。一方、区画整理及びTMOの事務局は、その後も既存計画を推進すること、ただし、地権者・商業者の総意があれば、既存計画の修正はやむを得ないことを述べた。加えて、区画整理の事務局は、都市MPの取り組みに対して、既存計画を前提とした街並み形成の検討をすることを求めた。

活動成果の発表と参加者を増やす努力

二〇〇一年八月・九月上旬には、活動成果の発表と参加者を増やす努力がなされた。協議会及び市主催のまちづくりフォーラム（八月四日）では、各テーマ別班のそれまでの活動成果が一般市民の前で発表された。

その後、協議会によって深谷市内の七地域で開催された「地域まちづくり会議」（八月二三日・九月七日、二地域は台風のため中止）では、各地域に深く関連するいくつかのテーマの発表が地域の市民に対して行われ、協議会のメンバーと地域の市民との間で意見交換が行われた。中活班は、中心市街地を含む深谷地域と中心市街地利用者が多く居住する大寄地域及び明戸地域において、まちづくりフォーラムと同様の発表を行った。ただし、深谷地域については、都市ＭＰと区画整理及びＴＭＯの取り組みの関係を明確に伝える必要があったことから、事務局も、「深谷市における中心市街地活性化施策の進捗状況と課題」という題目の発表を行った。それを機会に中活班の活動に地権者・商業者も参加してもらいたいという狙いがあったのだが、逆に、「早く代替案を見せてくれ」といった発言を招くことになってしまった。

また、ＪＲ深谷駅の空きスペースを利用して開設された「まちづくり広場」（九月四日・一六日）においても、各テーマ別班のそれまでの活動成果が一般公開された。

このように、中心市街地の現状と課題がある程度明らかになった時点で、活動成果を発表し、参加者を増やす努力をしたのだが、結局、参加者は一人も増えなかった。

中心市街地活性化班が進むべき方向の確認

二〇〇一年九月中旬から一〇月には、中心市街地活性化班が進むべき方向が確認された。

第五回協議会（九月一五日）とその後開催された数回の中活班定例会では、それまでの活動が反省され、様々な議論の末、中活班が進むべき方向が次の通り確認された。

・情報公開は続けるが、無理に参加者を増やす努力はせず、少数精鋭で提案の検討を進める。
・事務局が検討の大まかなプログラムを提案し、中心市街地活性化班メンバーの承認を得た上で、それに沿った提案の検討を進める。
・区画整理に反対するのではなく、区画整理を含む複数の都市基盤整備案を提示し、それぞれの案の評価を行う。
・複数の案は最後まで残し、どの案が望ましいかはアンケートで広く一般市民に問うこととする。中心市街地活性化班はその判断材料を用意する役割を担う。

以上を受け、二〇〇一年一一月には、中心市街地再生の基本的な考え方を示す「中心市街地再生の原則」と三つの異なる都市基盤整備案を基礎とする「中心市街地の空間形成の方針：三つの代替案」が、週一回の中活班定例会等において同時に検討された。

前者については、事務局が、海道清信（二〇〇一）が「コンパクトシティ：持続可能な社会の都市像を求めて」（学芸出版社）の中で提示している「日本型コンパクトシティの一〇の原則と三つのモデル」を含むいくつかの規範から中活班でのそれまでの議論に関係のある部分を抜き出したレポートを作成し、中活班全員で、それを参考とした深谷版の原則を作成した。第七回定例会（一一月二二日）の検討で完成した「中心市街地再生の原則」の構成は次の通りである。

■深谷市全体の空間形成に関すること

(1)コンパクトな都市形態を目指す

(2)既成市街地内に密度の高い拠点をつくる

(3)中心市街地を中心とした公共交通体系を構築する

■中心市街地の空間形成に関すること

(1)居住、商業、業務、行政、文化、福祉など様々な用途・機能を複合させる

(2)低未利用地の有効利用を促進する

(3)歩行者、自転車などの歩行者系を優先する街路空間とする

(4)公園、河川、寺社などの緑と水をネットワーク化する

(5)多様な街なか産業を育成する

(6)歴史の文脈を読み取り、中心市街地が持っている価値と可能性を引き出す

(7)空間の美しさを追求する

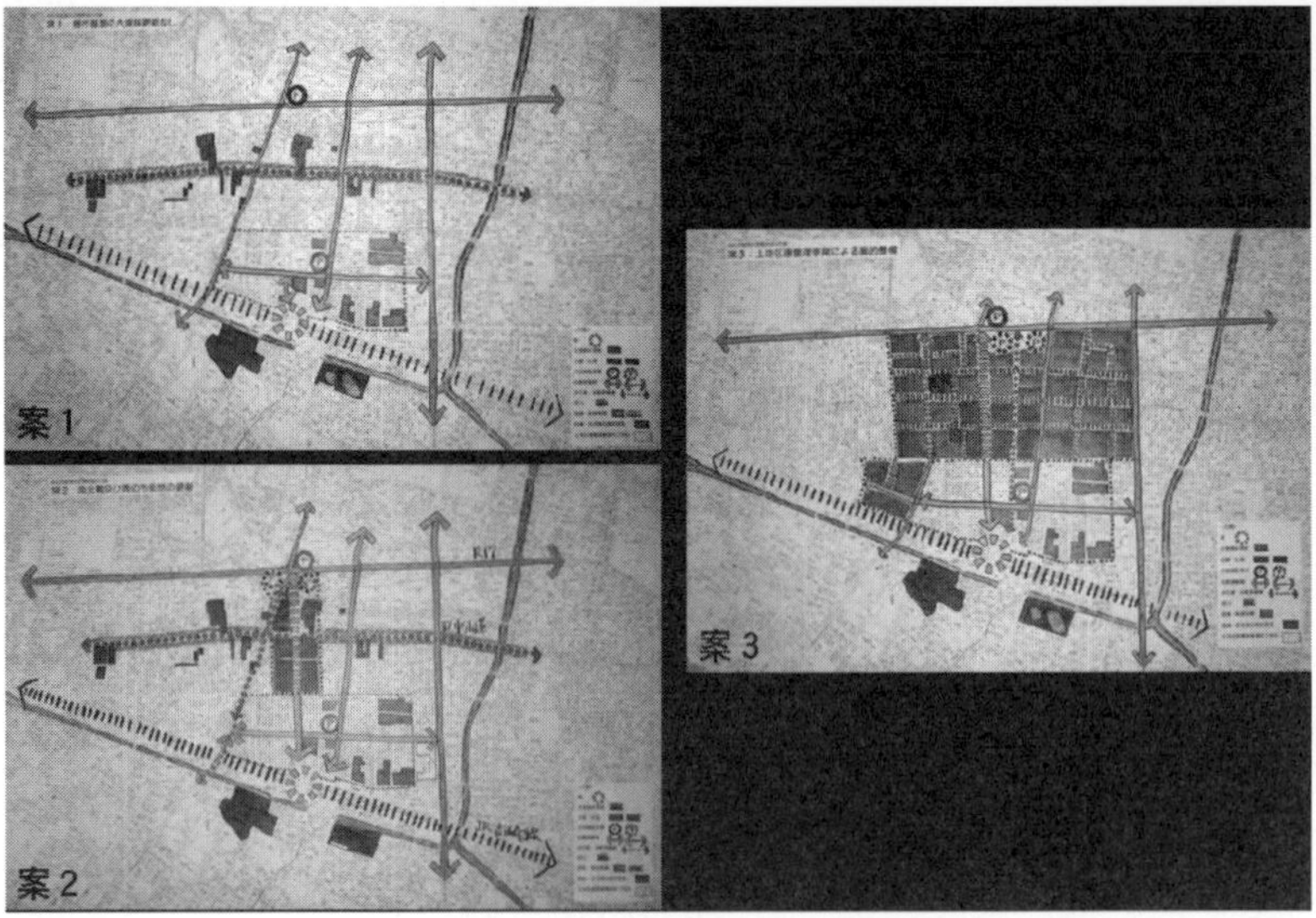

❺ 3つの代替案

(8)防災性能の向上
(9)ユニバーサル・デザインの促進
(10)まちづくりを進めるための人材育成と組織支援

後者については、事務局が、案1：都市基盤の現状維持（新たな道路や大規模な公園は整備せず、現状の都市基盤を維持する案）、案2：南北道路とその周辺の整備（幅員二二メートルの深谷駅通りを整備し、その周辺の市街地を更新する案）、案3：大規模な面的整備（未整備の都市計画道路や区画道路、大規模な公園を整備するために、市街地の広い範囲を更新する案）をまとめた❺。第五回定例会（一一月六日）で簡単なスケッチによる検討が行われた後、その結果が一五〇〇分の一の住宅地図に図示され、第七回協議会（一一月一〇日）において発表された。なお、第六回定例会（一一月一三日）では、協議会欠席者及びその日のみ飛び入り参加した一部の商業者のために、同様の内容が発表された。

第八回定例会（一一月二九日）では、三つの代替案をどのように評価すべきかの検討が行われた。まず、都市基盤、歩行者優先道路、公園・広場、歴史的資産、商業集積、住環境整備、駐車場等の項目ごとに案の内容を整理した「三つの代替案の比較表」を事務局が説明した。そして、その比較表を見ながら、評価項目（評価の視点）の設定に関する次の議論が行われた。

・基本姿勢として、「現在の中心市街地にはどのような問題があり、それぞれの案ではそれらの問題がどのように解決されるのか？（または解決されないのか？）」を検討する。

・そのためには、中心市街地の問題をより深く掘り下げながら評価項目を設定する必要がある。例えば、住宅の問題では、敷地境界線、敷地形状、道路基盤等が評価項目となり得る。

・この他、街並み（建物高さと道路幅員の関係など）、交通（歩行者・自動車動線、駐車場配置、街路空間など）、開発需要と開発容量の関係、歴史資産の保全・活用（建物、敷地割りなどの空間構造など）、緑のネットワーク（公園、広場、寺社、河川など）、事業期間・コスト等に関する評価項目が必要である。

第八回協議会（一二月二二日）では、九カ月の活動の総括として、各テーマ別班の提案が発表された。中活班については、事務局がそれまでの検討内容を踏まえて提案書をとりまとめた。第一〇回定例会（一二月一三日）では、提案書の素案が発表され、その場で修正された。なお、中心市街地を商店街でも住宅街でもない、人々が暮らし、働き、遊び、消費するための機能がある「生活街」という新しい考え方で捉え直すことが市民メンバーによって提案されたのは、この定例会のときである。

(3) 市全体の視点の導入と模型ワークショップの実施

都市ＭＰ事務局は、市内エリア別の将来人口予測を行い、二〇〇〇年から二〇二〇年までに全市では三〇〇〇人程度（約三％）の人口増加、中心市街地では八〇〇人程度（約二三％）の人口減少が見込まれるという結果を得た。そして、それまでの協議会での検討内容を踏まえた六つの将来人口配分パターンを提示した。なお、中心市街地に関しては、同時に、三つの代替案それぞれにおいてどのくらいの人口増加を受容し得るかの大雑把な分析も行った。

中心市街地の人口配分については、二〇〇〇年から二〇二〇年までの変化として、プラス二八〇〇人、プラス一五〇〇人、プラス八〇〇人、マイナス八〇〇人の四つのパターンが考えられた。一方、中活班が提案した案1

❻ワークショップ

ではプラス八〇〇から一五〇〇人、案2ではプラス一五〇〇から二八〇〇人、案3ではプラス二八〇〇人の人口増加を受容し得るという分析結果が出ていた。

これより、市全体の人口はほとんど増加せず、かつ、中心市街地以外のエリアでも人口増加が考えられるのだから、中心市街地で何千人もの人口増加を目指すのは非現実的なこと、よって、「人口を増やしたいから案3のような面的整備を行う」という考え方は成り立たず、三つの代替案を、人口受容能力ではない、他の観点から評価することが重要となることが分かった。

第三回起草委員会（二〇〇二年二月一六日）では、それまでの検討内容を基礎として、中心市街地の一部の空間形成の方針が、二〇〇分の一の模型を使いながら、より詳細に検討された。当日は、事務局が準備した案A：現状の都市基盤を維持する場合（中活班の案1に対応）及び案B：土地区画整理事業を実施する場合（中活班の案3に対応）の二種類の模型上に、参加者が、歩行者優先道路、生活道路、新しい建物、公園・広場、街路樹等のパーツを配置した。

この模型ワークショップを通じて、各案の空間イメージがより具体的に認識され、提案内容がより詳細になると同時に、各案の検討課題が明らかになって来た❻。

その後、中活班を中心とする自主活動として、前回より広い範囲の模型を使った中心市街地再生ワークショップが行われた（二〇〇一年三月五日）。この模型ワークショップには、中活班のメンバーのみならず、中心市街地内の地権者・商業者やTMOの事務局、都市MPの他班担当の事務局のメンバーも参加した。模型を前にして行われた意見交換の要点は次の通りである。

・現在の区画整理案をそのまま実施するのには問題がある。区画整理の換地が行われるのは二〇〇二年度なので、まだ修正が可能である。様々な可能性を検討しながら「これが良い」とみんなが納得する案を作成することが重要である。

・大規模な区画整理を一度に実施するのはリスクが大き過ぎる。そこで小さな単位での区画整理や個別プロジェクトを少しずつ様子を見ながら行うのが良いのではないか。その際、全体としてどうなるかを見据える必要がある。

・バブル期に作成された区画整理の計画の当初の目的は土地の高度利用であったが、その後社会経済状況が変わった。現在の目的を再確認した上で、適切な整備手法を選択する必要がある。

(4) 都市マスタープラン素案及びまちづくりアンケートの検討

このような中活班及び起草委員会の取り組み、そして、本稿には掲載しきれない協議会の他の六つの班及び起草委員会の他テーマの取り組みに基づき、二〇〇二年春には、都市MP全体構想の協議会提案が完成した。当初の方針では、アンケート形式でまとめた協議会提案を策定委員会に提出、内容を確認した上で全戸配布アンケートを行うことで協議会提案に対するさらなる代表性を確保し、素案を作成することとしていた。

協議会提案をアンケート形式でまとめる過程では、協議会委員の意見に基づき、全戸配布を前提に、分かりやすいこと、なるべく多くの市民が答えられることが重視された。その結果、協議会提案で想定している二〇二〇年の都市・生活を市民が体験しているイラスト付の「物語」を示し、文中の各描写に対して質問を設ける形式となった。なお、アンケートを全戸配布する意義は、協議会提案に対する市民全体の支持状況の把握や一つのアウトリーチ活動としての位置付け・効果などであった。

第一回（二〇〇一年七月）から第三回（二〇〇二年二月）までの都市MP策定委員会では、まちづくり協議会の検討経過報告が行われて来た。そして、第四回（二〇〇二年六月）の策定委員会では、アンケートが提案される予定であった。しかし、策定委員長より協議会提案及びアンケート実施について次のような指摘があった。

・協議会提案では、検討の浅い分野・項目や、未検討の分野・項目があり、漏れの無いよう良く検討した上で全世帯アンケートを行うべきである。

・提案が物語形式のため、何を施策として実施すると描かれた空間や生活が実現するのか、また、施策と、その効果の関係も分かりにくい。都市MPの提案は、明確なリスト形式で表示すべきである。

・重要な施策についての質問項目の選択が恣意的な印象を受ける。また意味ある回答を得るためには、市民が（情緒的・反射的にではなく理性的に考慮した上で）賛否を判断できるよう、提案の内容を具体的な施策とし、その利点、欠点、副作用等に関する十分な説明を付けて質問する必要がある。

そこで、策定委員会における協議により、協議会提案を十分に反映させた素案を策定委員会案として作成、素案に基づく全戸配布アンケートを実施し、その結果をもとに原案を作成することとなった。

第五回・第六回策定委員会（二〇〇二年夏）では、中心市街地の中央土地区画整理事業の方法について歴史的資源を保全する観点から大幅な見直しも含める施策、街なかの歴史的建造物の市による買い取りや保全のための助成、新たな開発は誘導せず現在の拠点商業地域の機能向上を優先すること、公共循環バスのサービス向上についてダイヤ改善の実現など、財政支出や事業の抜本的見直しにつながる施策について議論が集中した。結局、結論は得られなかった。

第七回（同九月）、第八回（一〇月）、第九回（一二月）の策定委員会では、素案に基づくアンケートについて協議された。ここで最終段階のアンケート案が示されると、全戸配布を前提としていたことから、特に第五回・第六回で争点となった箇所において施策を具体的に提示していることに対し、市の内部（全課）において調整が必要との指摘を得た。市としては、具体的な施策について支持状況を問う設問となっていることに対し、全般的に多くの支持が予想される中で、実施を確約することになるとの認識により、大きな方針のみを問い、具体的な実現手段については様々な選択肢を残し、都市MP策定後に検討を深めたいとの意見があった。しかし、市民参加を重視して検討を深めてきた経緯、大まかな方針では市民の価値判断が得られにくいとの学識者や市民の意見をもとに、市の内部調整を十分に図り、妥協点を探ることとなった。その結果、第八回から第九回の間、二カ月間かけて、例えば、中央土地区画整理事業については、事業実施の可否を問うことは採用されなかったが、将来の街並みのイメージ、旧中山道の整備方針、事業実施の方法として段階実施と全面同時実施などの選択肢が設定されるなど、実施案の作成に向けた協議が行われた。

こうして作成したアンケートは、全戸配布に伴うコストの問題から自治会経由で配布することが前提となったこと、市長選挙が二〇〇二年一月に行われたことから、二月上旬の配布となった。アンケートは、約二万九四〇〇世帯に配布され、約三一〇〇票が回収（回収率一〇・七％）された。

(5) 都市マスタープランの完成と「街なか再生」部分の内容

アンケート結果を受けての策定委員会における検討を経て完成した都市MP「街なか再生」部分は、二つの基本方針と「歴史的環境の再生」に関わる六つの施策、「街なかを生活街として再生」に関わる九つの施策で構成されている❼。3・1・4〜6、3・2・3を除く合計一一の施策については、「施策の方向」として、より具体的

❼深谷市都市 MP「街なか再生」部分の構成と内容

基本方針	街なかには，これまで人々が暮らしの中で築きあげてきた歴史的建造物など，深谷というまちの個性を物語る資源が数多く残っています．街なかを個性ある魅力的なまちに再生するため，歴史的環境を保全し，活用する取り組みを進めます．		
	街なかを「商店街」でも「住宅街」でもない，人々が暮らし，働き，学び，消費するための多様な機能がある，郊外とは異なった魅力ある生活が送れる「生活街」という新しい考え方でとらえ直し，その空間形成を目指します．		
施策の体系	3.1 歴史的環境の再生	3.1.1	中山道沿道・周辺地区について歴史的景観形成事業を推進します．
		3.1.2	歴史的建造物の保全・活用を支援します．
		3.1.3	歴史的建造物を活用した拠点的公共施設を整備します．
		3.1.4	空き店舗対策と併せて歴史的建造物の再利用・転用を支援する仕組みの整備を推進します．
		3.1.5	市民団体などが行う歴史的資源調査・情報提供活動を支援します．
		3.1.6	歴史的環境にふれる機会をつくるため，回遊・散策に役立つ案内標識などを整備します．
	3.2 街なかを生活街として再生	3.2.1	街なかへの集客を促進するソフトな仕組みづくりへの支援を行います．
		3.2.2	街なかのにぎわいを高めるイベントを支援します．
		3.2.3	空き店舗の再利用・転用を支援します．
		3.2.4	街なか全体を対象に，景観形成の目標となる市街地デザインガイドラインをつくります．
		3.2.5	中山道は，歩行者，自転車の通行を優先する道路として整備します．
		3.2.6	街なかに歩行者優先ゾーンを設置します．
		3.2.7	街なかの防災性向上と歴史的環境再生を両立させた市街地整備を誘導します．
		3.2.8	中央土地区画整理事業は，事業効果を確認しながら実施します．
		3.2.9	街なかにおいて民間による住宅建設を促進します．

な内容が説明されている。

3　NPO法人深谷にぎわい工房の設立とその活動

(1)　設立経緯――温泉合宿と都市マスタープランまちづくり協議会の反応

まちづくり協議会からNPO法人へ

行政へ市民参加という形による活動を続けてきた都市MPまちづくり協議会（以下、「協議会」）であったが二〇〇一年一一月となり、協議会活動も八カ月を過ぎると今後のまちづくり活動に不安がよぎるようになった。実際のところ深谷市のまちづくり施策や都市MP協議会の市民委員としての限界がだんだん見えてきたし、「都市マスが策定されたら、協議会の活動はどうなるのだろう？」という話が出てくるようになった（市は都市MP制定後、協議会の解散を予定していた）。そうした中、中活班と、同じく活動が活発だった自然環境、農地の保全・創造班（以下、自然班）のメンバーの中から、「せっかくやってきたまちづくり活動をこれからも続けたい」

という多くの意見が出てきていた。そこで同年一一月の協議会後の「反省会」の席で、筆者らを含む複数の人から、「それぞれの班メンバーでまち協の活動を続け、市民中心のまちづくり活動をするためNPO法人を作ろう」という話が出て、その場で酒の勢いもあり、一同賛成で「乾杯」ということでその場はお開きとなった。

NPO法人設立へ産みの苦しみ

実際どのような書類を作らなければならないのか、どのような手続きが必要なのかなどNPO法人をどう作るのか全く知らない状況にあった。まず、まちづくりを含めて実際に活動する分野を決め、設立趣旨書、設立の経緯、定款、事業計画のなどの書類をまち協の活動と並行させミーティングを重ね、たたき台を筆者の松本が作ることになった。二〇〇二年の一月中旬、「NPO法人設立勉強会」と称して発起人の六人による温泉合宿を企画、それまでにたたき台の作成を終わらせることとなった。深谷市の中心市街地活性化を主な目的とするまちづくりNPO法人の輪郭がようやく見えてきた。

合宿を経て、発起人の中での意思統一、ミッションの共有がほぼできた。しかしながらこれだけでは人数的にも不十分だったし（NPO法人設立には最低一〇人が必要）、我々としてはできるだけ多くの同士を募りたいということで思案した。そこで考えたのが、協議会の人たちに我々のNPO活動についてお知らせして、参加者を募り、その人たちと改めて設立準備会を立ち上げることだった。我々の活動がまち協廃止後の市民のまちづくりを目指したものであること、今までのまち協の活動でまちづくりについての基本的な価値観は共有できているので数多くの同士が集まると考えた。そこで二〇〇二年一月の協議会終了後、呼びかけの文書を皆さんに配布して、松本からNPO法人設立準備会について趣旨や活動予定について説明した。しかし結果は我々の思惑とは全く逆のものになってしまった。反応の多くは次の通りであった。

・事前の話しもなく、NPO法人設立が既成事実のようなことは納得できない。

・我々が協議会解散後のまちづくり活動を乗っ取るつもりではないのか
・そもそも既に死んだ中心市街地の再生は必要ない
・呼びかけ文書の文言が生意気だ
・説明の仕方が高飛車だ、などであった。

事前の根回しもなく、いきなり協議会の中でもどちらかと言うと年齢的に若いメンバーである、我々からの呼びかけで、六〇代、七〇代の方からの反発が大きかったようだった。NPO法人設立に際して一人でも多くのメンバーを集めようとした我々の目論見は外れてしまった。予想しなかったまち協メンバーの反発に当惑した我々は急遽善後策を検討し、以下のことを協議会のメーリングリストに流した。

・NPO法人設立準備会の呼びかけの全面撤回
・我々の目指すNPO法人は決して協議会解散後の活動をコントロールする意図はないこと
・我々のNPO法人の活動分野はいわゆる中心市街地の再生に特化した活動であること

などを説明し理解を求めたのである。しかし我々は、NPO法人設立の動きをやめるつもりはなかったので、必ずしも設立を前提としない「NPO法人勉強会」ということで、新たに協議会のメンバーに呼びかた。その後は、われわれの活動が理解されたのか、無視されたのか、以後協議会からの反発はなかった。

そしてNPO法人についての基礎知識を共有するため講師を呼んでのセミナー、まちづくりやNPO法人で活動してみたい事業について考えを出し合う討論会など二〇〇二年三月から五月までに三回、「NPO法人勉強会」を開いた。第一回の勉強会に参加された方が約三〇名、そして第三回まで「残った」方は一〇数名程度になった。しかしながら勉強会を通じてNPO法人設立の趣旨、目的意識や使命の共有などには醸成できたと思う。

こうした筆者らの経験を踏まえて、また経験者からの話を聞くと、新たにNPO法人という組織を設立する時に使命や目的などについて価値観の共有できる数名で検討し、設立に際しては「この指とまれ」という形が向いているようだ。小さく生んで、大きく育てることが肝要のように思う。すでに事業を開始していた深谷TMOと我々の目指すまちづくり活動に関して多くの方向性が一致するという側面を重視し、とにかくやってみようということになった。その結果、遅くとも六月下旬には県庁の法人格を申請しようと決めたのである。

本格活動の開始へ

埼玉県庁へは事前に数回行った。申請に必要な書類を持参、入念に見ていただき、「これでいいでしょう」という評価を得て一段落。七月一日に深谷市のコミュニティセンターで設立総会を開催した。設立総会では協議会メンバー九人、東京大学都市計画研究室の小泉助教授と筆者の村山の一一人全員が理事、うち四人を副理事長、そしてNPO法人設立に一番声が大きかったこと、いろいろ手続きをしてきたことから筆者の松本が理事長ということになった。議事も無事終了し、みんなやっと申請までこぎつけたという一安心という心境であった。実際に一一月下旬からになるであろうNPO法人としての各事業のため月二回ほどのペースで情報交換、事業の討論を目的にする会議を開いた。役員だけでなく会員や入会予定者を交えたミーティングである。NPO法人のミッションの確認や今後の事業内容について議論した。

商店街から生活街へ、もう一度あのにぎわいを

深谷市のまちづくりは現在、正念場を迎えている。協議会のメンバーとして取り組んでいる都市MP、商工会議所が進めているTMO事業、そして中心市街地を中心する中央土地区画整理事業、この三つの事業が進められており、不幸なことにこの三つの事業が必ずしも整合性がとれていないということである。例えば都市MPでは中心市街地のレンガ造りや蔵づくりの建物は歴史的資産としてできるだけ残そうという考え方であるが、もし土地区画整理事業が計画通り進むとレンガ造りや蔵づくりの建物は深谷市の中心市街地から跡形もなく消えてしま

■深谷にぎわい工房の活動内容

(1) 歴史資産の保全・活用 (2003年3月〜)
所有者の依頼を受け、旧柴崎金物石倉庫(1933年に建てられた3階建てレンガ倉庫)を市民のための多目的スペースやコミュニティ・ビジネスの場、NPOや市民団体のためのオフィス・スペースとして再生。また、中央土地区画整理事業と歴史資産の保全・活用の両立について検討。

(2) 深谷地酒蔵元ツアー (2002年12月〜)
深谷の造り酒屋を訪ね、銘酒を味わいながら歴史資産の価値を考えるツアー。第1回は街なか中山道沿いの3軒、第2回は郊外の1軒を訪問。

(3)「深谷水物語」 (月間共同企画/2003年3月)
NPO法人市民シアター・エフと「水」を切り口に「深谷の水のルーツをさぐるトーク・ショー」、「早春の野と書と味をめぐるツアー」、「映画『アレクセイと泉』上映」、「唐沢川清掃」など一連のプロジェクトを展開。

(4)「カキコまっぷ」実験 (2003年1月〜3月)
国土交通省、総務省、経済産業省の連携による、GIS等を活用した地域の活性化に関する調査」を担当する(財)都市計画協会などと協力し、「カキコまっぷ」(インターネット上の書き込み地図掲示板)を活用して、深谷の中心市街地の活性化やバリアフリー化、深谷の自然資源やお散歩ルートに関する情報を収集、蓄積・更新・提供する実験を実施。

(5) 文部科学省生涯学習まちづくりモデル支援事業への参加 (2002年10月〜2003年3月)
生涯学習まちづくりのモデルとなる施策を展開することを目的とした本事業の実行委員会「まちづくり情報局ふかや」に参加。「小学生街なか再発見プロジェクト『まちをあるこうよ』」、「深谷の中心市街地の現況」、「都市再生シンポジウム」、「『蔵の街』栃木市中心市街地の視察」、「フォーラム」等のプロジェクトの企画・実施に参加。

(6) 深谷TMO空き店舗対策事業への参加 (2002年7月〜)
深谷TMO空き店舗対策事業の一つとして中山道沿いにオープンした活性化サロン「一休」の管理・運営に、にぎわい工房のオフィスとして「一体」内で参加。

(7) 深谷TMO情報受発信事業の支援 (2003年1月〜3月)
深谷TMO情報受発信事業(ウェブ・サイトの開設・更新)を受託・実施。 http://www.fukaya-tmo.com/

(8) 深谷市都市マスタープラン策定委員会への参加 (2002年6月〜)
都市マスタープランの素案が検討されている策定委員会に参加。「街なかの再生」部分における歴史資産の保全・活用や中央土地区画整理事業に伴う記述を含め、様々なまちづくりの問題について発言。

(9) 深谷市バリアフリー基本構想市民検討会への参加 (2002年6月〜12月)
深谷駅周辺のバリアフリーを一体的・重点的に進めるための基本構想の策定に伴って開催された市民検討会に参加。街なかのバリアフリー化について検討。

(10) ホームページの更新 (2002年7月〜)
深谷にぎわい工房の取り組みをタイムリーに情報発信。

(11) ニュースレターの発行 (2002年12月〜)
2ヶ月に一度、深谷にぎわい工房の取り組みを紹介するニュースレターを発行、会員のほか市全体に配布。

❽ NPO法人深谷にぎわい工房の活動

うことが予測される。すでに事業認可もおり、仮換地作業も進んでいるとはいえバブル時代の名残りの区画整理事業をこのまま進めていいものなのか、区画整理をやるにしてもできるだけ多くの歴史的資産を残す手法はないのか大いに議論があるはずだ。

本節の最後に我々のまちづくり活動の哲学を紹介したいと思う。我々は、深谷市の中心市街地を生活街ととらえ、中心市街地再生の原則に基づいてまちづくりを進めていくつもりである。これは、都市マスの議論の中から出て来た内容である。

[NPO法人深谷にぎわい工房が目標とする「生活街」]

NPO法人深谷にぎわい工房は、「中心市街地再生の原則」に基づき、深谷の中心市街地を「生活街」として再生することを目標とします❽。

生活街:人々が「住み」「働き」「学び」「遊び」「集い」「商う」生活の場です。

(2) 多岐にわたる活動の展開(二〇〇二年度)
○TMO事業への参画

NPOとしての活動は七月末、商工会議所のTMO事業の空き店舗対策事業で開かれる市民ギャラリーと活性化合同サロンの管理から始まった。活性化合同サロンの一部を深谷にぎわい工房の事務所スペース、活動を知らせるパネル展示スペースとして家賃無料で借りる、見返りとして活性化合同サロンと市民ギャラリーの留守番をボランティアというかたちでするということである。無料でその後半年余りを事務所とパネル展示スペースを借りることとなった。

また、深谷TMO情報受発信事業へ参加し、深谷TMOのホームページ作成を受託した。

○地酒蔵元ツアー

深谷市の旧中山道沿いには造り酒屋が徒歩圏内に三軒ある。それぞれレンガ造りの建物がありまちの資産として有効に活用できるものである。しかしながら存在すら現在市民に忘れさられたむきがある。そこで街なかの価値の再発見をかねてまず蔵元ツアーを開催した。三軒の蔵元を訪れ、蔵元の歴史、酒作りなどについてお話を聞く、利き酒など予定しておいた四〇人の枠はすぐにいっぱいとなり普段、あまり街なかに縁のない生活を送っていた市民が街なかへ足をはこぶ機会となった。

○「カキコまっぷ」実験

二〇〇三年一月から三月にかけて、国土交通省、総務省、経済産業省の連携による「GIS等を活用した地域の活性化に関する調査」を担当する財団法人都市計画協会などと協働し、「カキコまっぷ」(インターネット上の書き込み地図型掲示板)を活用して、深谷の中心市街地の活性化やバリアフリー化、深谷の自然資源やお散歩ルートの関する情報・蓄積・更新・提供する実験を実施した。

○まちづくり活動の活性化

二〇〇二年一〇月から二〇〇三年三月にかけて、文部科学省生涯学習まちづくりモデル支援事業へ参加し、中心的な役割をもった。深谷市では文部科学省の助成を受けて進めていた生涯学習まちづくりモデル支援事業の活動に際して、その活動母体となった「まちづくり情報局ふかや」を組織した。そこに参加し、事業の中心的な活動の担い手となった。特に「深谷中心市街地のための都市再生シンポジウム」や「まちづくりフォーラム」においては企画段階から積極的に参画し、招聘する専門家の選定やシンポジウムでの司会や実質的な運営を行いノウハウの蓄積に務めた。

(3) 歴史的資産再生・活用の実験的取り組み（二〇〇三年度）

○地域資源の保全・活用事業

二〇〇三年度事業の根幹は街なかの歴史的遺産を保全・活用した中心市街地活性化、にぎわい創造にあった。そこで我々は所有者の依頼を受け、中山道沿いの商店街に近接している一九三三年に建てられた三階建てのレンガ倉庫を当初は市民のための多目的スペースやコミュニティ・ビジネスの場等の利用目的を想定して再生活動を始めた。

二〇〇三年五月より再生に向けた事業をはじめた。最初は約三〇年の間何も利用されていなかったレンガ倉庫内の片付け、掃除に多くの時間を割く必要があった。またこのレンガ倉庫の床面積が約一〇〇平方メートルと広く、メンバーだけでは到底終わらないと考えた我々は、このレンガ倉庫の存在自体を広く皆さんに知ってもらうため、また活動の広報活動の一環として新聞各社にお願いして「レンガ倉庫のそうじイベント」の記事を掲載してもらった。新聞掲載の効果は予想以上に大きく市内はもちろん東京都内、近県からも三〇名を超す方が集まった。

掃除イベント後もメンバーでの修復作業を続け、二〇〇三年一〇月にはホコリまみれだったレンガ内壁に透明塗料を塗ることにより、かつての赤レンガの色を甦らせる試みをしたり、また従来の蛍光灯を取り外し、赤レンガをより魅力的に映すペンダントライトを据付けた。

この保全修復作業に並行して、この倉庫を会場とするイベントも二回ほど行っている。これはまちづくり協議会からＮＰＯ法人設立への際して交流があり、中心市街地の活性化という共通のテーマに活動してきた深谷商工会議所、深谷市商店街連合会との後援によるイベント開催となった。

そのひとつは深谷市の七夕祭りでの「ホタル観賞会」である。深谷市の七夕祭りはほぼ半世紀の伝統があり、中山道を中心とする商店街に七夕飾り、露店が埋め尽くす。日頃は残念ながら閑散としている商店街が一年に一度だけ原宿・竹下通り並みの人通りとなるのである。

そこで深谷市内でホタルを育成しているグループ、「深谷・水と緑とホタルの会」の協力によりレンガ倉庫内でのホタル観賞会を行った。当日は雨にもかかわらず県内各地から実際の公開時間二時間ほどに四〇〇名に来ていただいた。

一〇月には、深谷商工会議所のＴＭＯ事業での「深谷ミステリー・ツアー」に協賛するかたちをとりレンガ倉庫で「深谷の今と昔」をテーマに写真展を行った。昭和二〇年代の深谷市内の各地を撮った写真を三〇点ほど地元の郷土史研究家から借り受け、同じ場所の現在の様子を撮ったカラー写真と対比する形で展示した。これはミステリー・ツアーに参加された方だけでなく多くの参加者を得た。

これらのイベントにおいて修復のほぼ済んだレンガ倉庫の存在を広報、中心市街地に足を向けてもらう動機付け、またこのイベントの参加者との交流を通して、レンガ倉庫の活用法やまちづくりのあり方についてさまざまな提案をいただき議論することができたことは大きな収穫であった。

ただ、消防法と建築基準法という大きな壁にぶち当たった。レンガ倉庫を本格的な多目的使用するとなるとさまざまな法規制がかかってくる。法の基準を満たすには相当の金額でレンガ倉庫の改修を図らねばならない。そこでコミュニティ・スペース等の多目的利用は棚上げにして他の活用法について議論せざるを得なかったというのが当時の実状であった。

○蔵元コンサート

二〇〇二年度事業で好評を得た酒蔵ツアーで訪れた蔵元のひとつで「親と子のリコーダーコンサート」を行った。これにはさいたま市よりプロの演奏家を招いて行ったもので一〇〇名ほど参加者を集めた。酒蔵ツアーと同じように実際に街なかの価値を知ってもらう効果となったと思う。

○深谷市の構想・計画策定への参加

深谷市都市マスタープラン策定委員会と深谷市バリアフリー基本構想市民検討委員会への積極的に参加し、メンバーが活躍した。法人の事業として参加したわけではないが、メンバー各人がまちづくり協議会からNPO法人の活動で得た、さまざまなノウハウ、深谷市の地域資源の情報などをもって個人の立場で参加した。NPO法人として直接的ではないが、我々のまちづくりへの考えを市の計画策定に影響できたのではないかと思う。

我々のNPO法人設立のきっかけとなった都市MPは二〇〇三年一二月に漸く策定ということになった。これからは街なか再生の活動とともに、都市MPの街なか再生部分をどのように実現に結び付けて行くのか、または市のさまざまな街づくりの施策が都市MPにどのような関連となっているのか策定への評価が大きな課題であり、まちづくりNPO法人としての役割と認識している。

4　結びにかえて――多様な主体の協働、歴史的資産再生・活用の実験的取り組みへ

○多様な主体の協働

二〇〇四年度の深谷にぎわい工房の事業のひとつとして、NPO側から行政などに呼びかけての都市マスタープランの実行を中心としてまちづくり全般についての話題をフランクに話し合う機会を持った。「情報交換会」の場を設けることを提案し、五月に第一回のミーティングを持ったところである。メンバーとしては行政側から

深谷市都市計画課、同区画整理課、同商工振興課から参加をしてもらい、その他深谷商工会議所、深谷市商店街連合会、深谷市内でもうひとつのまちづくりNPO法人である市民シアター・エフと我々である。行政側も公開できる情報はできるだけ公開してもらい、それぞれの立場での意見を率直に披露し、行政とNPOとの対話からよりよい施策、ビジョンを考えていこうというものである。今後も行政当局に呼びかけて定期的に開催していきたいと考えている。

○全国都市再生モデル調査の実施

内閣官房都市再生本部は、「課題解決の道筋は十分ではないがまちづくり意欲は高いもの」等、全国各地の先導的な都市再生活動を、「全国都市再生モデル調査」として支援している。二〇〇三年度は一七一件、二〇〇四年度は一六二件の調査が全国の地方公共団体やNPOにより実施された。NPO法人深谷にぎわい工房も、都市マスタープラン「街なか再生」部分の実現の一翼を担うべく、二〇〇四年度全国都市再生モデル調査として都市再生本部の支援（調査費、約六百万円）を受け、「街なか再生に向けた市民による歴史的建造物調査・活用実験等」を実施した。

調査は、深谷の街なかに残存する歴史的建造物の現況を大雑把に把握した上で、主要歴史的建造物の実測調査及び再生・活用設計提案を行い、そのうちの一つの再生・活用を目に見える形で実験的に実施することにより、歴史的建造物の保全・再生・活用に対する市民及び歴史的建造物所有者の意識を高めると同時に、所有者、地元建築家、地元企業の協働による歴史的建造物の再生・活用をNPOが調整・推進する仕組みを構築することを目的とした。大きく、(1)市民参加による歴史的建造物の現況調査、(2)地元建築家等による主要歴史的建造物の実測調査及び再生・活用設計提案、(3)柳瀬商店レンガ倉庫におけるチャレンジ・ショップ等の実験で構成され、NPO内に設置された事務局による統括の下、NPO会員、歴史的建造物所有者、地元建築家グループ、地元企業の協働により推進された。

［市民参加による歴史的建造物の現況調査］

この調査は、ＮＰＯ法人深谷にぎわい工房会員による現況悉皆調査と市民を対象とするＮＰＯ主催の「深谷まちづくり塾」で構成された。

まず、現況悉皆調査は、歴史的建造物の残存状況を考慮して中央土地区画整理事業区域全域と中山道沿道区域を対象に実施された。調査員（ＮＰＯ会員の有志）は、二〜三名の班に分かれ、築後経過年数五〇年以上と見られる建造物について、公道から建造物の分類、構造、階数、入口の方向、外壁仕上げ、屋根の形式と材料、意匠（うだつ、軒先装飾、開口部）の各項目を記録し、写真撮影を行った。合計二〇七件の調査結果は、データベースに入力され、検索・閲覧可能な状態とされた。

次に、市民を対象に、「街並み探検」と「お宅訪問」で構成される合計三回の「まちづくり塾」がＮＰＯによって開催された。「街並み探検」では、現況悉皆調査結果を見ながら街なかに残る歴史的建造物二〇七件を公道から見学し、各建物の魅力を参加者の主観に基づき五段階で評価する「魅力度チェック」を行った。そして、「お宅訪問」では、七件の歴史的建造物の所有者を実際に訪問し、建造物の中を見せて頂き、建造物自体の情報、建造物に関わるエピソードや生活史、街なかの生活に対する思い、土地区画整理事業に対する意見についてインタビューを行った。

［地元建築家等による主要歴史的建造物の実測調査及び再生・活用設計提案］

主要歴史的建造物について、ＮＰＯが地元建築家グループとの協働で実測調査及び再生・活用設計提案を行うものである。これに先立ち、ＮＰＯと地元建築家グループは、対象候補一〇件の所有者に、歴史的建造物の物理的・文化的・社会的情報や土地区画整理事業に対する考え方、実測調査及び再生・活用設計提案の可否等について、インタビューを行った。そして、その結果に予算及び時間の制約、予想される効果等を加味した検討の末、五件の主要歴史的建造物を実測調査及び再生・活用設計提案の対象とすることとなった。

［柳瀬商店レンガ倉庫におけるチャレンジ・ショップ等の実験］

ＮＰＯは、二〇〇三年度から、一九三三年に建築された三階建ての柳瀬商店レンガ倉庫を保全・再生・活用するプロジェクトを展開していたが、倉庫を本格的に活用するためには、改修工事が必要とされていた。そこで、ＮＰＯと地元建築家グループは、所有者の承諾を得た上で、柳瀬商店レンガ倉庫の用途を「倉庫」から「集会所」に変更することを前提に、消防署との協議を経て、改修を地元企業に発注することとした。

改修工事に先立ち、立ち入り不可能となるレンガ倉庫の二階及び三階の片付けがＮＰＯによって、清掃が地元企業によって行われた。なお、片付けの過程で発見された昔の金物等はオークションで売り出され、その売上金は改修の追加資金として利用された。

改修工事完了後、柳瀬商店レンガ倉庫におけるチャレンジ・ショップ等の実験の第一弾として、市民向けイベント「深谷の〝懐かしい〟未来を探る」が二日間にわたって開催された。このイベントでは、地元建築家グループによる五つの歴史的建造物の再生・活用設計提案の展示、同発表・討論会、ＮＰＯの取り組みの報告、地元企業による深谷名物・煮ぼうとうの無料配布、深谷駅、柳瀬商店レンガ倉庫等をロケ地としたテレビ・ドラマの上映等が行われ、歴史的建造物の再生・活用が目に見える形で多くの市民及び歴史的建造物所有者に提示された。

再生・活用設計提案の対象となった歴史的建造物の所有者の一部がその保全・再生・活用を今後前向きに検討して行くことを決めたこと、また、対象とならなかった歴史的建造物の所有者の一人が同様の設計提案を強く希望したこと等から、本調査の目的は一部達成され、本調査の実施により街なか再生の道筋の部分が見えて来たと言えよう。一方、本調査で構築された、所有者、地元建築家、地元企業の協働による歴史的建造物の再生・活用をＮＰＯが調整・推進する仕組みを持続的に動かすための資金及び人材の確保、そして、こうした活動と連携した土地区画整理事業等の実施が今後の課題である。

［執筆者紹介］（掲載順）

野口《のぐち》和雄《かずお》　都市プランナー/野口都市研究所代表取締役．1953年生まれ．法政大学法学部卒，東京都立大学工学部都市計画研修室研究生．主著『まちづくり条例のつくり方』自治体研究社，2002年

樋口《ひぐち》明彦《あきひこ》　九州大学大学院工学研究院建設デザイン部門助教授．1958年生まれ．ハーバード大学Graduate School of Design Doctor of Design Program修了．編著『川づくりをまちづくりに』学芸出版社，2003年

坂本《さかもと》英之《ひでゆき》　金沢美術工芸大学デザイン科環境デザイン専攻教授．1954年生まれ．シュツットガルト大学博士課程修了．共著『都市の風景計画―欧米の景観コントロール手法と実際―』学芸出版社，2000年

三島《みしま》伸雄《のぶお》　佐賀大学理工学部助教授．1964年生まれ．東京大学大学院工学系研究科都市工学専攻博士課程修了．共著『日本の風景計画―都市の景観コントロール到達点と将来展望―』学芸出版社，2003年

市川《いちかわ》嘉一《かいち》　日本経済新聞社・日経産業消費研究所地域グループ主任研究員．1960年生まれ．早稲田大学卒．主著『交通まちづくりの時代―魅力的な公共交通創造と都市再生戦略―』ぎょうせい，2002年

藤本《ふじもと》昌也《まさや》　関東学院大学工学部建築設備工学科教授，㈱現代計画研究所代表取締役．1937年生まれ．早稲田大学大学院修士課程修了．「昭和53年度 日本建築学会賞・業績部門」受賞（茨城県六番池団地および会神原団地の企画，設計等の事業推進に関する業績）

樋口《ひぐち》 秀《しゅう》　長岡技術科学大学環境・建設系助教授．1966年生まれ．長岡技術科学大学大学院建設工学専攻修了．博士（工学）．共著『中心市街地再生と持続可能なまちづくり』学芸出版社，2003年

大泉《おおいずみ》英次《えいじ》　和歌山大学経済学部教授．1948年生まれ．北海道大学大学院経済学研究科博士課程単位取得退学．共編『空間の社会経済学』日本経済評論社，2003年

中埜《なかの》 博《ひろし》　コミュニティデザイナー/㈲東京環境構造センター代表．1948年生まれ．カリフォルニア大学バークレー校大学院環境設計学部卒．

村山《むらやま》顕人《あきと》　東京大学大学院工学系研究科国際都市再生研究センター特任研究員，NPO法人深谷にぎわい工房理事．1977年生まれ．東京大学大学院工学系研究科都市工学専攻博士課程修了．共著『都市のデザインマネジメント』学芸出版社，2002年

松本《まつもと》博之《ひろゆき》　㈱ぶぎん地域経済研究所調査事業部次長，NPO法人深谷にぎわい工房理事長．1957年生まれ．日本大学法学部卒．

[編者紹介]

矢《や》作《はぎ》　弘《ひろし》

大阪市立大学大学院創造都市研究科教授．1947年生まれ．横浜市立大学卒．日本経済新聞社を経て現職．社会環境科学博士．主著『都市はよみがえるか』岩波書店，1997年，『産業遺産とまちづくり』学芸出版社，2004年

小《こ》泉《いずみ》秀《ひで》樹《き》

東京大学大学院工学系研究科都市工学専攻助教授．1964年生まれ．東京理科大学卒，東京大学大学院博士課程修了．東京理科大学助手，東京大学講師を経て現職．博士(工学)．主著『スマート・グロース』(西浦定継と共編)学芸出版社，2003年

シリーズ都市再生 3

定常型都市への模索――地方都市の苦闘

2005年7月5日　第1刷発行

定価(本体3000円＋税)

編　者　矢作　弘
　　　　小泉秀樹

発行者　栗原哲也

発行所　株式会社日本経済評論社

〒101-0051　東京都千代田区神田神保町3-2
電話 03-3230-1661　FAX 03-3265-2993
振替 00130-3-157198

装丁＊奥定泰之　中央印刷・根本製本

落丁本・乱丁本はお取替えいたします　Printed in Japan

© H. Yahagi and H. Koizumi et al. 2005

ISBN4-8188-1777-5

R〈日本複写権センター委託出版物〉
本書の全部または一部を無断で複写複製（コピー）することは，著作権法上での例外を除き，禁じられています．本書からの複写を希望される場合は，日本複写権センター（03-3401-2382）にご連絡ください．

シリーズ都市再生　全3冊

1 成長主義を超えて—大都市はいま—
矢作弘・小泉秀樹編著　定価三三六〇円

2 持続可能性を求めて—海外都市に学ぶ—
小泉秀樹・矢作弘編　定価三三六〇円

3 定常型都市への模索—地方都市の苦闘—
矢作弘・小泉秀樹編　定価三一五〇円

*

都市改革の思想—都市論の系譜—
本間義人　定価二九四〇円

空間の社会経済学
大泉英次・山田良治編　定価三三六〇円

現代都市再開発の検証
塩崎賢明・安藤元夫・児玉善郎編　定価三六七五円

英国住宅物語—ナショナルトラストの創始者オクタヴィア・ヒル伝—
E・M・ベル／平弘明・松本茂訳　定価二九四〇円

土地・持家コンプレックス—日本とイギリスの住宅問題—
山田良治　定価二四一五円

イギリス住宅政策と非営利組織
堀田祐三子　定価四四一〇円

日本経済評論社